建设工程招标投标编制实务

主　编　高庆敏

副主编　曹　波　翟来顺　王　伟

王德利　白云斗　杜永胜

黄河水利出版社

内 容 提 要

本书根据工程管理实践经验,结合实际案例,系统地介绍了建筑工程项目招标和投标的基本概念、特点、类型和招标投标文件的编写方法。可作为高等学校土木工程专业、建筑经济管理专业教材,也可供广大从事工程造价管理、招投标业务及其相关专业的人员参考。

图书在版编目(CIP)数据

建设工程招标投标编制实务/高庆敏主编.—郑州:黄河水利出版社,2007.9

ISBN 978 - 7 - 80734 - 259 5

Ⅰ.建… Ⅱ.高… Ⅲ.①建筑工程-招标-文件-编制-实务②建筑工程-投标-文件-编制-实务 Ⅳ.TU723

中国版本图书馆 CIP 数据核字(2007)第 135351 号

出 版 社:黄河水利出版社
　　　　地址:河南省郑州市金水路 11 号　　　　邮政编码:450003
发行单位:黄河水利出版社
　　　　发行部电话:0371 - 66026940　　　　传真:0371 - 66022620
　　　　E-mail:hhslcbs@126.com
承印单位:河南第二新华印刷厂
开本:787 mm×1 092 mm　1/16
印张:17.5
字数:400 千字　　　　　　　　　　印数:1—4 100
版次:2007 年 9 月第 1 版　　　　　　印次:2007 年 9 月第 1 次印刷
书号:ISBN 978 - 7 - 80734 - 259 - 5/TU·84　　　　定价:32.00 元

前　言

　　随着市场经济的不断完善和深入,目前国内外建设工程业主在选择承包商时越来越多地选择了招标投标方式。招投标作为一种特殊的交易方式和订立合同的特殊程序,在建筑工程中已被广泛使用,并已逐步形成了许多国际惯例。从发展趋势看,招标与投标的领域还在继续拓宽,规范化程度也在进一步提高。在建筑工程中,特别是在国际建筑工程中,大型建设项目承包通常不采用一般的交易程序,而是按照预先规定的条件,对外公开邀请符合条件的国内外承包商报价投标,最后由招标人从中选出价格和条件优惠的投标者,与之签订合同。在这种交易中,对发包方来说,主要工作是招标;对承包商来说,主要工作是投标。

　　工程项目招标与投标在我国全面实施以来,对于规范建筑市场管理,提高工程项目建设效果,节约建设投资,提高工程质量,节省建设工期,均取得了十分显著的成效。为全面、系统地准确理解和把握建筑工程项目招标投标的各项政策和国际惯例,结合工程管理实践经验,并根据"建筑工程招标投标"课程教学大纲的要求,我们编写了《建设工程招标投标编制实务》这本书。

　　本书共分为三篇八章。主要围绕"建设工程招标与投标的文件编制"展开,系统地介绍了建筑工程招标与投标知识,结合具体工程实例,讲解了招标与投标文件的编制过程。本书内容由浅入深,融知识、法规、流程、操作为一体,具有实用性、可操作性等特点,不仅可作为土木工程专业、建筑经济管理专业的教学用书,也可作为广大从事工程造价管理的人员、招投标业务及其相关人员的实用工具书。本书的目的是让读者通过学习,全面了解和掌握工程项目招标与投标的基本原理、基本程序和基本方法,为从事建筑工程施工管理奠定理论基础并提高实际专业技能。

　　本书由张思彬主审,同时引用了相关人员的参考文献,并收集了有关单位的技术总结和施工组织设计案例,在此对这些书刊、资料的作者表示衷心的感谢。

　　限于编者水平,错误和不当之处在所难免,恳请读者批评指正。

编　者

2007 年 4 月

目　录

前　言

第一篇　工程项目招标与投标的概念

第一章　招标的相关知识……………………………………（1）
　第一节　招标的概念………………………………………（1）
　第二节　招标人的概念……………………………………（1）
　第三节　实行招标投标的目的……………………………（2）
　第四节　公开招标程序……………………………………（3）
　第五节　招标文件的概念…………………………………（3）
　第六节　招标文件的构成…………………………………（4）

第二章　投标的相关知识……………………………………（5）
　第一节　投标人的概念……………………………………（5）
　第二节　投标人应注意的事项……………………………（6）
　第三节　投标人应当如何编制投标文件…………………（6）
　第四节　投标书的编制……………………………………（7）

第二篇　招标文件

第三章　招标公告……………………………………………（8）
　第一节　招标公告应载明的内容…………………………（8）
　第二节　建筑工程招标公告样式…………………………（9）

第四章　投标人资格预审文件………………………………（11）
　第一节　投标人资格预审…………………………………（11）
　第二节　投标人资格后审…………………………………（26）

第五章　招标文件……………………………………………（27）
　第一节　投标须知前附表…………………………………（27）
　第二节　投标须知正文……………………………………（29）
　第三节　合同协议书………………………………………（38）
　第四节　工程规范和技术要求……………………………（41）
　第五节　合同图纸…………………………………………（82）
　第六节　招标文件附件……………………………………（82）

第六章　招标文件案例——×××工程招标文件…………（95）
　第一节　投标须知…………………………………………（95）
　第二节　合同协议书………………………………………（105）

第三节　合同条款……………………………………………………（107）

第三篇　投标文件

第七章　投标文件的编制…………………………………………（140）

第一节　投标函…………………………………………………………（140）

第二节　商务标的编制…………………………………………………（143）

第三节　技术标的编制…………………………………………………（148）

第八章　投标文件案例……………………………………………（150）

第一节　×××群体公寓工程技术标投标文件………………………（150）

第二节　×××钢结构厂房工程技术标投标文件……………………（219）

参考文献……………………………………………………………（271）

第一篇 工程项目招标与投标的概念

招投标是一种国际上普遍应用的、有组织的市场行为,是建筑工程项目、设备采购及服务中广泛使用的买卖交易方式。随着经济体制改革的不断深入,为适应市场经济的需要,我国从20世纪80年代初期,便率先在建筑工程领域开始引进竞争机制,目前招标与投标已经成为我国建筑工程项目、服务和设备采购中采用的最普遍、最重要的方式。1999年8月30日第九届全国人民代表大会常务委员会第十一次会议通过的《中华人民共和国招标投标法》(以下简称《招标投标法》)的颁布,标志着我国招标投标活动从此走上法制化的轨道。

第一章 招标的相关知识

第一节 招标的概念

招标是指在一定范围内公开货物、工程或服务采购的条件和要求,邀请众多投标人参加投标,并按照规定程序从中选择交易对象的一种市场交易行为。

招标项目按照国家有关规定需要履行项目审批手续的,应当先履行审批手续,取得批准。

招标人应当有进行招标项目的相应资金或者资金来源已经落实,并应当在招标文件中如实载明。

招标分为公开招标和邀请招标。公开招标是指招标人以招标公告的方式邀请不特定的法人或者其他组织投标;邀请招标是指招标人以投标邀请书的方式邀请特定的法人或者其他组织投标。

招标代理是指招标人有权自行选择招标代理机构,委托其办理招标事宜。

招标代理机构是依法设立从事招标代理业务并提供服务的社会中介组织。

第二节 招标人的概念

我国《招标投标法》的第八条明确规定,招标人就是指依照本法规定提出招标项目、进行招标的法人或者其他组织。

第一,招标人必须是法人或者其他组织。

根据《中华人民共和国民法通则》第十七条的规定,法人是指具有民事权利能力和民事行为能力,并依法享有民事权利和承担民事义务的组织,包括企业法人、机关法人和社会团体法人。法人必须具备以下条件:

(1)必须依法成立。这一条件有两重含意。一是其设立必须合法,设立目的和宗旨要符合国家和社会公共利益的要求,组织机构、设立方式、经营范围、经营方式等要符合法律的要求。二是法人成立的审核和登记程序必须合乎法律的要求,即法人的设立程序必须合法。根据现行规定,企业经主管部门批准,工商行政管理部门核准登记,方可取得法人资格。有独立经费的机关从成立之日起,具有法人资格。事业单位、社会团体依法不需要办理法人登记的,从成立之日起具有法人资格;依法需要办理法人登记的,经核准登记后取得法人资格。

(2)必须具有必要的财产(企业法人)或经费(机关、社会团体、事业单位法人)。这是作为法人的社会组织能够独立参加经济活动,享有民事权利和承担民事义务的物质基础,也是其承担民事责任的物质保障。除法律另有规定外,全民所有制企业法人以国家授予其经营管理的财产承担民事责任,集体所有制企业法人、中外合资(合作)经营企业法人和外资企业法人以企业所有的财产承担民事责任。有限责任公司、股份有限公司均以其全部资产对公司的债务承担责任。

(3)有自己的名称、组织机构和场所。法人的名称是其拥有独立法人资格的标志,也是其商誉的载体,应包括权力机关、执行机关和监察机关等,互相配合,使法人的意思能够产生并得到正确执行。为确立一个活动中心有自己的场所,包括住所(主要为其机构所在地)。

(4)能够独立承担民事责任。在经济活动中发生纠纷或争议时,法人能以自己的名义起诉或应诉,并以自己的财产作为自己债务的担保手段。

其他组织,指不具备法人条件的组织。主要包括:法人的分支机构;企业之间或企业、事业单位之间联营,不具备法人条件的组织;合伙组织;个体工商户等。

第二,招标人必须提出招标项目、进行招标。所谓"提出招标项目",即根据实际情况和《招标投标法》的有关规定,提出和确定拟招标的项目,办理有关审批手续,落实项目的资金来源等。"进行招标",指提出招标方案,撰写或决定招标方式,编制招标文件,发布招标公告,审查潜在投标人资格,主持开标,组建评标委员会,确定中标人,订施工合同等。这些工作既可由招标人自行办理,也可委托招标代理机构代而行之。即使由招标机构办理,也是代表了招标人的意志,并在其授权范围内行事,仍被视为是招标人"进行招标"。

第三节　实行招标投标的目的

实行招标投标的目的,对于招标方(发包方)是为计划兴建的工程项目选择适当的承包商,将全部工程或其中的某一部分委托给该承包商负责完成,并且取得工程质量、工期、造价、安全文明以及环境保护都令人满意的效果;对于投标方(承包方)则是通过投标报价,确定自己的生产任务和施工对象,使其本身的生产活动满足发包方及政府部门的要求,并从中获得利益的一系列活动。

第四节 公开招标程序

(1)招标。招标是指发包方根据已经确定的需求,提出招标项目的条件,向潜在的承包商发出投标邀请的行为。招标是招标方单独所作为的行为。步骤主要有:确定招标代理机构和招标需求,编制招标文件,确定标底,发布招标公告或发出投标邀请,进行投标资格预审,通知投标方参加投标并向其出售标书,组织召开标前会议等。

(2)投标。投标是指投标人接到招标通知后,根据招标通知的要求填写招标文件,并将其送交招标方(或招标代理机构)的行为。此阶段,投标方所进行的工作主要有:申请投标资格,购买标书,考察现场,办理投标保函,编制和投送标书等。

(3)开标。开标是招标方在预先规定的时间和地点将投标人的投标文件正式启封揭晓的行为。开标由招标方(或招标代理机构)组织进行,但需邀请投标方代表参加。招标方(或招标代理机构)要按照有关要求,逐一揭开每份标书的封套,开标结束后,还应由开标组织者编写一份开标会纪要。

(4)评标。评标是招标方(或招标代理机构)根据招标文件的要求,对所有的标书进行审查和评比的行为。评标是招标方的单独行为,由招标方或其代理机构组织进行。招标方要进行的工作主要有:审查标书是否符合招标文件的要求和有关规定,组织人员对所有的标书按照一定方法进行比较和评审,就初评阶段被选出的几份标书中存在的某些问题要求投标人加以澄清,最终评定并写出评标报告等。

(5)决标。决标也即授予合同,是招标方(或招标代理机构)决定中标人的行为。决标是招标方(或招标代理机构)的单独行为。招标方所要进行的工作有:决定中标人,通知中标人其投标已经被接受,向中标人发出中标意向书,通知所有未中标的投标方,并向未中标单位退还投标保函等。

(6)授予合同。授予合同习惯上也称签订合同,因为实际上它是由招标人将合同授予中标人并由双方签署的行为。在这一阶段,通常双方对标书中的内容进行确认,并依据标书签订正式合同。为保证合同履行,签订合同后,中标的承包商还应向招标人或业主提交一定形式的担保书或担保金。

第五节 招标文件的概念

招标文件(Bidding document)是招标人向投标人提供的,为进行投标工作所必须的文件。招标文件的作用在于:阐明需要拟建工程的性质,通报招标程序将依据的规则和程序,告知订立合同的条件。招标文件既是投标人编制投标文件的依据,又是招标人与中标承包商签订合同的基础。因此,招标文件在整个招投标过程中起着至关重要的作用。招标人应十分重视编制招标文件的工作,并本着公平互利的原则,务必使招标文件严密、周到、细致、内容正确。编制招标文件是一项十分重要而又非常烦琐的工作,应有有关专家参加,必要时还要聘请咨询专家参加。招标文件的编制要特别注意以下几个方面:①所有拟建工程的内容,必须详细地一一说明,以构成竞争性招标的基础;②制定技术规格和合同条款不应造成对有资格投标的任何供应商或承包商的歧视;③评标的标准应公开和合理,对偏离招标文件另行提出新的技术规格的标书的评审标准,更应切合实际,力求公平;④符合我国政府的有关规定,如有不一致之处要妥善处理。

第六节　招标文件的构成

除了招标邀请书以外,招标文件还包括:①投标人须知;②投标资料表;③通用合同条款;④专用合同条款及资料表;⑤产品需求一览表;⑥技术规格;⑦投标函格式和投标报价表;⑧投标保证金格式;⑨合同格式;⑩履约保证金格式;⑪预付款银行保函格式;⑫制造厂家授权格式;⑬资格文件;⑭投标人开具的信用证样本。

第二章 投标的相关知识

第一节 投标人的概念

《招标投标法》第二十五条规定,投标人是响应招标、参加投标竞争的法人或者其他组织。依法招标的科研项目允许个人参加投标的,投标的个人适用本法有关投标人的规定。

招标公告或者投标邀请书发出后,所有对招标公告或投标邀请书感兴趣的并有可能参加投标的人,称为潜在投标人。那些响应招标并购买招标文件,参加投标的潜在投标人称为投标人。这些投标人必须是法人或者其他组织。

所谓响应招标,是指潜在投标人获得了招标信息或者投标邀请书以后,购买招标文件,接受资格审查,并编制投标文件,按照投标人的要求参加投标的活动。

参加投标竞争,是指按照招标文件的要求并在规定的时间内提交投标文件的活动。投标人可以是法人也可以是其他非法人组织。

按照《招标投标法》规定,投标人必须是法人或者其他组织,不包括自然人。但是,考虑到科研项目的特殊性,本条增加了个人对科研项目投标的规定,个人可以作为投标主体参加科研项目投标活动。这是对科研项目投标的特殊规定。

招标投标制作为市场经济条件下一种重要的采购及竞争手段,在科学技术的研究开发及成果推广中也越来越多地为人们所采用。长期以来,我国的科技工作主要是依靠计划和行政的手段来进行管理的,从科研课题的确定,到研究开发、试验生产直至推广应用,都是由国家指令性计划安排。国家用于发展科学技术事业特别是科研项目的经费,主要来自于财政拨款,并且通过指令性计划的方式来确定经费的投向和分配。科研项目及其经费的确定,往往是采用自上而下或自下而上的封闭方式,这一做法在计划经济体制下曾经发挥了重大的作用,但已不再适应当前市场经济体制的要求,科研单位缺乏竞争意识和风险意识,因此不仅在决策上具有一定的盲目性,而且在具体实施过程中,还存在着项目重复、部门分割、投入分散、信息闭塞、人情照顾等弊端,使有限的科技资源难以发挥最优的功效。1995年5月6日《中共中央、国务院关于加速科技进步的决定》中规定:"要在科技工作的运行和管理中引入竞争机制。国家以及行业、地方的科研任务实行公开竞争,通过公开招标选择承担单位。"1996年9月15日《国务院关于"九五"期间深化科技体制改革的决定》中规定:"要选择一批对国民经济发展有重大带动作用、拥有一定基础和优势、能增强我国综合国力的重大项目,采取竞争招标的方式,组织和推动科研机构、高等学校,集中力量联合攻关","科技计划项目主要实行招标制,面向社会公开招标,保证立项的科学性和竞标的公开、公正性"。依据《招标投标法》第二条规定,凡是在中华人民共和国境内的招标投标活动均适用本法。所以,科研项目的招标投标活动也必须遵守《招标投标法》的规定。

第二节　投标人应注意的事项

投标人购买标书后,应仔细阅读标书的投标项目要求及投标须知。在获得招标信息,同意并遵循招标文件的各项规定和要求的前提下,提出自己的投标文件。

投标文件应对招标文件的要求作出实质响应,符合招标文件的所有条款、条件和规定且无重大偏离与保留。

投标人应对招标项目提出合理的价格。高于市场的价格难以被接受,低于成本报价将被作为废标。因唱标一般只唱正本投标文件中的"开标一览表",所以投标人应严格按照招标文件的要求填写"开标一览表"、"投标价格表"等。

投标人的各种商务文件、技术文件等应依据招标文件要求备全,缺少任何必需文件的投标将被排除在中标人之外。一般的商务文件包括:资格证明文件(营业执照、税务登记证、企业代码以及行业主管部门颁发的等级资格证书、授权书、代理协议书等)、资信证明文件(包括保函、已履行的合同及商户意见书、中介机构出具的财务状况书等)。

技术文件一般包括投标项目施工组织设计及企业相关资料等。

除此之外,投标人还应有整套的售后服务体系,其他优惠措施等。

上述是投标人投标时制作投标文件应注意的基本问题。投标人另外还须按招标人的要求进行密封、装订,按指定的时间、地点、方式递交标书,迟交的投标文件将不被接受。

投标人应以合理的报价、优质的产品或服务、先进的技术、良好的售后服务为成功中标打好基础。而且投标人还应学会包装自己的投标文件。如标书的印刷、装订、密封等均应给评委以良好的印象。

第三节　投标人应当如何编制投标文件

(1)《招标投标法》第二十七条规定,投标人应当按照招标文件的要求编制投标文件。投标文件应当对招标文件提出的实质性要求和条件作出响应。招标项目属于建设施工的,投标文件的内容应当包括拟派出的项目负责人与主要技术人员的简历、业绩和拟用于完成招标项目的机械设备等。

(2)投标人要到指定的地点购买招标文件,并准备投标文件。在招标文件中,通常包括招标须知,合同的一般条款、特殊条款,价格条款、技术规范以及附件等。投标人在编制投标文件时必须按照招标文件的这些要求编写投标文件。

(3)投标人应认真研究、正确理解招标文件的全部内容,并认真编制投标文件。投标文件应当对招标文件提出的实质性要求和条件作出响应。"实质性要求和条件"是指招标文件中有关招标项目的价格、项目的计划、技术规范、合同的主要条款等,投标文件必须对这些条款作出响应。这就要求投标人必须严格按照招标文件填报,不得对招标文件进行修改,不得遗漏或者回避招标文件中的问题,更不能提出任何附带条件。投标文件通常可分为:①商务文件。这类文件是用以证明投标人履行了合法手续及使招标人了解投标人商业资信、合法性的文件。一般包括投标保函、投标人的授权书及证明文件、联合体投标人提供的联合协议、投标人所代表的公司的资信证明等,如有分包商,还应出具资信文件供招标人审查。②技术文件。如果是建设项目,则包括全部施工组织设计内容,用以评价投标人的技术实力和经验。技术复杂的项目对技术文件的编写内容及格式均有详细要求,投标人应当认真按照规定填写。③价格文件。这是投标文件的核心,全部价格文件必须完全按照招标文件的规定格式编制,不允许有任何改动,如有漏填,则视为其已经包含在其他价格报价中。

为了保证投标方能够在中标以后完成所承担的项目,《招标投标法》第二十七条还规定:招标项目属于建设施工的,投标文件的内容应当包括拟派出的项目负责人与主要技术人员的简历、业绩和拟用于完成招标项目的机械设备等。这样的规定有利于招标人控制工程发包以后所产生的风险,保证工程质量,因为项目负责人和主要技术人员在项目施工中起到关键的作用,而机械设备是完成任务的重要工具,这一工具的技术装备直接影响了工程的施工工期和质量。所以,在本条中要求投标人在投标文件中要写明计划用于完成招标项目的机械设备。

第四节　投标书的编制

(1)投标的语言。投标人提交的投标书以及投标人与买方就有关投标的所有来往函电均应使用"投标资料表"中规定的语言书写。投标人提交的支持文件的另制文献可以用另一种语言,但相应内容应附有"投标资料表"中规定语言的翻译本,在解释投标书时以翻译本为准。

(2)投标书的构成。投标人编写的投标书应包括以下几部分:①按照投标人须知的要求填写的投标函格式、投标报价表;②按照投标人须知要求出具的资格证明文件,证明投标人是合格的,而且中标后有能力履行合同;③按照要求出具的证明文件,证明投标人提供的货物及其辅助服务是合格的货物和服务,且符合招标文件规定;④按照规定提交的投标保证金。

(3)投标函格式。①投标人应完整地填写招标文件中提供的投标函格式和投标报价表,说明所提供的货物、货物简介、来源、数量及价格。②为便于给予国内优惠,投标书将分为以下三类:

A组:投标书提供的货物在买方本国制造,其中要求:来自于买方本国劳务、原材料、部件的费用占出厂价的30%以上;制造和组装该货物的生产设施至少从递交投标书之日起已开始制造或组装该类货物。

B组:所有其他的从买方本国供货的投标。

C组:提供要由买方从国外直接进口或通过卖方的当地代理进口的外国货物。

(4)为了便于买方进行以上分类,投标人应填写招标文件中提供的相应组别的投标报价表,如果投标人填写的投标报价表不是相应组别的投标报价表,其投标书不会被拒绝,但是买方将把其投标书归入相应类别的投标组别中。

第二篇　招标文件

　　招标文件作为招投标工作的纲领性文件,其详细程度和复杂程度随着招标项目和合同的大小、性质的不同而有所变化。一般来讲,招标文件必须包含充分的资料,使投标人能够提交符合采购实体需求并使采购实体能够以客观和公平方式进行比较的投标。大体上招标文件应包含的内容通常有三类:一类是关于编写和提交投标书的规定,包括招标通告、投标须知、投标书的形式和签字方法等;另一类是合同条款和条件,包括一般条款和特殊条款、技术规格和图纸、工程量的清单、开工时间和竣工时间表以及必要的附件,比如各种保证金的格式等;第三类是评标和选择最优投标的依据,通常在投标须知中和技术规格中明确规定下来。

第三章　招标公告

第一节　招标公告应载明的内容

　　我国《招标投标法》第十六条第二款规定,招标公告应当载明招标人的名称和地址、招标项目的性质、数量、实施地点和时间以及获取招标文件的办法等事项。

　　招标公告的主要目的是发布招标信息,使有兴趣的供应商或承包商知悉,前来购买招标文件、编制投标文件并参加投标。因此,招标公告包括哪些内容,或者至少应包括哪些内容,对潜在的投标企业来说是至关重要的。一般而言,在招标公告中,主要内容应为对招标人和招标项目的描述,使潜在的投标企业在掌握这些信息的基础上,根据自身情况,作出是否购买招标文件及参与投标的决定。

　　第十六条第二款也体现了这一要求,规定招标公告应具备以下内容:

　　(1)招标人的名称和地址。

　　(2)招标项目的性质、数量、实施地点和时间。①招标项目的性质,指项目属于基础设施、公用事业的项目,或使用国有资金投资的项目,或利用国际组织或外国政府贷款、援助资金的项目;是土建工程招标,或是设备采购招标,或是勘察设计、科研课题等服务性质的招标。②招标项目的数量,指把招标项目具体地加以量化,如设备供应量、土建工程量等。③招标项目的实施地点,指材料设备的供应地点,土建工程的建设地点,服务项目的提供地点等。④招标项目的实施时间,指设备、材料等货物的交货期,工程施工期,服务项目的提供时间等。

(3)获取招标文件的办法。指发售招标文件的地点、负责人、标准,招标文件的邮购地址及费用,招标人或招标代理机构的开户银行及账号等。

第二节　建筑工程招标公告样式

×××工程招标公告

(采取资格预审方式)

招标工程项目编号:＿＿＿＿＿＿＿

(1)(招标人名称)的(招标工程项目名称),已由(项目批准机关名称)批准建设。现决定对该项目的工程施工进行公开招标,选定承包人。

(2)本次招标工程的概况如下:

①说明招标工程项目的性质、规模、结构类型、招标范围、标段划分、资金来源及落实情况:＿＿＿＿＿＿＿＿＿＿＿＿＿＿＿＿＿＿＿＿＿＿＿＿＿＿＿＿＿＿＿;

②工程建设地点为:＿＿＿＿＿＿＿＿＿＿＿;

③计划开工日期:＿＿＿＿＿＿＿＿＿,计划竣工日期:＿＿＿＿＿＿＿＿＿;

④工程质量要求:＿＿＿＿＿＿＿＿＿。

(3)凡是具备承担招标工程项目的能力并具备规定的资格条件的施工企业,均可对上述(一个或多个)招标工程项目(标段)向招标人提出资格预审申请,只有资格预审合格的投标申请人才能参加投标。

(4)投标申请人须是具备建设行政主管部门核发的(建筑业企业资质类别、资质等级)及以上资质的法人或其他组织。自愿组成联合体的各方均应具备承担招标工程项目的相应资质条件;相同专业的施工企业组成的联合体,按照资质等级低的施工企业的业务许可范围承揽工程。

(5)投标申请人可从(地点和单位名称)处获取资格预审文件,时间为＿＿＿＿＿＿至(截止时间)。

(6)资格预审文件每套售价为(币种、金额、单位)。招标人在收到邮购款后＿＿＿＿＿＿日内,以快递方式向投标申请人寄送资格预审文件。

(7)资格预审申请书封面上应清楚地注明"(招标工程名称和标段名称)投标申请人资格预审申请书"字样。

(8)资格预审申请书须密封后,于(载明具体时间)以前送至(具体地点)处,逾期送达的或不符合规定的资格预审申请书将被拒绝。

(9)资格预审结果将及时告知投标申请人,并预计于(具体时间)发出资格预审合格通知书。

(10)凡资格预审合格的投标申请人,请按照资格预审合格通知书中确定的时间、地点和方式获取招标文件及相关资料。

(11)招标公告中应标明招标人的有关信息。

招标人：   办公地址：

邮政编码：   联系电话：

传真：   联系人：

招标代理机构：   办公地址：

日期：

第四章　投标人资格预审文件

投标人的资格审查有预审和后审两种方式。

第一节　投标人资格预审

投标人资格预审是在投标前对有兴趣投标的单位进行资格审查,审查合格方允许其参加投标。我国的预审程序与国际通行的基本相同,即先由招标单位或其委托代理机构发布投标人资格预审公告,有兴趣投标的单位提出资格预审申请,按招标单位要求填写资格预审文件,经审查合格者即可获取招标文件,参加投标。

我国建设部批准的《投标申请人资格预审文件》包括"投标申请人资格预审须知"、"投标申请人资格预审申请书"和"投标申请人资格预审合格通知书"三部分。其格式如下:

×××工程施工招标

一　投标申请人资格预审须知

项目名称:_____

招标人:_____

法定代表人或其委托代理人:_____

招标代理机构:_____

法定代表人或其委托代理人:_____

日期:_____年_____月_____日

(一)总　则

1. 鉴于(招标人名称)作为拟建(工程项目名称)的招标人,已按照有关法律、法规、规章等规定完成了工程施工招标前的所有批准、登记、备案等手续,已具备工程施工招标的条件,且已有用于该招标项目的相应资金或资金已经落实。

2. 招标人将对本工程的投标申请人进行资格预审。投标申请人可对本次招标的工程项目中的一个或多个标段提出资格预审申请。

3. 关于本工程项目的基本情况以及招标人提供的设施和服务等将在附件中说明。

4. 投标申请人如需分包,应详细提供分包理由和分包内容以及分包商的相关资料,如分包理由不充分或分包内容不当,将可能导致其不能通过资格预审。

(二)资格预审申请

5.资格预审将面向具备建设行政主管部门核发的(建筑业企业资质类别(资质等级))级以上资质和具备承担招标工程项目能力的施工企业或联合体。

6.投标申请人应向招标人提供充分和有效的证明资料,证明其具备规定的资质条件。所有证明材料须如实填写、提供。

7.投标申请人须回答资格预审申请书及附表中提出的全部问题,任何缺项将可能导致其申请被拒绝。

8.投标申请人须提交与资格预审有关的资料,并及时提供对所提交资料的澄清或补充材料,否则将可能导致其不能通过资格预审。

9.按资格预审要求所提供的所有资料均应使用(语言文字)。

10.如果投标申请人申请一个以上的标段,投标申请人应在资格预审申请书中指明申请的标段,并单独为申请的每个标段分别提供关键人员和主要设备的相关资料(按附表要求进行填写)。

11.申请书应由投标申请人的法定代表人或其授权委托代理人签字。没有签字的申请书将可能被拒绝。由委托代理人签字的,资格预审申请书中应附有法定代表人的授权书。

(三)资格预审评审标准

12.对投标申请人资格的预审,将依据投标申请人提交的资格预审申请书和附表,以及本须知中表4-1所约定的必要合格条件标准和表4-2所约定的附加合格条件标准。

13.招标人将依据投标申请人的合同工程营业额(收入、净资产)和在建工程的未完部分合同金额,对投标申请人作出财务能力评价,以保证投标申请人有足够的财务能力完成该投标项目的施工任务。

14.招标人将确定每个投标申请人参与本招标工程项目投标的合格性,只有在各方面均达到本须知中要求申请人须满足的全部必要合格条件标准(见表4-1)和至少____%的附加合格条件标准(见表4-2)时,才能通过资格预审。

(四)联合体

15.由两个或两个以上的施工企业组成的联合体,按下列要求提交投标申请人资格预审申请书:

(1)联合体的每一成员均须提交符合要求的全套资格预审文件。

(2)资格预审申请书中应保证在资格预审合格后,投标申请人将按招标文件的要求提交投标文件,投标文件和中标后与招标人签订的合同,须有联合体各方的法定代表人或其授权委托人签字和加盖法人印章;除非在资格预审申请书中已附有相应的文件,在提交投标文件时应附联合体共同投标协议,该协议应约定联合体的共同责任和联合体各方各自的责任。

(3)资格预审申请书中均须包括联合体各方计划承担的份额和责任的说明。联合体各方须具备足够的经验和能力来承担各自的工程。

(4)资格预审申请书中应约定一方作为联合体的主办人,投标申请人与招标人之间的来往信函将通过主办人传递。

16.联合体各方均应具备承担本招标工程项目的相应资质条件。相同专业的施工企业组成的联合体,按照资质等级低的施工企业的业务许可范围承揽工程。

17.如果达不到本须知对联合体的要求,其提交的资格预审申请书将被拒绝。

18.联合体各方可以单独参加资格预审,也可以以联合体的名义统一参加资格预审,但不允许任何一个联合体成员就本工程单独投标,任何违反这一规定的投标文件将被拒绝。

19.如果施工企业能够独立通过资格预审,鼓励施工企业独立参加资格预审;由两个或两个以上的资格预审合格的企业组成的联合体,将被视为资格预审当然合格的投标申请人。

20.资格预审合格后,联合体在组成等方面的任何变化,须在投标截止时间前征得招标人的书面同意。如果招标人认为联合体的任何变化将出现下列情况之一的,其变化将不被允许:

(1)严重影响联合体的整体竞争实力的;

(2)有未通过或未参加资格预审的新成员的;

(3)联合体的资格条件已达不到资格预审的合格标准的;

(4)招标人认为将影响招标工程项目利益的其他情况。

21.以联合体名义通过资格预审的成员,不得另行加入其他联合体就本工程进行投标。在资格预审申请书提交截止时间前重新组成的联合体,如提出资格预审申请,招标人应视具体情况决定其是否被接受。

22.以合格的分包人身份分包本工程某一具体项目为基础参加资格预审并获通过的施工企业,在改变其所列明的分包人身份或分包工程范围前,须获得招标人的书面批准,否则,其资格预审结果将自动失效。

23.投标申请人须以书面形式对上述招标人的要求作出相应的保证和理解。

(五)利益冲突

24.近三年内直至目前,投标申请人应:

(1)未曾与本项目的招标代理机构有任何的隶属关系;

(2)未曾参与过本项目的技术规范、资格预审或招标文件的编制工作;

(3)与将承担本招标工程项目监理业务的单位没有任何隶属关系。

(六)申请书的递交

25.投标申请人的资格预审申请书及有关资料须经密封后于____年____月____日____时____分前送达_____处,迟到的申请书将被拒绝。

26.投标申请人应提交资格预审申请书正本____份,副本____份。

27.资格预审申请书封面上应清楚地注明投标申请人的名称、通讯地址。

28. 投标申请人在提交资格预审申请书的同时,应交验下列证书、资料的原件或经公证的复印件＿＿＿份。

(1)投标申请人的法人营业执照;

(2)投标申请人的＿＿＿＿＿＿＿资质证书。

29. 资格预审申请书不予退还(证书原件除外)。招标人对投标申请人所提交的资格预审申请书给予保密。

(七)资格预审申请书资料的更新

30. 在提交投标文件时,如资格预审申请书中的内容发生更大变化,投标申请人须对资格预审申请书中的主要内容进行更新,以证明其仍满足资格预审评审标准,如果已经不能达到资格标准,其投标条件将被拒绝。

(八)通知与确认

31. 只有资格预审合格的投标申请人才能参加本招标工程项目的投标。每个合格的投标申请人只能参与一个或多个标段的一次性投标。如果投标申请人同时以独立投标申请人身份和联合体成员的身份参与同一项目的投标,则包括该投标申请人的所有投标将均被拒绝,本规定不适用于多个投标申请人共同选定同一专业分包人的情况。

32. 招标人保留下列权利:

(1)修改招标工程项目的规模及总金额。这种情况发生时,投标申请人只有达到修改后的资格预审条件要求且资格预审合格,才能参与该工程的投标;

(2)接受符合资格预审合格条件的申请;

(3)拒绝不符合资格预审合格条件的申请。

33. 在资格预审文件提交截止时间后＿＿＿天内,招标人将以书面的形式通知投标申请人其资格预审结果,并向资格预审合格的投标申请人发出资格预审合格通知书。

34. 投标申请人接到资格预审合格通知书后即获得参加本招标工程项目投标的资格。如果资格预审合格的投标申请人数量过多时,招标人将按有关规定从中选出＿＿＿＿＿＿＿个投标申请人参与投标。

35. 投标申请人应在收到资格预审合格通知书后以书面形式予以确认。

(九)附件

36. 《资格预审必要合格条件标准》(见表4-1)。由招标人确定具体的标准,随投标申请人资格预审须知同时发布,以便每个投标申请人都能了解资格预审的必要合格条件标准。

37. 《资格预审附加合格条件标准》(见表4-2)。由招标人根据工程的实际情况确定具体附加合格条件的项目和合格条件的内容,随投标申请人资格预审须知同时发布,以便每个投标申请人都能了解资格预审的附加合格条件标准。招标人可就下列方面设立附加合格条件:

(1)对本招标工程项目所需的特别措施或工艺的专长;

(2)专业工程施工资质;

(3)环境保护要求;

(4)同类工程施工经历;

(5)项目经理资格;

(6)安全文明施工要求等。

38.《招标工程项目概况》由招标人进行逐项详细描述,随投标申请人资格预审须知同时发布。

表 4-1　资格预审必要合格条件标准

序号	项目内容	合格条件	申请人具备的条件或说明
1	有效营业执照		
2	资质等级证书	×××工程施工____承包____级以上或同等资质等级。	
3	财务状况	开户银行资信证明和符合要求的财务报表,____级资信评估证书。	
4	流动资金	有合同总价____%以上的流动资金可投入本工程。	
5	固定资产	不少于(币种、金额、单位)。	
6	净资产总值	不小于在建工程未完成合同额与本工程合同总价之的____%。	
7	履约情况	有无因投标申请人违约或不恰当履约引起的合同中止、纠纷、争议、仲裁和诉讼记录。	
8	分包情况	符合《中华人民共和国建筑法》和《中华人民共和国招投标法》的规定。	

表 4-2　资格预审附加合格条件标准

序号	附加合格条件项目	附加合格条件内容	投标申请人具备的条件

附件

招标工程项目概况

一、项目概况

1. 项目位置

2. 地质与地貌

3. 气候与水文

4. 交通、电力供应与其他服务

二、工程描述

1. 综述

2. 土建工程

3. 安装工程

4. 标段划分

5. 建设工期

6. 设计标准、规范简介(附主要技术指标表)

7. 各标段主要工程数量(列出初步工程量清单)

二 投标申请人资格预审申请书

项目名称:_____

投标申请人:_____(盖章)

法定代表人或其委托代理人:_____(签字或盖章)

地址:_____

日期:_____年_____月_____日

致:(招标人名称)

1. 经授权作为代表,并以(投标申请人名称)(以下简称"投标申请人")的名义,在充分理解《投标申请人资格预审须知》的基础上,本申请书签字人在此以(招标工程名称)下列标段投标申请人的身份,向你方提出资格预审申请:

项目名称	标段号

2. 本申请附有下列内容的正本文件的复印件:

(1) 投标申请人的法人营业执照;

(2) 投标申请人的(施工资质等级)证书。

3. 按资格预审文件的要求,你方授权代表可调查、审核我方提交的与本申请书相关的声明、文件和资料,并通过我方的开户银行和客户,澄清本申请书中有关财务和技术方面的问题。本申请书还将授权给有关的任何个人或机构及其授权代表,按你方的要求,提供必要的相关资料,以核实本申请书中提交的或与本申请人的资金来源、经验和能力有关的声明和资料。

4.你方授权代表可通过下列人员得到进一步的资料:

一般质询和管理方面的质询

联系人1:	电话:
联系人2:	电话:

有关人员方面的质询

联系人1:	电话:
联系人2:	电话:

有关技术方面的质询

联系人1:	电话:
联系人2:	电话:

有关财务方面的质询

联系人1:	电话:
联系人2:	电话:

5.本申请充分理解下列情况:

(1)资格预审合格的申请人的投标,须以投标时提供的资格预审申请书主要内容的更新为准;

(2)你方保留更改本招标项目的规模和金额的权利。前述情况发生时,投标仅面向资格预审合格且能满足变更后要求的投标申请人。

6.如为联合体投标,随本申请,我们提供联合体各方的详细情况,包括资金投入(及其他资源投入)和盈利(亏损)协议。我方还将说明各方在每个合同价中以百分比形式表示的财务方面以及合同履行方面的责任。

7.我方确认如果我方投标,则我方的投标文件和与之相应的合同将:

(1)得到签署,从而使联合体各方共同地和分别地受到法律约束;

(2)随同提交一份联合体协议,该协议将规定,如果我方被授予合同,联合体各方共同的、分别的责任。

8.下述签字人在此声明,本申请书中所提交的声明和资料在各方面都是完整、真实和准确的:

签名:	签名:
姓名:	姓名:
兹代表(申请人或联合体主办人):	兹代表(联合体成员1)
申请人或联合体主办人盖章:	联合体成员1盖章
签字日期:	签字日期:

签名:	签名:
姓名:	姓名:
兹代表(联合体成员2):	兹代表(联合体成员3)
联合体成员2盖章:	联合体成员3盖章:
签字日期:	签字日期:

签名:	签名:
姓名:	姓名:
兹代表(联合体成员4):	兹代表(联合体成员5)
联合体成员4盖章:	联合体成员5盖章:
签字日期:	签字日期:

注:①联合体的资格预审申请,联合体各方应分别提交本申请书第2条要求的文件。

②联合体各方应按本申请书第4条的规定分别单独据表提供相关资料。

③非联合体的申请人无须填写本申请书第6、7条及第8条有关部分。

④联合体的主办人必须明确,联合体各方均应在资格预审申请书上签字盖章。

9.投标申请人资格预审申请书附加内容,见表4-3~表4-15。

表 4-3　投标申请人一般情况

1	企业名称			
2	总部地址			
3	当地代表			
4	电话		联系人	
5	传真		电子邮箱	
6	注册地		注册年份请附营业执照复印件	
7	公司资质等级证书号(请附有关证书的复印件)				
8	公司(是否通过、何种)质量体系认证(如通过请附有关证书复印件,并提供认证机构年审监督报告)				
9	主营范围: (1) (2) (3) (4) ⋮				
10	作为总承包人经历年数				
11	作为分包商经历年数				
12	其他需要说明的情况				

注:①独立投标申请人或联合体各方均须填写此表。

②投标申请人拟分包部分工程,专业分包人或劳务分包人也须填写此表。

表 4-4　近三年工程营业额数据表

投标申请人或联合体成员名称:＿＿＿＿＿＿＿＿

近三年工程营业额

财务年度	营业额(万元)	备注
第一年(应明确公元纪年)		
第二年(应明确公元纪年)		
第三年(应明确公元纪年)		

注:①本表内容将通过投标申请人提供的财务报表进行审核。

②所填的年营业额为投标申请人(或联合体各方)每年从各招标人那里得到的已完工程施工收入总额。

③所有独立投标申请人或联合体各成员均须填写此表。

表4-5 近三年已完工程及目前在建工程一览表

投标申请人或联合体成员名称:＿＿＿＿＿＿＿＿＿

序号	工程名称	监理(咨询)单位	合同金额(万元)	竣工标准	竣工日期
1					
2					
⋮					

注:①对于已完工程,投标申请人或每个联合体成员都应提供收到的中标通知书或双方签订的承包合同或已签发的最终竣工证书。

②申请人应列出近三年所有已完工程情况(包括总包工程和分包工程),如有谎报,一经查实将导致其投标申请被拒绝。

③在建工程投标申请人必须附上工程的合同协议书复印件,不填"竣工质量标准"和"竣工日期"两栏。

表4-6 财务状况表

一、开户银行情况

开户银行	名称			
	地址			
	电话		联系人及职务	
	传真		电话(传真)	

二、近三年每年的资产负债情况

财务状况 (万元)	近三年(应分别明确公元纪年)		
	第一年	第二年	第三年
1. 总资产			
2. 流动资产			
3. 总负债			
4. 流动负债			
5. 税前利润			
6. 税后利润			

备注:投标申请人请附最近三年经过审计的财务报表,包括资产负债表、损益表和现金流量表。

三、为达到本项目现金流量需要提出的信贷计划(投标申请人在其他合同上投入的资金不在此范围内)

信贷来源	信贷金额(万元)

注:投标申请人或每个联合体成员都应提供财务资料,以证明其已达到资格预审的要求。每个投标申请人或联合体成员都要填写此表。

表 4-7 联合体情况

序号	成员身份	各方名称
1	主办人	
2	成员	
3	成员	
4	成员	

注:表 4-7 后须附联合体共同投标协议,如果投标申请人认为该协议不能被接受,则该投标申请人将不能通过资格预审。

表 4-8 类似工程经验

投标申请人或联合体成员名称:＿＿＿＿＿＿＿＿＿＿＿＿＿

1	合同号:
	合同名称:
	工程地址:
2	发包人名称:
3	发包人地址(请详细说明发包人联系电话及联系人):
4	与投标申请人所申请的合同相类似的工程性质和特点(请详细说明所承担的工程合同内容,如长度、高度、桩基高程、基层/地基工程、土方、石方、地下挖方、混凝土浇筑的年完成量等):
5	合同身份(注明其中之一) □独立承包人　　　□分包人　　　□联合体成员
6	合同总价:
7	合同授予时间:
8	完工时间:
9	合同工期:
10	其他要求:(如施工经验、技术措施、安全措施等)
⋮	

注:①类似现场条件下的施工经验要求申请人填写已完或在建类似工程施工经验。
　②每个类似工程合同须单独填表,并附中标通知书或合同协议书或工程竣工证明,无相关资料证明的工程在评审时将不予承认。

表 4-9　公司人员及拟派本招标工程项目的人员情况

工程名称	
公司名称	

人力资源之一

全员人数		技术人员		行政人员	

请列出目前各业务部门主要负责人

姓名	性别	年龄	学历	职称	所在部门和岗位职务	在本公司工作年数	以往主要业绩和获得的荣誉

表 4-10　拟派本招标工程项目负责人与主要管理人员

工程名称		公司名称	

人力资源之二

请在下列栏中列出拟用于本工程的主要人员资料	提示:主要人员是指项目经理、技术负责人、现场经理、主要专业工程师、安全员、质量员等;本表应附上项目经理个人工作简历和有关证明材料(见附件项目经理简介、证明文件)

姓名	职称	性别	年龄	现任岗位	岗位资质	拟任岗位	学历	以往荣誉	经历年数 随本公司	经历年数 在施工行业	主要曾负责工程(类别和产值)	工程语言能力

表 4-11 拟派本项目的项目经理资格履历表

年　　月　　日

姓名		近五年来的主要工作业绩及担任的主要工作
性别		
年龄		
职称		
毕业学校		
毕业时间		
所学专业		
项目经理证书编号		
级别		
联系电话		

曾担任项目经理的工程项目：

注：①主要工作业绩必须写明工程名称、建设单位、建设单位联系电话及联系人。
　　②需在本表后附资格、职称、学历和相关业绩证明文件。

表 4-12 拟派本项目技术负责人履历表

年　　月　　日

姓名		近五年来的主要工作业绩及担任的主要工作
性别		
年龄		
职称		
毕业学校		
毕业时间		
所学专业		
证书编号		
职称		
联系电话		

曾担任技术负责人的工程项目：

注：①主要工作业绩必须写明工程名称、建设单位、建设单位联系电话及联系人。
　　②需在本表后附资格、职称、学历和相关业绩证明文件。

表 4-13　拟派项目部人员资格一览表

姓名	职称	性别	年龄	拟任岗位	岗位资质	学历	以往荣誉	主要完成工程（类别和建筑面积）

注:需在本表后附相应资格、职称证明文件。

表 4-14　拟用于本工程项目主要施工设备表

工程名称	
公司名称	

机械设备资源

请在所提供资料的基础上,列出被认为完成本工程所必备的主要机械设备并说明是否已有/待购/待租

序号	设备名称	型号	厂家	购置时间	原值	现值	已有/待购/待租/现存放地点	是否在闲置中
1								
2								
3								
4								
⋮								

现场组织机构表(略),主要有以下内容:

(1)现场组织机构框架图;

(2)现场组织机构框架图文字详述;

(3)总部与现场管理部门之间的关系图;

(4)总部与现场管理部门之间的关系详述。

注:明确赋予现场管理部门何种权限和职责。

表 4-15　拟分包工程一览表

_____(工程项目名称)_____工程

名称	
地址	
拟分包理由	

<table>
<tr><th colspan="5">近三年已完成的类似工程</th></tr>
<tr><th>工程名称</th><th>地点</th><th>总包单位</th><th>分包范围</th><th>履约情况</th></tr>
<tr><td></td><td></td><td></td><td></td><td></td></tr>
<tr><td></td><td></td><td></td><td></td><td></td></tr>
<tr><td></td><td></td><td></td><td></td><td></td></tr>
<tr><td></td><td></td><td></td><td></td><td></td></tr>
</table>

注:每个拟分包企业应分别填写本表。

10.其他资料

(1)近三年的已完和目前在施工程合同履约工程中,投标申请人所介入的诉讼或仲裁情况。请分别说明事件的年限、发包人名称、诉讼原因、纠纷事件、纠纷所涉及金额,以及最终裁判是否有利于投标申请人。

(2)近三年所有发包人对投标申请人所施工的类似工程的评价意见。

(3)与资格预审申请书评审有关的其他资料。

投标申请人不应在其资格预审申请书中附有宣传性材料,这些材料在资格评审时将不予考虑。

注:①如有必要,以上各表可另行附页,如果表内超出了一页的范围,在每个表的每一页的右上角要清楚注明:表××,第××页;表××,第××页等。

②附表的附件应清楚注明:表××,附件××;表××,附件××等。

③投标申请人应使用不退色的蓝、黑墨水填写或按同样要求打印表格,并按表格要求内容提供资料。

④凡表格中涉及金额处,均以_____为单位。

三　投标申请人资格预审合格通知书

致:_____(预审合格的投标申请人名称)_____

鉴于你方参加了我方组织的招标工程项目编号为_____的(招标工程项目名称)工程施工投标资格预审,经我方审定,资格预审合格。现通告你方作为资格预审合格的投标人就上述工程施工进行密封投标,并将其他有关事宜告知如下:

1.凭本通知书于(具体年、月、日)至(具体年、月、日),每天上午_____时_____分至_____时_____分,下午_____时_____分至_____时_____分(公休日、节假日除外)到(地址和单位名称)购买招标文件,招标文件每套售价为(币种、金额、单位),无论是否中标,该费用不予退还。另需交纳图纸押金(币种、金额、单位),当投标人退还图纸时,该押金同时退还给投标人(不计利息)。上述资料如需邮寄,可以书面形式通知招标人,并另加邮寄费每套(币种、金额、单位)。投标人在收到邮购款____日内,以快递方式向投标人寄送上述资料。

2.收到本通知书后____日内,请以书面形式予以确认。如果你方不准备参加本次招标,请于(具体年、月、日)前告知我方。

招标人:　　　　　　　　　　(盖章)

办公地址:

邮政编码:　　　　　　　　联系电话:

传真:　　　　　　　　　　联系人:

招标代理机构:

邮政编码:　　　　　　　　联系电话:

传真:　　　　　　　　　　联系人:

日期:　　　　年　　　　月　　　　日

第二节　投标人资格后审

资格后审是投标人不需经过预审即可参加投标,待开标后再对其进行资格审查,审查合格者方可参加评标。资格后审的内容与资格预审基本相同。这种资格审查方式通常在工程规模不大、预计投标人不会很多或者实行邀请招标的情况下采用,可以节省资格审查的时间和人力,有助于提高效率和降低招标费用。

第五章　招标文件

招标文件是作为建筑产品需求者的建设单位(招标人)向潜在的生产供给者(承包商)详细阐明其购买意图的一系列文件,也是投标人对招标人的意图作出响应、编制投标书的客观依据。

招标文件由招标人或其委托的招标代理机构编制。依照国际惯例,结合我国的实际,建设部制订的《房屋建筑和市政基础设施工程施工招标文件范本》规定,招标文件主要包括以下内容:

(1)投标须知及投标前附表;

(2)合同条款;

(3)合同文件格式;

(4)工程建设标准;

(5)图纸;

(6)工程量清单;

(7)投标文件投标函部分格式;

(8)投标文件商务部分格式;

(9)投标文件技术部分格式;

(10)资格审查申请书格式。

第一节　投标须知前附表

投标须知由投标须知前附表和正文两部分组成。

(1)投标须知前附表是以表格形式表现的投标须知内容的简要概述,用以使投标人在投标过程中对必须履行的手续和应遵守的规则一目了然,同时也是了解投标须知详细内容的索引,见表5-1。

表 5-1　投标须知前附表

项号	投标须知条款号	内容	说明与要求
1	××	招标工程名称	
2	××	招标工程地点	
3	××	建设规模	
4	××	承包方式	
5	××	招标方式	本招标工程采用_____招标方式。

项号	投标须知条款号	内容	说明与要求
6	××	招标范围	
7	××	工期要求	_____年____月____日计划开工； _____年____月____日计划竣工； 施工总工期_____日历天。
8	××	质量标准	
9	××	投标人资质等级要求	
10	××	资格审查方式	通过资格预审的合格投标人共有____家。
11	××	工程报价方式	
12	××	投标有效期	为____日历天(从投标截止之日算起)
13	××	投标担保金额	不少于投标总价的____%或_____(币种、金额、单位)。
14	××	踏勘现场的时间	_____年____月____日____时,地点在本招标工程现场,各投标人可派3～4位代表参加。
15	××	答疑时间	如果投标人对招标文件任何部分有疑问或在踏勘现场中发现任何疑问,投标人均应于_____年____月____日____时以前分别以书面(并附电子版)方式通知招标代理机构。 招标代理机构的联系方式如下: ①联系人:_____ ②联系电话:_____ ③传真:_____ ④电子信箱:_____
16	××	投标人的替代方案	
17	××	投标文件的份数	投标人应准备并递交____份投标文件正本和____份投标文件副本。但其中的投标保证金(原件)以及投标文件电子版本只需要递交壹份(不分正、副本)。
18	××	投标文件提交地点及截止时间	本招标工程投标截止时间为_____年____月____日____时。 投标人应按××款规定的时间或据本须知第×条规定所延长的时间到以下地点递交投标文件:_____

项号	投标须知条款号	内容	说明与要求
19	××	开标地点	本招标工程将于×款中规定的投标截止时间相同的时间在以下地点开标：＿＿＿＿＿＿＿＿＿
20	××	评标方法及标准	
21	××	履约担保金额	投标人提供的履约担保金额为合同价款的＿＿＿％或＿＿＿＿＿（币种、金额、单位）； 招标人提供的支付担保金额为合同价款的＿＿＿＿％或＿＿＿＿＿（币种、金额、单位）。

注:招标人根据需要填写"说明与要求"的具体内容,对相应的内容可以拓展。

第二节　投标须知正文

(一)总　则

1　工程说明

(1)本招标工程项目说明详见本须知前附表第1～2项;

(2)本招标工程项目按照《招标投标法》等有关法律、行政法规和部门规章,通过招标方式选定中标候选人。

2　招标范围及工期

(1)本招标工程项目的招标范围详见本须知前附表第6项;

(2)本招标工程项目的工期要求详见本须知前附表第7项。

3　质量标准

本招标工程项目质量标准详见投标须知前附表第8项,其中部分资金用于本工程项目施工合同项下的合格支付。

4　合格的投标人

(1)投标人资质等级要求详见须知前附表第9项。

(2)投标人合格条件详见本招标工程施工招标公告或投标邀请书。

(3)本招标工程项目采用本须知前附表第10项所述的资格审查方式确定合格的投标人。

(4)当采取资格后审方式时,投标人在提交的投标文件中须包括资格后审资料。

(5)由两个以上的施工企业组成一个联合体以一个投保人的身份共同投标时,除须符合上述条件外,尚须符合下列要求:①投标人的投标文件及中标后签署的合同协议书对联合体各方均具备法律约束力;②联合体各方应签订共同投标协议,明确约定各方拟承担的工作和责任,并将该共同投标协议随投标文件一并提交招标人;③联合体各方不得再以自己的名义单独投标,也不得同时参加两个或两个以上的联合体投标,出现上述情况者,其投标和与此有关的联合体的投标将被拒绝;④联合体中标后,联合体各方应当共同与招标人签订合同,为履行合同向招标人承担连带责任;⑤联合体的各方应共同推荐一名联合体主办人,由联合体各方提交一份授权书,证明其主办人资格,该授权书作为投标文件的组成部分一并提交给招标人;⑥联合体的主办人应被授权作为联合体各方的代表,承担责任和接受指令,并负责整个合同的履行和接受本工程款的支付;⑦除非另有规定或说明,本须知中"投标人"一词亦指联合体各方。

5 踏勘现场

(1)招标人将按本须知前附表第14项所述时间,组织投标人对工程现场及周围环境进行踏勘,以便投标人获取有关编制投标文件和签署合同所涉及现场的资料,投标人承担踏勘现场所发生的自身费用。

(2)招标人向投标人提供的有关现场的数据和资料,是招标人现有的能被投标人利用的资料,招标人对投标人作出的任何推论、理解和结论均不负责任。

(3)经招标人允许,投标人可为踏勘目的进入招标人的项目现场,但投标人不得因此使招标人承担有关的责任和蒙受损失。投标人应承担踏勘现场的责任和风险。

6 投标费用

投标人应承担其参加本招标活动自身所发生的费用。

(二)招标文件

7 招标文件的组成

(1)招标文件主要包括以下内容:①招标须知及投标前附表;②合同条款;③合同文件格式;④工程建设标准;⑤图纸;⑥工程量清单(如果有时);⑦投标文件投标函部分格式;⑧投标文件商务部分格式;⑨投标文件技术部分格式;⑩资格审查申请书格式(用于资格后审)。

(2)除第1条外,招标人在提交投标文件截止时间____天前,以书面形式发出的对招标文件的澄清或修改内容,均为招标文件的组成部分,对招标人和投标人均起约束作用。

(3)投标人获取招标文件后,应仔细检查招标文件的所有内容,如有残缺等问题应在获得招标文件3日内向招标人提出,否则,由此引起的损失由投标人自己承担。投标人同时应认真审阅招标文件中所有的事项、格式、条款和规范要求等,若投标人的投标文件没有按招标文件要求提交全部资料,或投标文件没有对招标文件作出实质性响应,其风险由投标人自行承担,并根据有关条款规定,该投标有可能被拒绝。

(4)当投标人退回图纸时,图纸押金将同时退还给投标人(不计利息)。

8 招标文件的澄清

投标人若对招标文件有任何疑问,应于投标截止日期前____日内以书面形式向招标人提出澄清要求,送至(地点和单位名称)。无论是招标人根据需要主动对招标文件进行必要的澄清,或是根据投标人的要求对招标文件做出澄清,招标人都将于投标截止时间____日前以书面形式予以澄清,同时将书面澄清文件向所有投标人发送。投标人在收到该澄清文件后应于____日内,以书面形式给予确认,该答复作为招标文件的组成部分,具有约束作用。

9 **招标文件的修改**

(1)招标文件发出后,在提交投标文件截止时间____日内,招标人可对招标文件进行必要的澄清或修改。

(2)招标文件的修改将以书面的形式发给所有投标人,投标人应于收到该修改文件后____日内以书面形式给予确认。招标文件的修改内容作为招标文件的组成部分,具有约束作用。

(3)招标文件的澄清、修改、补充等内容均以书面形式明确的内容为准。当招标文件、招标文件的澄清、修改、补充等在同一内容的表述上不一致时,以最后发出的书面文件为准。

(4)为使投标人在编制投标文件时有充分的时间对招标文件的澄清、修改、补充等内容进行研究,招标人将酌情延长提交投标文件的截止时间,具体时间将在招标文件的修改、补充通知中予以明确。

(三)投标文件的编制

10 **投标文件的语言及度量衡单位**

(1)投标文件及与投标有关的所有文件均使用(语言文字)。

(2)除工程规范另有规定外,投标文件使用的度量衡单位均采用中华人民共和国法定计量单位。

11 **投标文件的组成**

投标文件由投标函部分、商务部分和技术部分三部分组成,采用资格后审的还应包括资格审查文件。

(1)投标函部分主要包括下列内容:①法定代表人身份证明;②投标文件签署授权委托书;③投标函;④投标函附录;⑤投标担保银行保函;⑥投标担保书;⑦招标文件要求投标人提交的其他投标资料。

(2)商务部分主要包括以下内容。

采用综合单价形式的有:①投标报价说明;②投标报价汇总表;③主要材料清单报价表;④设备清单报价表;⑤工程量清单报价表;⑥措施项目报价表;⑦其他项目报价表;⑧工程量清单项目价格计算表;⑨投标报价需要的其他资料。

采用工料单价形式的有:①报表报价的要求;②投标报价汇总表;③主要材料清单报价表;④设备清单报价表;⑤分部工程工料价格计算表;⑥分部工程费用计算表;⑦投标报价需要的其他资料。

(3)技术部分主要包括下列内容。

施工组织设计或施工方案,包括:①各分部分项工程的主要施工方法;②工程投入的主要施工机械设备情况、主要施工机械进场计划;③劳动力安排计划;④工期保证措施;⑤质量保证措施;⑥安全文明保证措施;⑦环境保护措施;⑧施工总平面布置图;⑨招标文件规定的其他资料。

项目组织机构设置有:①项目组织机构图(或者机构设置情况简介);②项目经理简历;③项目技术负责人简历;④其他需要辅助说明的资料;⑤拟分包项目名称和分包人情况。

(4)资格预审更新资料或资格审查申请书(资格后审时采用)。资格审查申请书主要包括:①投标人一般情况;②年营业额数据表;③近三年竣工的工程一览表;④目前在建工程一览表;⑤近三年财务状况表;⑥联合体状况表;⑦类似工程经验;⑧现场条件类似的施工经验;⑨招标人要求提交的其他资料。

12 投标文件格式

投标文件包括本须知第11条规定的内容,投标人提交的投标文件应当使用招标文件所提供的投标文件全部格式(表格可按同样格式扩张)。

13 投标报价

(1)本工程的投标报价采用本须知投标须知前附表第11项所规定方式。

(2)投标报价为投标人在投标文件中提出的各项金额的总和。

(3)投标人的投标报价,应是完成本须知第2条和合同条款上所列招标工程范围及工期要求的全部,不得以任何理由予以重复,作为投标人计算单价或总价的依据。

(4)采用综合单价报价的,除非招标人对招标文件予以修改,投标人应按招标人提供的工程量清单中列出的工程项目和工程量填报单价和合价。每一项目只允许有一个报价。任何有选择的报价将不予接受。投标人未填单价或合价的工程项目,在实施后,招标人将不予支付,并视为该项费用已包括在其他价款的单价或合价内。

(5)采用工料单价报价的,应按招标文件的要求,依据相应的工程量计算规则和定额等计价依据计算报价。

(6)本招标工程的施工地点为本须知前附表第2项所述,除非合同中另有规定;投标人在报价中所报的单价和合价,以及投标报价汇总表中的价格均包括完成该工程项目的成本、利润、税金、开办费、技术措施费、大型机械进出场费、风险费、政策性文件规定费用等所有费用。

(7)投标人可先到工地踏勘以充分了解工地位置、情况、道路、储存空间、装卸限制及任何其他足以影响承包价的情况,任何因忽视或误解工地情况而导致的索赔或工期延长申请将不被批准。

14 投标货币

本工程投标报价采用的币种为_____。

15 投标有效期

(1)投标有效期见本须知前附表第12项所规定的期限,在此期限内,凡符合本招标文件要求的投标文件均保持有效。

(2)在特殊情况下,招标人在原定投标有效期内,可以根据需要以书面形式向投标人提出延长投标有效期的要求,对此要求投标人须以书面形式予以答复。投标人可以拒绝招标人的这种要求,而不被没收投标保证金。同意延长投标有效期的投标人既不能要求也不允许修改其投标文件,但需要相应地延长投标担保的有效期,在延长的投标有效期内,本须知第16条关于投标担保的退还与没收的规定仍然适用。

16 投标担保

(1)投标人应在提交投标文件的同时,按有关规定提交本须知前附表第 13 项所规定数额的投标担保,并作为其投标文件的一部分。

(2)投标人应按要求提交投标担保,并采用下列任何一种形式:①投标保函应为中国境内注册并经招标人认可的银行出具的银行保函,或具有担保资格和能力的担保机构出具的担保书。银行保函的格式,应按照担保银行提供的格式提供;担保书的格式,应按照招标文件中所附格式提供。银行保函或担保书的有效期应在投标有效期满后 28 天内继续有效。②投标保证金——银行汇票;支票;现金。

(3)对于未能按要求提交投标担保的投标,招标人将视为不响应招标文件而予以拒绝。

(4)未中标的投标人的投标担保将按照本须知第 15 条招标人规定的投标有效期或经投标人同意延长的投标有效期满后_____日内予以退还(不计利息)。

(5)中标人的投标担保,在中标人按本须知第 37 条规定签订合同并按本须知第 38 条规定提交履约担保后 3 日内予以退还(不计利息)。

(6)如投标人发生下列情况之一时,投标担保将被没收:①投标人拒绝按本须知第 32 条规定修正标价;②中标人未能在规定期限内提交履约担保或签订合同协议。

17 投标人的替代方案

(1)投标人所提交的投标文件应满足招标文件的要求,除非本须知前附表第 16 项中允许投标人提交替代方案,否则替代方案将不予考虑。如果允许投标人提交替代方案,则执行本须知第 17 款第(2)条。

(2)如果本投标须知前附表第 16 项中允许投标人提交替代方案,则投标人除提交正式投标文件外,还应按照招标文件要求提交替代方案。替代方案应包括设计计算书、技术规范、单价分析表、替代方案报价书、所建议的施工方案等满足评审需要的全部资料。

18 投标文件的份数和签署

(1)投标人应按本须知前附表第 17 项规定的份数提交投标文件。

(2)投标文件的正本和副本均需打印或使用不退色的蓝、黑墨水书写,字迹应清晰且易于辨认,并应在投标文件封面的右上角清楚地注明"正本"或"副本"。正本和副本如有不一致之处,以正本为准。

(3)投标文件的封面、投标函均应加盖投标人印章并经法定代表人或其授权代理人签字或盖章。由委托代理人签字或盖章的投标文件中须同时提交投标文件签署授权委托书。投标文件签署授权委托书格式、签字、盖章及内容均应符合要求,否则投标文件签署授权委托书无效。

(4)除投标人对错误处须修改外,全套投标文件应无涂改或行间插字和增删。如有修改,修改处应由投标人加盖投标人的印章或由投标文件签字人签字或盖章。

(四)投标文件的提交

19 投标文件的装订、密封和标记

(1)投标文件的装订要求:_____。

（2）投标人应将所有投标文件的正本和所有副本分别密封,并在密封袋上清楚地标明"正本"或"副本"。

（3）在内层和外层投标文件密封袋上均应:①写明招标人名称和地址;②注明下列识别标志:招标工程项目编号;工程名称;＿＿＿＿年＿＿＿＿月＿＿＿＿日＿＿＿＿时＿＿＿＿分开标,此时间以前不得开封。

（4）除了按本须知第19条第(2)、(3)款所要求的识别字样外,在内层投标文件密封袋上还应写明投标人的名称与地址、邮政编码,以便本须知第22条规定情况发生时,招标人可按内层密封袋上标明的投标人地址将投标文件原封退回。

（5）如果投标文件没有按本投标须知第19条规定装订和加写标记及密封,招标人将不承担投标文件提前开封的责任,对由此造成的提前开封的投标文件将予以拒绝,并退还给投标人。

（6）所有投标文件的内层密封袋的封口处应加盖投标人印章,所有投标文件的外层密封袋的封口处应加盖法人单位印章。

20　投标文件的提交

投标人应按本须知前附表第18项所规定的地点,于截止时间前提交投标文件。

21　投标文件提交的截止时间

（1）投标文件的截止时间见本须知前附表第18项规定的时间。

（2）招标人可按本须知第9条规定以修改补充通知的方式,酌情延长提交投标文件的截止时间。在此情况下,投标人的所有权利和义务以及投标人受制约的截止时间,均以延长后新的投标截止时间为准。

（3）到投标截止时间止,招标人收到的投标文件少于3个的,招标人将依法重新组织招标。

22　迟交的投标文件

招标人在本须知第21条规定的投标截止时间以后收到的投标文件,将被拒绝并退还给投标人。

23　投标文件的补充、修改与撤回

（1）投标人在提交投标文件以后,在规定的投标截止时间之前,可以以书面形式补充、修改或撤回已提交的投标文件,并以书面形式通知招标人。补充、修改的内容为投标文件的组成部分。

（2）投标人对投标文件的补充、修改,应按本须知第19条有关规定进行密封、标记和提交,并在内外层投标文件密封袋上清楚标明"补充、修改"或"撤回"字样。

（3）在投标截止时间之后,投标人不得补充、修改投标文件。

24　投标人的资格预审

投标人在提交投标文件时,如资格预审申请书中的内容发生重大变化,投标人须对其更新,以证明其仍能满足资格预审评审标准,并且所提供的材料是经过确认的。如果在评标时投标人已经不能达到资格评审标准,其投标将被拒绝。

(五)开 标

25 开标

(1)招标人按本须知前附表第 19 项所规定的时间和地点公开开标,并邀请所有投标人参加。

(2)按规定提交合格的撤回通知的投标文件不予开封,并退还给投标人;按本须知第 26 条规定确定为无效的投标文件,不予送交评审。

(3)开标程序。①开标由招标人主持;②由投标人或其推选的代表检查投标文件的密封情况,也可由招标人委托的公证机构检查并公证;③经确认无误后,由有关工作人员当众拆封,宣读投标人名称、投标报价和投标文件的其他内容。

(4)招标人在招标文件要求提交投标文件的截止时间前收到的投标文件,开标时都应当众予以拆封、宣读。

(5)招标人对开标过程进行记录,并存档备查。

26 投标文件的有效性

(1)开标时,投标文件出现下列情形之一的,应当作为无效投标文件,不得进入评标:

①投标文件未按照本须知第 19 条的要求装订、密封和标记的;

②本须知第 11 条规定投标文件有关内容未按本须知第 18 条第(3)款的规定加盖投标人法人印章或未经法定代表人或其授权委托人签字或盖章的,或由委托代理人签字或盖章,但未随投标文件一起提交有效的"授权委托书"原件的;

③投标文件的关键内容字迹模糊、无法辨认的;

④投标人未按招标文件的要求提供投标保函或投标保证金的;

⑤组成联合体投标的,投标文件未附联合体各方共同投标协议的;

(2)招标人将有效投标文件,送评标委员会进行评审、比较。

(六)评 标

27 评标委员会

(1)评标委员会由招标人依法组建,负责评标活动。

(2)开标结束后,开始评标,评标采用保密方式进行。

28 评标过程的保密

(1)开标后,直至授予中标人合同为止,凡属于对投标文件的审查、澄清、评价和比较有关的资料以及中标候选人的推荐情况以及与评选有关的其他任何情况均严格保密。

(2)在投标文件的评审和比较、中标候选人的推荐以及授予合同的过程中,投标人向招标人和评标委员会施加影响的任何行为,都将会导致其投标被拒绝。

(3)中标人确定后,招标人不对未中标人就评审过程以及未能中标的原因作出任何解释。未中标人不得向评标委员会组成人员或其他有关人员询问评标过程的情况和索要材料。

29 资格后审(如采用时)

根据招标公告或投标邀请书的要求采取资格后审的,在评标前对投标人进行资格审查,审查其是否有能力和条件有效地履行合同义务。如投标人未能达到招标文件规定的能力和条件,其投标将被拒绝,不进行评审。

30 投标文件的澄清

为有助于投标文件的审查、评价和比较,评标委员会可以以书面形式要求投标人对投标文件含义不明确的内容作出必要的澄清或说明,投标人应采用书面形式进行澄清或说明,但不得超出投标文件的范围或改变投标文件的实质性内容。根据本须知第 32 条规定,凡属于评标委员会在评标中出现的计算错误并进行核实的修改不在此列。

31 投标文件的初步评审

(1)开标后,经招标人审查符合本须知第 26 条有关规定的投标文件,才能提交评标委员会进行评审。

(2)评标时,评标委员会将首先评定每份投标文件是否在实质上响应了招标文件的要求。所谓实质上响应,是指投标文件应与招标文件的所有实质性条款、条件和要求相符,无显著差异或保留,或者对合同中约定的招标人的权利和投标人的义务方面造成重大的限制,纠正这些显著差异或保留将会对其他实质上响应招标文件要求的投标文件的投标人的竞争地位产生不公正的影响。

(3)如果投标文件实质上不响应招标文件的各项要求,评标委员会将予以拒绝,并且不允许投标人通过修改或撤销其不符合要求的差异或保留,使之成为具有响应性的投标。

32 投标文件计算错误的修正

(1)评标委员会将对确定为实质上响应招标文件要求的投标文件进行校核,看其是否有计算或表达上的错误,修正错误的原则如下:

①如果数字表示的金额和用文字表示的金额不一致时,应以文字表示的金额为准。

②当单价与数量的乘积与合价不一致时,以单价为准,除非评标委员会认为单价有明显的小数点错误,此时应以标出的合价为准,并修改单价。

(2)按上述修正错误的原则及方法调整或修正投标文件的投标报价,投标人同意后,调整后的投标报价对投标人起约束作用。如果投标人不接受修正后的报价,则其投标将被拒绝并且其投标担保也将被没收,并不影响评标工作。

33 投标文件的评审、比较和否决

(1)评标委员会将按照本须知第 31 条规定,仅对在实质上响应招标文件要求的投标文件进行评估和比较。

(2)在评审过程中,评标委员会可以以书面形式要求投标人就投标文件中含义不明确的内容进行书面说明并提供相关资料。

(3)评标委员会依据本须知前附表第 20 项规定的评标方法和标准,对投标文件进行评审和比较,向招标人提出书面评标报告,并推荐合格的中标候选人。招标人根据评标委员会提出的书面评标报告和推荐的中标候选人确定中标人,也可以授权评标委员会直接确定中标人。

(4)评标方法和标准规定如下。

①综合评估法:即最大限度地满足招标文件中规定的各项综合评价标准;给报价、施工组织设计、质量保证、工期保证、业绩与信誉等赋予不同的权重,用打分或折算货币的方

法,评出中标人;

②经评审的最低投标报价法:即能满足招标文件的实质性要求,选择经评审的最低投标价格(投标价格低于成本价的除外)的投标人为中标人;

③其他方法。

(5)评标委员会经评审,认为所有投标都不符合招标文件要求的,可以否决所有投标。所有投标被否决后,招标人应当依法重新招标。

(七)合同授予

34 合同授予标准

本招标工程的施工合同将授予按本须知第 33 条第(3)款所确定的中标人。

35 招标人拒绝投标的权力

招标人不承诺将合同授予报价最低的投标人。招标人在发出中标通知书前,有权依据评标委员会的评标报告拒绝不合格的投标。

36 中标通知书

(1)中标人确定后,招标人将于 15 日内向工程所在地的县级以上地方人民政府建设行政主管部门提交施工招标情况的书面报告。

(2)建设行政主管部门自收到书面报告之日起 5 日内,未通知招标人在招标投标活动中有违法行为的,招标人将向中标人发出中标通知书。

(3)招标人将在发出中标通知书的同时,将中标结果以书面形式通知所有未中标的投标人。

37 合同协议书的签订

(1)招标人与中标人将于中标通知书发出之日起 30 日内,按照招标文件和中标人的投标文件订立书面工程施工合同,招标人和中标人不得再订立背离合同实质性内容的其他协议。

(2)招标人不按本投标须知第 37 条第(1)款的规定与中标人订立合同,或者招标人、中标人订立背离合同实质性内容的协议,应改正并处以合同金额_____的罚款。

(3)中标人如不按本投标须知第 37 条第(1)款的规定与招标人订立合同,则招标人将废除授标,投标担保不予退还,给招标人造成的损失超过投标担保数额的,还应当对超过部分予以赔偿,同时依法承担相应法律责任。

(4)中标人应当按照合同约定履行义务,完成中标项目施工,不得将中标项目施工转让(转包)给其他人。

38 履约担保

(1)合同协议书签署后____天内,中标人应按本须知前附表第 21 项规定的金额向招标人提交履约担保,履约担保须使用本招标文件规定格式。

(2)招标人要求中标人提交履约担保时,招标人也将在中标人提交履约担保的同时,按本须知前附表第 21 项规定的金额向中标人提供同等数额的工程支付担保。支付担保须按本招标文件规定的格式。

39 招标文件的发售

资格预审合格的投标单位(采用资格后审方式时所有申请投标的单位)可按招标公告规定的时间和地址从招标人处获取招标文件。招标人对发出的招标文件依法可酌情收取工本费。对设计文件,可收取押金;开标后退还设计文件,再将押金退还。投标人要求邮寄招标文件的应交纳邮寄费用;招标单位应以最快捷和安全的方式将招标文件寄送给投标人。

第三节 合同协议书

合同协议书

本协议条款除空格部分为根据中标单位招标内容进行填写外,授予合同时,其他内容为非修改性条款,授予合同时发包方不予讨论,如被授予合同方要求修改,则视为自动放弃授标。本协议条款及招标文件没有提及的内容可进行协商解决。如投标方的投标文件有关内容与以下条款抵触,而在评标时发包方未能及时发现,以如下条款内容为准。

本协议书于_____年____月____日由以下双方在_____签订:

发包人:_____(以下简称"甲方")

法定注册地址:_____

法定代表人:_____

承包人:_____(以下简称"乙方")

法定注册地址:_____

法定代表人:_____

依照《中华人民共和国合同法》、《中华人民共和国建筑法》、《建筑安装工程承包合同条例》及其他有关法律、行政法规,遵循平等、自愿、公正、等价有偿和诚实信用原则,发承包双方就本项目_____工程施工与管理事项协商一致。

兹特此达成协议如下:

1 合同标的

承包方同意按照和根据合同文件规定、有关附加的合同条款及施工图纸和工程规范所说明与显示的内容进行施工。

2 合同价款

发包方依照合同文件规定的时间和方式支付给承包方人民币_____元(RMB_____)(以下称为"合同总价"),及按合同文件约定的时间和方式而应该支付的其他款项,作为承包方承担本工程的报酬。

3　工程质量

本工程质量目标为达到国家施工验收规范合格标准。若施工项目经相应级别的质量评定机构评定未能达到此目标,我方承诺:无偿返修,直至达到质量目标,并赔偿发包方相应损失。

4　合同工期

合同签订后承包方立即开展本合同所规定的各项工作,并在合同文件规定的完工日或按合同文件的规定而延长的时间内完成本工程。

5　发包方/发包方代表

发包方授权＿＿＿＿＿＿＿＿＿作为发包方代表,依照其双方所签订的关于此工程的工程项目管理合同对该项目进行全过程工程管理,发包方代表所履行的所有合法权力,承包单位不得有异议。

6　管理人员

承包方的项目经理、主要施工及安全管理人员的名单如下:

＿＿＿＿＿＿＿＿＿＿＿＿＿＿＿＿＿＿＿＿＿＿＿＿＿＿＿＿

＿＿＿＿＿＿＿＿＿＿＿＿＿＿＿＿＿＿＿＿＿＿＿＿＿＿＿＿

＿＿＿＿＿＿＿＿＿＿＿＿＿＿＿＿＿＿＿＿＿＿＿＿＿＿＿＿

＿＿＿＿＿＿＿＿＿＿＿＿＿＿＿＿＿＿＿＿＿＿＿＿＿＿＿＿

本名单一经发包方确定,未经许可,不可擅自更改。

7　付款办法

付款办法如下:

预付款＿＿＿＿＿＿＿＿＿＿＿＿＿＿＿＿＿＿＿＿＿＿＿＿

中期付款＿＿＿＿＿＿＿＿＿＿＿＿＿＿＿＿＿＿＿＿＿＿＿

最终付款＿＿＿＿＿＿＿＿＿＿＿＿＿＿＿＿＿＿＿＿＿＿＿

8　合同条款

合同条款内说明须在合同书内确定的资料如下:

(1)对法定责任基本原则的修订或补充

＿＿＿＿＿＿＿＿＿＿＿＿＿＿＿＿＿＿＿＿＿＿＿＿＿＿

(2)工程一切险和第三者责任险

＿＿＿＿＿＿＿＿＿＿＿＿＿＿＿＿＿＿＿＿＿＿＿＿＿＿

(3)履约保证金(或保函)

＿＿＿＿＿＿＿＿＿＿＿＿＿＿＿＿＿＿＿＿＿＿＿＿＿＿

(4)开工日

＿＿＿＿＿年＿＿＿＿＿月＿＿＿＿＿日

(5)竣工日

＿＿＿＿＿年＿＿＿＿＿月＿＿＿＿＿日

(6)延误赔偿

_____

(7)保修期

_____

(8)工程款支付时间
①预付款

_____

①进度款

_____

③工程尾款

_____

(9)付款限期

_____

(10)决算期

_____

9 合同文件

"合同文件"由以下文件组成:

(1)中标通知书;

(2)合同协议条款;

(3)合同条件;

(4)工程规范(标准、规范和其他有关技术资料、技术要求);

(5)施工图纸;

(6)投标后至定标前来往信函;

(7)投标须知;

(8)工程量清单及工程价汇总表;

(9)合同附件:"房屋建筑工程质量保修书等";

(10)其他条款;

(11)招标文件;

(12)投标文件及评标质疑笔录。

构成本合同的文件可视为是能互相说明的,如果合同文件存在歧义或不一致,均以较后时间制订的为准。

10 日期

合同文件内的天数,除另有说明外,为日历天数。

11 合同文本

本合同文件正本____份,双方各执____份。副本____份,承包方执____份,发包方执____份。

双方于_____年___月___日盖章/签署：

发包方：   承包方：

（公章）：   （公章）：

注册地点：   注册地点：

法定代表人：   法定代表人：

委托代理人：   委托代理人：

电　话：   电　话：

传　真：   传　真：

开户银行：   开户银行：

账　号：   账　号：

邮政编码：   邮政编码：

合同签订地点：

合同管理办公室意见：   （盖章）

　　　　　　　　　　　　　　　　　　　　　年　　　月　　　日

第四节　工程规范和技术要求

招标文件中应将工程的规范、标准、图集以及工程的有关技术要求等明确写出。

某工程《招标文件》中关于工程规范和技术要求的内容如下：

目录

A.关于工程承包范围的详细说明,并附表 5-3～表 5-7。

B.质量奖项和工期要求

C.计价原则和投标报价

D.基本要求和措施项目

E.适用于本工程的工程技术规范

F.由乙方负责采购的主要材料设备标准和要求

A.关于工程承包范围的详细说明

A1　关于工程承包范围的详细说明

1　土建工程

1.1　地基处理工程

中标人(指本招标工程的中标人,下同)负责自行实施的工作包括合同图纸中标明的以及工程规范和技术说明中规定的地基处理工程,包括土方挖运、回填、护坡、降水及地基处理工程施工阶段的护坡监测。

特别提醒,投标人应根据招标人提供的地勘资料和自己的经验,并在现场勘察进行充分的测量和预测,在其投标价格中充分考虑现场条件等不利因素给投标人后续施工造成的影响,中标人不得因上述影响向招标人主张任何费用或索赔。

1.2 钢筋混凝土工程

中标人负责自行实施并完成合同图纸中标明的以及工程规范和技术说明中规定的全部现浇钢筋混凝土结构、设备基础、圈梁、过梁、构造柱等钢筋混凝土结构工程。

钢筋混凝土结构工程应理解为包括钢筋工程、模板工程、混凝土工程以及与它们相关的辅助工作,包括但不限于后浇带、止水带、沉降缝、施工缝以及定义在总包工作范围内的设备基础、预留洞、预埋件、预埋管、堵洞、开洞、封洞等。

特别说明,辅助钢筋,包括吊筋、支撑、分隔等,即关于底板、楼板、梁、墙等顶层及底层两层主钢筋之分隔、支撑等之钢材以项为单位费用包干计取。

1.3 砌筑工程

中标人负责自行实施并完成合同图纸中标明的以及工程规范和技术说明中规定的所有砌筑工程,包括砖砌体、砌块砌体等的砌筑工作。

砌筑工程应理解为包括砌块砌筑、顶部填充等工作,辅助工作包括但不限于预留洞、预埋件、预埋管、堵洞、开洞、封洞等。

1.4 屋面工程

中标人负责自行实施并完成合同图纸中标明的以及工程规范和技术说明中规定的所有屋面工程,包括屋面板结构层以上的所有屋面做法以及相关配套工作。

1.5 防水工程

中标人负责自行实施并完成合同图纸中标明的以及工程规范和技术说明中规定的全部防水工程,包括但不限于全部卫生间、清洁间以及合同图纸中注明需要做防水的区域的防水工程(含防水保护层)。防水工程的内容包括但不限于供应材料、施工、任何必要的检测以及与其他专业的协调和配合等。

1.6 防腐、隔热、保温工程

除指定分包工程中涉及到的防腐、隔热、保温工程由相应的指定分包人实施以外,中标人负责自行实施并完成合同图纸中标明的以及工程规范和技术说明中规定的全部防腐、隔热、保温工程工作,包括但不限于外墙、铁件、机房以及合同图纸中注明或工程规范和技术说明中规定的需要做防腐、隔热、保温工程的部分的防腐、隔热、保温工程工作(含必要的保护层)。防腐、隔热、保温工程工作的内容包括但不限于供应材料、施工、任何必要的检测以及与其他专业的协调和配合等。

1.7 外立面装饰装修工程

合同图纸中标明的以及工程规范和技术说明中规定的石材区域、金属隔栅、外立面门窗,以及为安装上述石材区域、金属隔栅所需要的预埋件的供应和安装工作全部纳入指定分包范围,以指定分包方式实施。

中标人负责完成除上述指定分包以外的外立面涂料和块料的供应及安装工作,并负责预留洞、补洞、开洞、堵洞以及招标文件中规定的对本部分指定分包人或指定供应商的总包管理、协调、配合和服务的责任和义务,包括与其他专业的协调和配合。

1.8 室内装饰装修工程

中标人负责自行实施并完成合同图纸中标明的以及工程规范和技术说明中规定的但除表5-2中所列需要二次深化装修设计的房间、区域或部位的装饰装修工作以外的全部室内装饰装修工作。具体工作包括但不限于:

(1)未列入二次深化装修设计范围的房间、区域或部位,均按照合同图纸中标明的装修做法完成包括底层和面层的全部天棚、墙面、柱面、地面、踢脚、窗台、轻钢龙骨石膏板墙(如果有)等全部装饰装修工作。

(2)表5-2中所列需要二次深化装修设计的房间或区域,无论合同图纸中是否标明了具体装修做法,中标人只负责按照下述装修做法要求自行实施并完成:①地面,见表5-2中的说明;②墙面,混凝土墙面和柱面、砌体墙面做至结构面;③天棚做至结构面;④其他,包括完成其他各种门、窗的预埋构件;中空金属门窗的副框;各种挂板装饰面层的预埋构件;玻璃隔断;各种栏杆、栏板预埋构件;所有金属结构的底漆、防火涂料(除钢结构);设备基础(如果有)、预埋件、预埋管、预留洞、补洞、开洞、堵洞等工作。

此类预留房间或区域的其余进一步的面层装修和装饰内容一律不包含在中标人自行实施或施工范围内。

招标文件中规定的对本部分指定分包人的总包管理、协调、配合和服务的责任和义务,包括与其他专业的协调和配合。

表5-2中所列的房间或区域的装修工作将纳入指定分包人实施的范围,以指定分包方式实施。需要二次深化设计并由独立承包人或指定分包人实施。

表 5-2 装饰装修工作的房间、区域或部位一览表

序号	层数	房间/区域名称	说明
1	各层	卫生间	只做到防水保护层
2	各层	电梯厅	只做到结构面

1.9 室内门窗工程

除上述1.8项中所列表格中列明的需要二次深化设计并由指定分包人实施其装饰装修工作的房间或区域以外的合同图纸中标明的以及工程规范和技术说明中规定的其他所有门窗(及其五金工程)工程均由中标人自行实施并完成。此类门窗包括但不限于普通装修房间和区域(相对于上述特殊房间和区域而言)的门窗、通风百叶、木门、防火门、隔声门、铝合金门、铝合金窗以及合同图纸中标明的其他门窗等。

此外,中标人还应负责上述指定分包人工作的预留洞、预埋件、预埋管、补洞、开洞、堵洞、修补门窗洞口;招标文件中规定的对指定分包人的总包管理、协调、配合和服务的责任、义务以及与其他专业的现场协调配合工作。

1.10 其他零星工程

中标人负责自行实施并完成合同图纸中标明的以及工程规范和技术说明中规定的属于上述 1.1~1.10 项工作范围以外的其他零星土建工程。包括栏杆等。

2 给排水工程

2.1 给排水系统

中标人负责自行实施并完成合同图纸中标明的以及工程规范和技术说明中规定的建筑物内全部给排水系统的全部设备、材料的供应、安装及调试的工作。

上述系统与室外的市政工程存在接驳时,一律由中标人负责将相关的管路实施到出建筑物外墙外 1.5m 处封堵。

2.2 卫生洁具

合同图纸中标明的以及工程规范和技术说明中规定的所有卫生洁具供应安装以及安装所需要的辅助材料均包含在中标人自行实施或施工范围内。

3 消防工程

中标人负责自行实施并完成合同图纸中标明的以及工程规范和技术说明中规定的消火栓系统(但不包括地下三层消防泵房内的工程)的安装和调试工作。该系统与室外的市政工程存在接驳时,由中标人负责将相关的管路实施到出建筑物外墙外 1.5m 处封堵,与地下三层消防泵房内的工程由中标人负责将相关的管路实施到内墙内 1m,由指定分包人负责接驳。

消防水工程中的水喷淋系统、气体灭火系统及地下三层的消防泵房纳入指定分包工作范围,以指定分包方式实施。

合同图纸中标明的以及工程规范和技术说明中规定的各系统,包括但不限于火灾自动报警系统、消防联动系统、消防广播系统中的设备、管道、线缆等的供应、安装和调试工作全部纳入指定分包范围,以指定分包方式实施。

中标人负责按照图纸实施并完成消防报警系统中所有砌筑墙体及建筑结构内暗埋管路的供应和安装。

对于上述消防工程中的所有系统,中标人应负责自行实施并完成协调、组织整个消防工程(包括消防水、消防电以及土建工程的防火门、防火卷帘门、消防通道等)的验收工作以及任何可能的防火枕、设备基础、预埋件(包括地脚螺栓,如果有)、预埋管、预留洞、补洞、开洞、堵洞以及招标文件中规定的对本部分指定分包人的总包管理、协调、配合和服务的责任和义务,包括与其他专业的协调和配合。

4 通风和空调工程

中标人应自行实施并完成全部通风和空调工程,包括设备基础(如果有)、预埋件、预埋管(地脚螺栓,如果有)、预留洞、开洞、补洞、堵洞等工作。

5 采暖工程

合同图纸中标明的以及工程规范和技术说明中规定的除锅炉设备本体的供应及安装以指定分包的方式实施外,全部采暖系统中的所有材料、设备、管道、阀部件(除指定供应外)的供应、安装和调试工作均由中标人负责自行实施并完成,但热交换站内的热交换系统的设备及相关管道不施工,中标人负责将管道实施至热交换站墙内1m。

该系统与室外的市政工程存在接驳时,一律由中标人负责将相关的管路实施到出建筑物外墙外1.5m处封堵。

6 燃气工程

合同图纸和说明中标明的全部燃气工程均纳入直接发包范围,以独立承包的方式实施。

中标人负责自行实施并完成招标文件中规定的对独立承包人的管理、协调、配合和服务工作(包括根据室外进度提供工作面)并承担相应的责任和义务。

7 电气工程

7.1 变配电工程

从高压柜到低压柜出线口之间的所有工作,包括合同图纸中标明的以及工程规范和技术说明规定的全部变配电室内的高压柜、变压器、低压开关柜以及各设备之间(包括变配电室至UPS室及蓄电池室内的)母线、电缆、桥架及线槽的连接电缆的供应、安装、调试、验收、运行和其进出线由独立承包人负责实施。

柴油发电机房包括柴油发电机及其附件(烟囱、油箱等)的供应及安装,柴油发电机与互投柜之间母线、电缆桥架及线槽敷设等柴油发电机专业工程纳入指定分包工程。

除上述以独立承包人和指定分包方式实施的工作以外,中标人负责自行实施并完成合同图纸中标明的以及工程规范和技术说明规定的以下工作:

(1)低压开关出线口以下的电气工程,包括低压电缆压接工作。

(2)高压电缆入户的预留保护套管及封堵。

(3)负责各变配电系统(含变配电站)的设备基础、接地、预留洞(包括安装就位所需的洞口)、预埋件、预埋管、砌筑墙体内的管道预埋穿带线、补洞、堵洞以及招标文件中规定的对指定分包人的总包管理、协调、配合和服务工作、责任和义务,并负责与其他专业的协调和配合。

7.2 防雷接地工程

中标人负责自行实施并完成合同图纸中标明的以及工程规范和技术说明中规定的防雷接地工程的全部设备、材料的供应、安装及调试等工作,包括但不限于接地装置的供应及安装、接地母线敷设、避雷网制作安装及避雷引下线敷设、等电位连接、配套预埋等,并负责与其他专业的协调和配合。

7.3 控制设备及低压电器安装工程

合同图纸中标明的以及工程规范和技术说明中规定的所有低压配电工程设备的供应、安装、调试等工作,均由中标人负责自行实施并完成。具体工作包括但不限于:

(1)除自带控制箱设备(如电梯)的控制箱由指定分包人安装外,中标人负责全部配电柜、箱的安装工作。

(2)由中标人负责完成低压电器包括灯具、开关、插座的供应和安装工作。

7.4 电线电缆安装工程

合同图纸中标明的以及工程规范和技术说明中规定的所有电线电缆和管路的供应、安装等工作,均由中标人负责自行实施并完成。具体工作包括但不限于:

(1)除自带控制设备(如电梯)的控制箱至设备本体的电线电缆和管路的供应、安装由指定分包人实施以外,中标人负责全部配电柜、箱之间的电线电缆和管路供应、安装工作。

(2)全部设备和用电末端的电气接驳工作即配电柜、箱至用电末端本体的桥架、线槽、钢管、电线电缆的敷设与压接以及配合完成设备和用电末端调试均由中标人负责自行实施并完成。

7.5 弱电工程

合同图纸中标明的以及工程规范和技术说明中规定的全部弱电工程,包括但不限于变配电监控系统、综合布线系统、安全防范系统、有线电视系统等的明配管、穿线、非结构内线槽、桥架、设备的安装、调试、开通等工作均纳入指定分包范围,以指定分包方式实施。

中标人负责按合同图纸实施并完成设备基础、预留洞(包括安装就位所需的洞口)、预埋件、结构预埋管及盒(含穿带线)、砌筑墙体内的预埋管及盒(含穿带线)、出墙套管、补洞、堵洞以及招标文件中规定的对指定分包人实施工作的总包管理、协调、配合、管理和服务等工作的责任和义务,并负责与其他专业的协调和配合。

7.6 电梯工程

合同图纸中标明的以及工程规范和技术说明中规定的全部电梯工程均纳入指定分包范围,以指定分包方式实施。

但中标人负责自行实施并完成以下工作:

(1)电梯井道和机房的全部土建工程的施工;

(2)提供电梯门框用的调直和调平的数据;

(3)提供混凝土填料材料,用于框缘、厅门框、地基和底坑的填充和灌浆;

(4)提供在机房内的提升吊钩、承重梁;

(5)按照图纸要求完成至电梯机房内的配电柜以及机房内照明和插座的安装施工;

(6)按照图纸要求完成电梯井道内(永久)照明;

(7)提供和安装由电梯机房及井道外连接至中央控制室之间的线槽、线缆;

(8)为所有电梯底坑提供排水设施:①在办理正式移交手续之前按照电梯分包人要求进行成品保护设置;②设备基础(如果有)、预埋件、预埋管(包括地脚螺栓,如果有)、预留洞、补洞、开洞、堵洞以及招标文件中规定的对本部分指定分包人的总包管理、协调、配合和服务的责任和义务,包括与其他专业的协调和配合。

8 室外工程(包括管线、道路等)、园林绿化、景观工程和室外照明

合同图纸和说明中标明的全部室外工程(包括各种市政管线、道路等)、园林绿化、景观工程以及室外照明均纳入直接发包范围,以独立承包的方式实施。

中标人负责自行实施并完成招标文件中规定的对独立承包人的管理、协调、配合和服务工作(包括根据室外进度提供工作面)并承担相应的责任和义务。

A2 附表

表 5-3　指定分包工程及其整项暂估价清单

序号	指定分包工程名称	计量单位	暂估价(元)	备注
1	外立面装饰装修工程	项		
2	室内二次装饰装修工程	项		
3	消防工程	项		
4	锅炉工程	项		
5	柴油发电机房工程	项		
6	弱电系统工程·	项		
7	电梯工程	项		
8				
9				
⋮				
指定分包项目合计		元		

注:投标人应将上述指定分包工程的暂估价计入投标总价中。

表 5-4　指定供应项目及其整项暂估价清单

序号	指定供应材料和工程设备名称	计量单位	暂估价(元)	备注
1				
2				
3				
4				
5				
6				
⋮				
指定供应项目合计		元		

注:投标人应将上述指定供应的暂估价计入投标总价中。

表 5-5　招标人直接发包的独立工程清单

序号	独立工程名称	计量单位	暂估金额（元）	备注
1	变配电工程	项		
2	室外工程	项		
3	燃气工程	项		
4				
5				
6				
⋮				
招标人直接发包项目合计		元		

注：上述由招标人直接发包项目的暂估金额不计入投标总价中，但中标人按照招标文件应当承担的配合、协调、管理、服务的费用应当包含在投标价格中。

表 5-6　招标人直接采购项目清单

序号	直接采购材料和工程设备名称	规格型号	计量单位	暂估金额（元）	备注
1					
2					
3					
4					
5					
6					
7					
⋮					
招标人直接采购项目合计					

表 5-7 乙方自行施工范围内的暂定单价清单

序号	材料和设备名称	计量单位	单价(元)	备注
1	地砖、墙砖等各类面砖	m²		
2	架空地板(含支架)	m²		
3	地砖踢脚	m		
4	花岗岩	m²		
5	树脂板墙面	m²		
6	板式换热器	台		
7	冷却塔	台		
8	各类空调、给排水泵 (含设备自带控制柜或配套的金属)	台		
9	风机(含热风幕)	台		
10	风机盘管	台		
11	卫生洁具(含龙头/冲洗阀、存水弯及五金配件等和感应器)	套		
12	电缆	m		
13	灯具	套		
14	新风、空调机组	台		
15	冷水机组	台		
16	低压动力、照明配电箱、柜	台		
17				
18				
19				
⋮				

B.质量奖项和工期要求

B1　工程质量奖项

本工程要求的质量奖项为_____。投标人在投标时应将为实现合同中约定的质量奖项而必须发生的费用包含在其投标价格中。

B2　工期及进度要求

本招标工程的定额工期为_____日历天。

招标人要求投标人的投标工期不长于_____日历天。

计划开工日期：____年___月___日。

1　区段工期要求

(1)最迟于_____年_____月_____日前完成±0.00以下全部钢筋混凝土结构工程；

(2)最迟于_____年_____月_____日前结构封顶，完成全部钢筋混凝土结构工程；

(3)最迟于_____年_____月_____日前完成招标工程全部工程建设工作，并实现全部系统的开通调试、楼宇保洁以及物业交接工作，具备使用条件。

2　关于工期的特别说明

对于上述各区段工期和最终的完工日期，投标人可以做竞争性考虑。如果投标人选择报出比招标人要求的工期更为提前的投标工期，投标人应同时提交可行、可信、可靠的保证措施。一旦该投标工期为招标人所接受，则与此有关的费用应被认为已经包含在投标人递交并为招标人所接受的投标文件及投标价格中。招标人不会再另外向中标人支付任何性质的技术措施费用、抢工费用或其他任何性质的提前完工奖励等费用。

C.计价原则和投标报价

C1　计价依据

(1)本工程的计价依据执行中华人民共和国建设部和国家质量监督检验检疫总局于2003年2月17日联合发布的《建设工程工程量清单计价规范》(GB50500—2003)以及工程所在地建设行政主管部门颁发的相关配套计价管理规定。

(2)招标人随招标文件提供的工程量清单是按照《建设工程工程量清单计价规范》(GB50500—2003)的要求编制的。投标人应在投标报价时，严格按照《建设工程工程量清单计价规范》中的相关规定和本招标文件的要求去理解工程量清单中各子目的项目编码、项目名称及其对应的工作内容、计量单位以及工程量计算规则，并据此进行报价。

C2　工程量计算规则

(1)本工程的工程量计算规则执行中华人民共和国建设部和国家质量监督检验检疫总局于2003年2月17日联合发布的《建设工程工程量清单计价规范》(GB50500—2003)中规定的规则。

(2)如果上述约定的工程量计算规则中没有适用的或能合理分解出或推断出的相应计算规则，则执行按图纸标示的理论净量进行相应工程量计算的原则。

(3)除非《建设工程工程量清单计价规范》(GB50500—2003)中有不同的规定,否则准备本工程工程量清单应采用下列统一的计量单位:①重量单位为吨(t)或公斤(kg);②体积单位为立方米(m³);③面积单位为平方米(m²);④长度单位为米(m);⑤计数单位为个、座、件、套、副。

C3 投标价格的内容和理解

(1)应当认为在正式提交投标书以前,投标人已经认真研究了招标人提供的招标文件,已经得到招标人对任何可能存在的疑问的澄清和解答,并对投标人合同工作内容达到透彻和充分的理解,且已将这种理解全部恰当地反映到了他的投标书中。

(2)应当认为,投标人已经确认其提交的投标书以及工程量清单中开列的各项单价、费率和价格的正确性和充分性。不管投标书中是否有特别说明,投标人提交的投标书以及工程量清单中开列的各项单价、费率和价格已经全面、充分地体现和覆盖了以下内容:①所有分部分项工程的施工费用;②所有措施项目费用;③企业(总部)管理费、利润、各种税费和规费;④缺陷修复和保修费用;⑤合同期内市场材料设备价格、人工价格、政府收费、政策等各种因素造成的施工成本变化;⑥合同期内基于投标人自身判断的各种可能存在或发生的风险;⑦投标人按照招标文件中约定的要求对指定分包工程、指定供应项目、独立工程、招标人直接采购项目以及其他任何可能在现场施工的其他承包人的总包管理、协调、配合、服务照管工作的费用;⑧为符合或满足招标人在招标文件中为投标人设定的全部责任和义务所需发生的任何费用;⑨与各类材料和工程设备施工就位和安装固定相关的卸车、装车、水平运输、现场倒运、垂直运输、安装固定相关的人工费;⑩包括搭接、连接、切割和损耗等在内的材料费;⑪诸如钉子、自攻螺丝、垫片、塞子、铁丝、腻子、夹子、铆焊料等辅材费;⑫与搬运、发运、装卸、仓储、包装、垂直运输等有关的所有费用;⑬法定税金等(不含在单价中,计算合同价款时统一计取);⑭投标人的单价和价格应包括为进行及完成合同所述的工程所必须的,或者是为克服完工前的困难而可能变为必须的所有附属的及其他的工程和费用支出。

(3)投标人应在他的价格中考虑下列与雇用劳务有关的所有费用:①法定假日和公共休息日;②上下班交通时间和费用;③政府收费;④非生产用工;⑤因工人自身原因导致的加班;⑥工人的奖金;⑦注册费用;⑧劳动保险;⑨遣返差旅费用;⑩与雇用工人相关的其他费用。

C4 招标人提供的工程量清单中差异的处理方式

(1)尽管招标人随本招标文件提供了工程量清单并且其中的分部分项工程量清单中已经附带了工程量,但该工程量清单中的工作内容子目划分、描述、列项以及分部分项工程量清单中附带的工程量都不应理解为是对招标范围或合同工作内容的唯一的、最终的或全部的定义。

(2)招标人要求投标人根据招标人提供的图纸、工程规范和技术说明以及招标文件中其他相关内容对招标人提供的工程量清单进行认真细致的复核。这种复核包括但不限于对招标人提供的工程量清单中的项目编码、项目名称、清单工作子目特征描述、计量单位的准确性以及可能存在的任何书写、打印错误进行检查和复核,特别是对分部分项工程量清单中每个工作子目的工程量进行重新计算和校核。如果投标人经过检查和复核以后认为招标人提供的工程量清单中附带的工程量存在较大差异,则投标人应将此类差异的详细情况连同按照招标文件规定提交的答疑问题一起,并按照与招标文件约定的提交答疑问题相同的时间和方式提交给招标人,招标人将根据实际情况决定是否颁发修正版工程量清单,如果需要颁发修正版工程量清单,招标人将书面通知投标人。

(3)如果招标人在检查投标人根据上文第(2)款提交的工程量差异问题后认为没有必要提供修正版工程量清单,或者招标人根据上文第(2)款提供了修正版工程量清单,但投标人经过进一步检查和复核后认为修正版工程量清单中的工程量依然存在差异,则此类差异不再提交招标人答疑和修正,而是直接在报价时自行考虑(建议投标人将此类差异作为风险包含在措施项目清单报价中)。但任何情况下,投标人在投标时应当严格按招标人提供的工程量清单(或修正版工程量清单,视情况定,下同)进行报价。任何情况下,投标人在按照工程量清单进行报价时不得修改(包括任何形式的增加、删除、修改文字或数字)招标人提供的分部分项工程的工程量清单。即使按照图纸和招标范围的约定并不存在的子目,只要在招标人提供的工程量清单中已经列明,投标人都需要对其报价,并纳入投标总价的计算。任何情况下,严禁投标人通过调整单价的方式来修正招标人提供的工程量清单与图纸相比存在的任何差异,也禁止投标人以此为借口进行任何形式的不平衡报价。

(4)经过投标人的上述检查、复核并调整差异后,施工过程中实际发生的工程量与工程量清单中所列工程量之间的任何差异应当已经完全包含在投标人的投标报价中。招标人与中标人签约以后,招标人不接受中标人由于未能在投标阶段恰当地安排对招标人提供的工程量清单(或招标人根据上文第(2)款提供的修正版工程量清单,视情况而定)进行任何必要的复核或复核工作存在任何性质的疏漏、差错而主张的任何损失或索赔。

C5 工料消耗量

工程量清单之分部分项工程量清单中所列的各子目的价格组成中,各子目的工料消耗量(含损耗量)由投标人按照其自身的企业内部定额做充分的考虑。

C6 人工、材料、工程设备以及资源的市场价格

工程量清单中所有生产要素(包括各类人工、材料、工程设备以及资源等)的市场价格,由投标人根据自身的信息渠道和采购渠道,分析生产要素的市场价格水平并判断其整个施工周期内的变化趋势,全面体现投标人自身的管理水平、技术水平和综合实力以及投标人为本招标工程准备的施工组织设计和施工方案等因素。

C7 对基本要求和措施项目的报价

(1)在"措施项目清单"中开列的项目是指那些不易准确计量但又必须发生费用的责任、义务或工作内容,并且这些工作内容一般不直接构成永久工程的组成部分。"措施项目清单"中开列的项目的费用主要与实施这些工作的方法或方案有关,费用的具体金额相对固定,一般不会因分部分项工程的工程量的有限度的变化而产生较大变化。

(2)投标人应根据招标文件,特别是第四节"工程规范和技术说明"之 D 部"基本要求和措施项目"部分的要求,对工程量清单之"措施项目清单"中报价子目所指的工作内容(责任和义务)进行充分考虑。除模板费用以外,"措施项目清单"中所列各报价子目的编码和工作内容索引与"工程规范和技术说明"之 D 部"基本要求和措施项目"中的标题编码和标题名称是一一对应的,投标人在报价时应充分、全面地阅读和理解"工程规范和技术说明"之 D 部"基本要求和措施项目"的全部内容。对措施项目清单所列出的项目和所填写的报价金额应覆盖合同文件约定的适用于整个工程的投标人的全部责任和义务。

(3)尽管合同条件(以及构成招标文件的其他部分)的目录编码没有在"措施项目清单"中列出,但除"措施项目清单"中所列子目以外还会发生其他的措施项目费用应列入"措施项目清单"中的相关子目中。

(4)分部分项工程项目的综合单价中不包含任何属于基本要求和措施项目的费用。特别强调,综合单价构成中不包含任何应属于"现场管理费用"项下的内容,在投标时,所有措施项目费用(含现场管理费用)均不得以"以×××为基数计取百分比"或按照建筑面积为基数进行取费的方式报价,而是以投标人拟采取的施工组织设计和施工方案为依据,与相应的施工方案或资源投入计划相一致,考虑实际需要投入的各种资源和生产要素的实际成本进行报价,并按照招标文件中所附的格式给出详细的列项、分析和计算过程。

(5)除用于专项生产的机械设备(仅指土方挖运机械,混凝土搅拌、运输和泵送机械)的费用直接进入分部分项工程工程量清单中的综合单价中以外,所有其他的机械使用费用和机具器具使用费用不得纳入综合单价中,而是按照与上述措施项目的报价方式同样处理,并进入"措施项目清单"中。

(6)投标人应充分理解招标人在招标文件中为其设定的所有义务、责任和条件,并在其投标价格中做充分的考虑。只要招标人对投标人要求的合同义务、责任和条件没有改变,则投标人措施项目的价格、费率固定包死、不得调整。实际工程量与工程量清单中所列的工程量之间的任何差异以及任何变更(除招标人发布的变更导致相应的施工方案或施工组织设计发生实质性变化的情况以外)对合同内工作内容或工程量造成任何形式或程度的改变,都不构成投标人修改其措施项目价格、费率或提出任何索赔的理由。

C8 配合费和照管费

投标人作为总承包人按照招标文件中约定的要求对指定分包工程、指定供应项目、独立工程或招标人直接采购项目(如果有)以及其他任何可能在现场施工的其他承包人的总包管理、协调、配合、服务、照管工作的费用在"其他项目清单"之投标人部分中报价。特别说明:投标人应针对所有指定分包工程、指定供应项目、独立工程或招标人直接采购项目分别并单独填报一笔固定的绝对值金额。由投标人填报的此类固定的绝对值金额是其就指定分包工程、指定供应项目、独立工程或招标人直接采购项目的实施所能得到的全部的和唯一的报酬。由投标人填报的此类金额都将是固定包死的,除非合同中另有约定,任何情况下不得调整。

C9 管理费和利润

取费部分(仅指投标人的企业(总部)管理费和利润)应由投标人在保证不低于其个别成本的基础上做竞争性考虑。投标人的企业(总部)管理费和利润应包含在综合单价中。

C10 指定分包工程和指定供应项目的整项暂估价

(1)投标人承包范围内的部分专业工程将以指定分包方式实施。所有指定分包工程将以整项暂估价的形式纳入投标人的合同工作范围。以指定分包方式实施的指定分包工程及其整项暂估价的情况详见表5-3。

(2)投标人承包范围内的部分材料和工程设备将以指定供应方式实施。所有指定供应项目将以整项暂估价的形式纳入投标人的合同工作范围。以指定供应方式实施的材料和工程设备及其整项暂估价的情况详见表5-4。

(3)上述所有指定分包工程和指定供应项目都将视同投标人自行施工或自行采购的工作一样。实施过程中将由投标人负责总包管理、协调、配合和服务,投标人为履行其总包管理、配合、协调和服务等所需发生的费用(按工程量清单之第三部分"其他项目清单"要求的格式)应包括在投标人的投标报价中。

(4)招标人在表5-3"指定分包工程及其整项暂估价清单"中列明的指定分包工程的整项暂估价,是指指定分包人实施指定分包工程的含税金后的完整价(即包含了该分包工程中所有供应、安装、完工、调试、修复缺陷等全部工作),除了招标文件中约定的中标人应承担的总包管理、协调、配合和服务责任所对应的费用以外,不允许也不需要投标人在投标报价中考虑与指定分包项目有关的任何其他费用。

(5)招标人在表5-4"指定供应项目及其整项暂估价清单"中列明的指定供应项目的整项暂估价,仅包含指定供应的材料、工程设备本身运至施工现场内工地地面价以及与此相关的税金,但不包括这些材料、工程设备的安装、安装所必须的辅助材料、驻厂监造以及发生在现场内的验收、存储、保管、开箱、二次倒运、从存放地点运至安装地点以及其他任何必要的辅助工作(以下简称"指定供应项目的安装及辅助工作")所发生的费用。投标人应将上述"指定供应项目的安装及辅助工作"所发生的费用以及与此类费用有关的税金包含在投标价格中。

(6)招标人将根据具体情况保留将指定分包工程或指定供应项目改变为交由中标人直接实施的权利。招标人对上述指定分包工程或指定供应项目的任何形式的再分或合并将不以任何形式改变中标人的合同价格和合同工期。

C11 独立工程和直接采购项目的暂估金额

(1)本招标工程中由招标人直接发包的独立工程详见表5-5。这些由招标人直接发包的独立工程将由招标人与相应的独立承包人之间直接签订承包合同,但是投标人应承担招标文件中约定的总包管理、协调、配合、服务的责任和义务。特别说明,在表5-5中虽然给出了独立工程的暂估金额(注意:暂估金额不同于上述指定项目的的整项暂估价),但其目的只是为了为投标人测算管理、协调、配合、服务工作有关的费用提供参考依据。这些暂估金额本身不应列入投标总价中,但是与这些招标人直接发包工程的管理、协调、配合、服务工作有关的费用应当包含在投标人的投标总价中。中标人应承担的管理、协调、配合、服务的责任和义务详见招标文件中相关约定。

(2)本招标工程中由招标人直接采购的材料和工程设备详见表5-6。这些由招标人直接采购的材料和工程设备将由招标人与相应的独立供应商之间签订供应合同,但是中标人(总承包人)应承担招标文件中约定的总包管理、协调、配合、服务的责任和义务。特别说明,在表5-6中虽然给出了招标人直接采购的材料和工程设备的暂估金额(注意:暂估金额不同于上述指定项目的的整项暂估价),但其目的只是为投标人计算管理、协调、配合、服务工作有关的费用提供参考依据。这些暂估金额本身不应列入投标总价中,但是与这些招标人直接采购项目的管理、协调、配合、服务工作有关的费用应当包含在投标人的投标总价中。中标人应承担的管理、协调、配合、服务的责任和义务详见招标文件中相关约定。

(3)招标人已经在表5-6中指明了承担招标人直接采购项目的安装、安装所必须的辅助材料以及发生在现场内的验收、存储、保管、开箱、二次倒运、从存放地点运至安装地点以及其他任何必要的辅助工作(以下简称"甲供项目的安装及辅助工作")的承包人,这样的承包人可能是中标人(总承包人),也可能是指定分包人或招标人直接发包的独立承包人。如果承担上述"甲供项目的安装及辅助工作"的承包人是中标人(总承包人),则投标人应将与上述"甲供项目的安装及辅助工作"所对应的费用包含在其投标报价中。除非合同中另有约定,无论承担上述"甲供项目的安装及辅助工作"的承包人是中标人(总承包人)自己,还是指定分包人或招标人直接发包的独立承包人,中标人都将对此类工作负担招标文件中约定的协调、配合、管理、服务的责任和义务,并且将与之对应的所有费用包含在其投标价格中。

(4)招标人在表5-6"招标人直接采购项目清单"中列出了此类材料设备的损耗率。招标人将按照此损耗率控制所供应的材料设备的数量。如果合同约定此类材料由中标人负责安装,则中标人只能按照根据此损耗率计算出的控制数量进行施工或安装,如果中标人实际使用数量超出此控制数量,则采购不足部分的材料设备而发生的费用由中标人承担。

C12 投标人自行施工范围内的材料设备暂定单价

(1)某些材料和工程设备虽然属于中标人自行采购的范围,但考虑到在招标阶段其质量标准或技术规格尚不能确定,或目前建筑市场价格不稳定,为合理分担风险,招标人在表5-7以及工程量清单中给出了此类材料和工程设备的暂定单价。

(2)对于此类材料和工程设备,投标人一律按照招标人给出的暂定单价进入投标总价。暂定单价是可以调整的,合同价款应随暂定单价的调整而调整。表5-7以及工程量清单中列明的材料、工程设备的暂定单价的调整方式详见合同条件中的约定。

(3)表5-7以及工程量清单中列明的材料、工程设备的暂定单价仅指此类材料、工程设备本身运至施工现场内工地地面价,但不包括这些材料、工程设备的安装、安装所必须的辅助材料、驻厂监造以及发生在现场内的验收、存储、保管、开箱、二次倒运、从存放地点运至安装地点以及其他任何必要的辅助工作(以下简称"暂定单价项目的安装及辅助工作")所发生的费用。因暂定单价项目的安装及辅助工作所发生的费用由投标人自主报价并且固定包死。

D.基本要求和措施项目

D1 文件

1 词语和定义

下文所用的词语和词句与合同条件中分别赋予它们的定义具有相同的含义。

2 图纸

2.1 图纸中所采用的比例仅供参考,所有尺寸都应以图纸标注尺寸为准,在任何施工或物料订购之前,乙方必须在参考图纸、工程规范和技术说明及现场测量尺寸后方可采购或施工。

2.2 合同中已经约定由甲方免费向乙方提供晒印蓝图的施工图纸套数,如果乙方认为甲方提供的图纸套数不足,乙方应自费复制任何用于本工程的图纸。

3 加工图、大样图等

3.1 对根据合同、甲方和监理的指示或一般常识性要求需要制作的加工图、大样图、安装图或配合图(也称"施工图",但此类施工图不应理解为合同图纸)的工作,乙方应精心制作并及时报批。乙方绘制的加工图和大样图等应在各方面都是完整和规范的,并应对其正确性负责。乙方应在相关工作开始前21天内将此类图纸和必要的辅助资料(包括可编辑的电子版图纸)报给甲方和监理审批。

3.2 乙方应负责安排其分包人(包括指定分包人和指定供应商)绘制和报批必要的加工图、大样图、安装图和配合图等,并负责总体配合协调工作;为保证总包工程和各分包工程、各分包工程之间的交圈,乙方应制作用于各工序的交圈协调的配合图并在相关工作开始前21天内报甲方和监理审批,以保证工程施工的完整性。

3.3 绘制和报批加工图、大样图、安装图和协调配合图以及必要的补充和辅助资料所发生的费用由乙方承担。

4 保修证书和使用说明

4.1 在工程施工中,乙方有义务在接到甲方和监理的指令后24小时内,将所需项目的保修文件资料按指令要求报送有关方面。

4.2 乙方应在工程完工前将合同文件和分包合同文件中约定的所有保修证书、试验检测证书、材料和工程设备的基础数据、厂家使用说明、设备和建筑物主要系统和构成部分的保养要求和应用指南、备用零配件清单等递交给甲方和监理。指定分包人、指定供应商的此类文件统一经由乙方递交。

4.3 此类文件应以分类装订并形成维修手册的方式递交,其格式应经甲方和监理批准。

4.4 允许乙方所递交的维修手册中包含非合同约定的语言文字资料,但乙方必须自费将此类资料准确地译成合同文件约定的中文并附在相应的资料后面,以便甲方参考。

5 竣工图和竣工资料

5.1 在工程施工阶段,乙方应完整保存有关设计变更、过程质量控制、工序验收、阶段质量核验、材料试验、材质证明、产品合格证、施工日志等准确的质量记录,记录的内容和格式应符合国家和工程所在地建设行政主管部门颁布的有关规定;除甲方和监理在检查审批后自留的任何复写件外,此类资料应以三套复写件(原件,非复印件)的形式,由乙方随工程进度按工程质量监督部门和档案管理部门的规定逐步归类整理并存放在符合存档要求的现场办公室,以供政府质量监督部门、甲方和监理等随时查阅;此类资料构成工程竣工资料的主要部分,除非甲方和监理另有要求,此类资料应在工程竣工前按规定由乙方负责装订三套,经甲方和监理审核批准后由乙方负责交给甲方。

5.2 竣工图应基于合同图纸、变更指令、经审批的施工图、大样图和配合图以及过程质量记录等进行准备和制作;此类图纸应以甲方和监理批准的格式进行准备和递交。

5.3 指定分包人和独立承包人将被要求制作自己的竣工图和整理自己的竣工资料;乙方应要求指定分包人和独立承包人的竣工资料随工程进度逐步提交给乙方,由乙方统一分类整理和装订。

5.4 除非合同中另有约定,在工程完工前,乙方应向甲方和监理提交竣工图的一套晒印蓝图供甲方和监理审核。在甲方和监理审核后,乙方应根据甲方和监理的审核意见进行校正,将包括指定分包人制作的所有竣工图的三套晒印蓝图递交给甲方。

5.5 工程完工交验资料由乙方负责准备;由指定分包人或独立承包人完成工作所对应的完工交验资料由相关的指定分包人或独立承包人准备但由乙方负责整理;乙方应在整个施工过程中依照政府相关法规、规章和合同的要求,做好质量保证、材料的进货检验、分部分项工程的隐预检等与质量记录和竣工资料的收集整理相关的工作。

5.6 乙方应按合同的约定提交符合工程所在地建设工程质量监督管理机构和工程所在地城市建设档案管理机构要求的竣工资料。甲方负责向工程所在地城市建设档案管理机构移交合格的竣工资料。

D2 商务安排

1 价格构成分析

乙方应按甲方的要求,向甲方提交他在工程量清单或任何报价表中填写的各项单价或价格的构成分析清单(综合单价分析表);该清单应能清楚地说明乙方的各项单价或价格中所包含的人工、材料、机械(仅指专项机械部分)、工程设备和工器具的具体数量、施用理由或依据,各组成要素所占的份额,各项取费的百分比和依据等。该清单的内容和详细程度也应达到甲方满意的程度。

2 保证足够的生产流动资金

在整个合同履约期间,乙方除能得到甲方根据合同条件的约定应支付的工程进度款等款项外,不会再得到来自甲方的任何超出合同条件约定的任何额外资金的支持,因此,在整个合同履约期内,乙方应考虑并准备足够的自有流动资金,以满足本工程正常施工的需要;除非合同中另有约定,甲方不会接受任何因乙方生产资金不足而提出的任何性质的索赔。

3 政府收费

乙方被认为在他的合同价格中已包括了有关政府机构的各种政府收费。

4 许可、批准和相关费用

除非相关法律、法规、规章等明确规定属于甲方的责任,乙方应向对本工程有管辖权的各级政府机关、管理机构发出必要的通知或申请,获得所有必须的许可或证书,并承担相关的费用,支付可能的押金;乙方应在投标中充分考虑与上述工作相关的费用,甲方将不会接受任何有关此类费用的补偿要求。

5 保险

关于工程保险的具体要求,详见合同条件中的相关约定。合同价格中已经包含与此相关的费用。

6 担保

关于担保的具体要求,详见合同条件中的相关约定。合同价格中已经包含与此相关的费用。

7 风险

乙方被认为已经对甲方在招标文件中为其设定的责任、义务以及按照合同约定由乙方承担的风险有了充分的了解和考虑,并在此基础上已经在其合同价格中包含了足够的费用以涵盖其应承担的全部风险。

D3 乙方的配合和照管责任

1 照管工作内容及范围的综述

乙方应对整个工程项目各项施工及采购工作所涉及的所有分包人、供应商和独立承包人统一进行协调、组织、配合和管理,协调各专业交叉作业时的工作面冲突,保障工程项目各指定分包及材料供应工作的顺利开展,并承担总包管理工作的全部配合照管责任及义务。

2 费用包干原则

2.1 乙方按上述条款所述内容为指定分包人、指定供应商、甲方直接雇用的供应商以及独立承包人提供的管理及配合事宜的费用包干使用,不论实际情况与乙方估计有多大出入,亦不论有无设计变更,一律不予以调整。

2.2 乙方须积极、主动完成合同约定的照管工作,乙方拒绝履行或不完全履行或履行未达到要求,则视为乙方违约,乙方于合同内填报之照管费用并不能完全作为甲方向乙方提出索偿的依据,尚须考虑因此对分包工程和独立工程工期、整体工期、指定分包工程及独立工程成本增加、抢工等一切所需费用。

3 总包照管的基本责任

3.1 乙方负责主动安排、审核各指定分包工程、独立工程的施工计划,协调安排好各指定分包单位之间的配合,积极协调各分包工程的施工工序和进度计划,对各分包工程和独立工程的质量及进度(包括总工期)负责。

3.2 提供、开通或加固现场施工通道,在现场通道上搭设硬质安全防护(如需要)。为指定分包人、独立承包人施工期间提供必要的安全防护措施,包括安全网、防护栏杆、防护盖板、硬质防护、安全警示标志等。

3.3 与指定分包人、独立承包人核对各专业图纸间的需要统一的尺寸、标高等,保证各专业图纸间无冲突。

3.4 提供已安装在现场之施工机械、脚手架、爬梯、工作平台、塔吊、外运电梯及其他设备供指定分包人、独立承包人使用,协调各专业对大型临时机械及临时设施等共用资源的使用,上述设备或设施的使用期应充分考虑分包工程或独立工程的工期情况,乙方在拆除上述设备或设施前须征得监理和甲方书面同意。

3.5 按合同规定由乙方预埋(留)或暗配的各分包专业的管线、埋件、洞口凹槽等,乙方应按施工图纸、交底会审纪要、设计变更通知单及规范要求进行预埋(留)或暗配。

3.6 提供施工用水、电,在各楼层指定区域提供水电接驳点,保证供电不间断、冬季供水不结冰。由水、电接驳点引至使用区域的费用由指定分包人和独立承包人负责,但水电费用由乙方承担。

3.7 乙方给各指定分包人、独立承包人提供的施工场地、工作面应按要求准时提供,满足作业面交接技术要求,包括工作面修补,保持清洁,并防止施工期间水和垃圾的侵入。指定分包人、独立承包人进场前,乙方应同其办理施工场地、工作面的交接手续并办理移交。

3.8 乙方提供现场保卫,负责现场保安及工程保护工作,有责任组织管理和协调交叉施工中指定分包人和独立承包人的在施或已完工项目成品保护和现场物料的保管工作,并直至工程完工。

3.9 提供临时办公、辅助设施及贮存仓库,临时办公面积不小于 $5m^2/$ 人,主要指定分包人应有独立的办公室,办公室应包括照明、采暖、制冷设备,但不包括办公家具及办公设备,贮存仓库应满足指定分包人、独立承包人要求,包括防风、防雨、防潮及安全等。

3.10 提供用于施工及甲方现场检查的照明设备,包括照明线路、照明灯具,在正常施工时间内及甲方批准的抢工时间内保证照明系统处于正常使用状态。

3.11 为指定分包人、独立承包人提供标高及控制轴线,并对指定分包人、独立承包人由标高及控制轴线导出的控制线、控制点进行校核,并在使用期间定期复核。

3.12 负责结构(含二次结构)的预埋管、预埋套管、预留孔洞及洞口加筋,指定分包工程、独立工程的预埋件安装(此等埋件由指定分包人、独立承包人提供),指定分包人、独立承包人于结构(含二次结构)剔凿、埋管后的修补工作等。提供指定分包人、独立承包人设备安装所需之混凝土基座。

3.13 负责各专业施工后的孔洞、凹槽、门窗缝的填塞。

3.14 提供设备安装就位通道,审核一切运输永久设备之通道的宽度及高度是否适合,并在需要时预留或剔凿,安装就位后恢复。

3.15 为各专业提供测试及单机或联动调试时所需的一切配合工作,包括但不限于调试用水电。

3.16 在各层指定区域设置垃圾堆放点,并负责垃圾清理、外运及消纳工作,在各层设置临时厕所,并安排专人看护及清理。

3.17 特别约定,在指定分包人、独立承包人因工程需要或自身工作条件限制,为了保证工期和质量,向乙方提出额外请求并承担费用的前提下,乙方有义务提供配合分包施工或修补缺陷所需的支持。

4 对甲方直接供应材料和工程设备的照管

4.1 本工程中由甲方供应材料和工程设备的情况在合同中说明。甲方与乙方双方在合同签订后28天内,应根据有合同约束力的进度计划而商定甲方供应材料和工程设备的交货时间。考虑到材料和工程设备采购涉及的运输过程容易受到许多非甲方自身所能控制的原因的影响,因此乙方应为这样的交货时间分别考虑一个提前或延误14天以内的合理误差,在合理误差之内交付的甲方直接供应材料和工程设备,乙方应及时按合同规定办理接受手续,且不得提出任何有关费用和工期的索赔。当乙方施工实际进度已明显提前,且按规定时间供应有关材料和工程设备将严重影响乙方的后续施工时,甲方将尽其最大可能与有关供应商协调,争取有关材料和工程设备提前进场,因此发生的额外费用由甲方视乙方进度提前对甲方带来的有利程度,决定是否向乙方全额收取或部分收取。

4.2 除非合同中另有约定,甲方直接供应的材料和工程设备的采购数量由乙方提供,乙方应对其提供的材料和工程设备的数量负责。

4.3 对于甲方直接供应的材料和工程设备,乙方负责现场接受、验收及存储。

4.4 乙方必须为甲方供应的材料和工程设备提供并安装就位的任何辅助性材料,包括但不限于阀门、开关、各类管材、螺栓、螺钉、法兰、电缆、电线等的规格、型号、性能等。甲方供应的材料和工程设备所涉及的采购保管、辅助材料、安装、调试、监督管理等所有费用都应包含在乙方的合同价格中。

5 与红线外大市政配套工程的配合

5.1 本工程所涉及的上下水、雨水、热力、煤气、电力和电讯等须与大市政总管作永久连接的服务设施的工作内容可在相关专业图纸中检索或由一个有足够经验的承包人合理预测得到;这些连接的具体工作将由有关市政部门认定的专业施工队等独立承包人完成,其费用将由甲方直接支付,但乙方应与有关市政部门协调配合,并负责将与大市政总管连接的工作或工程施工到符合最终连接的接头位置,使其具备最终连接的必备条件,以确保最终连接工作能按计划和高质量地完成,保证永久工程的顺利完工和防止对任何工作带来损失或损害。

5.2 乙方应为有关市政部门认定的专业施工队(属于合同中定义的"独立承包人")的连接工作,包括可能的测试工作,免费提供必要的水、电、脚手架和受乙方控制的临时工作场所和场地的支持和配合。

5.3 乙方应负责对因永久连接接头的施工对任何工程或毗邻财产的扰动或损害进行修补或修缮,并达到甲方和监理的满意。

D4 项目实施和项目管理

1 进场

甲方向乙方移交现场的日期即是乙方接收和进驻现场的日期;甲方、监理和乙方应就现场移交当日现场内各现存设施状况,水、电、暖、气表的读数,现场周边道路、市政设施和毗邻财产的状况、现场永久和临时用地控制线、定位坐标和水准点等做好文字、图示和照片等记录。如发现现场出现任何可能引致影响永久工程实施的缺陷,应即时通知甲方解决,如因乙方疏忽引致其后出现的所有问题,乙方需自费解决。

2 对现场的认可和接受

2.1 乙方应当在递交他的投标书前对本工程的现场进行充分的勘察,并在报价中充分考虑到现场位置、现存建筑和设施的状况,毗邻的财产和周边设施的状况,现场的通道、仓储和临设用地,现场材料装卸等对工程施工的影响。甲方不受理因乙方自身缺乏对现场条件的了解或判断而提出的任何索赔。

2.2 如果现场用于临设或仓储的用地不能满足乙方就本工程组织施工的要求,乙方合理租地的费用应在其投标价格中作充分的考虑。只要此类场外租地是合同要求的或是合理的,甲方将协助乙方办理必要的租地手续,但乙方应保证甲方免于任何与乙方使用此类租地相关的索赔、损失或损害。除此之外,乙方不得非法使用任何现场边界以外的土地,非法侵用或侵占的后果完全由乙方负责。

2.3 乙方应在进场开工时,对现场周边毗邻的道路、市政设施和建筑物进行检查,并对现有的损坏或缺陷做必要的文字、照片和图示记录并将一份完整的此类记录及时递交给甲方和监理;如果甲方和监理要求,乙方应对现存的各种损坏或缺陷做定期检查和记录,以便在一旦出现沉降或破坏时,能及时分析原因,采取措施,减少损失。

3 工作场所的限定

3.1 乙方应采取一切预防措施,保证受他控制的人员在现场规划红线和合法临时租地范围内工作,且包括所有分包人和指定分包人的工作人员和工人;乙方应同时保证,未经合法授权的任何组织和个人不得进入本工程现场。

3.2 如果工程的实施需要临时占用毗邻的场地、设施或建筑物,乙方应首先获得有关管理机构或有关所有者的许可;任何情况下,乙方应保证他的工作不会给毗邻居民或组织带来任何不便,否则,所有的工人和其他工作人员应限定在现场内工作。

3.3 乙方对工作场所的管理应符合工程所在地相关的管理规定。并对由此引起的各种相关保证措施负责。

4 工作时间和劳动工资

4.1 甲方和监理有限制或禁止乙方进行任何可能导致扰民的加班工作的权力;除非合同中另有约定,甲方将不受理任何与此类限制或禁止相关的费用或工期延长的索赔。

4.2 在工程开工前,乙方应以书面形式向甲方和监理报告乙方计划的工作时间和班次安排,此类安排应首先保证在各方面已依照了国家劳动法等有关法律和法规的要求并有可靠和具体的措施,保证不会给甲方带来因扰民而引起的任何损失或损害;为便于甲方和监理的工作安排,如果乙方计划改变正常的工作时间,乙方应提前24小时通知甲方和监理,如果乙方的此类改变涉及法定假日或休息日,乙方应提前48小时通知甲方和监理。

4.3 乙方应在他的合同价格中考虑必要的加班费用,以保证工程能在不迟于合同文件要求的完工日期前完工;除非合同中另有约定,在整个合同履约期内,乙方不得以加班为由,提出任何相关费用的索赔。

4.4 乙方对工作时间的安排、工作条件的设置、雇用工人和其他工作人员、劳动工资待遇等,必须遵照现行的法律、法规和规章等。乙方雇用工人和其他工作人员的任何费用支付都由乙方负责。

4.5 乙方被认为已在他的合同价格中充分考虑到了因甲方要求的工期所必须的加班而造成的无法避免的施工扰民的补偿费用和乙方采取的合理措施的费用;甲方有义务和责任协助乙方处理和协调好本工程的周边关系,但乙方应保证甲方不会遭受任何与施工扰民或民扰有关的费用和工期的索赔。

5 对周边财产的保护

乙方不得非法侵占和妨害毗邻的财产、土地、街道、市政设施和他们下面的土壤和空间、他们的所有者、使用者或其他任何人,也不得在工程或工程任何部分的实施中采用可能会给这类财产、土地、街道、设施和人员带来损害或伤害的的施工方法;乙方应保障甲方免于因工程实施对周边毗邻财产或人身等的损害或伤害而可能招致的索赔、罚款和其他法律责任。

6 政府机构、甲方和监理进入现场检查

6.1 甲方和监理以及获准进入的有关政府部门或管理机构的代表等相关人员应有权在合理的时间进入工程现场、为本工程做任何准备工作的车间或其他场所进行视察、检查或监督;如果任何工作是在任何分包人(包括指定分包人)的车间或其他场所进行准备,乙方应在相应的分包合同或分包合同中以恰当的条款保证上述人员进入视察、检查或监督的权力。

6.2 乙方应为甲方和监理以及获准进入的有关政府部门或管理机构的代表等相关人员

提供并维持检查本工程所有工作和材料等的安全和顺畅的通道,包括专门的照明、梯子、平台、脚手架、坡道等,只要这些设施对进行必要的检查是必需的或甲方和监理要求的。

6.3 如果甲方和监理要求,乙方还应准备好检查所需的安全帽和必要的检查工具和仪器等。

7 乙方的项目管理和组织机构

7.1 乙方应在工程现场设立并保持健全有效的项目组织机构和称职的岗位人员,并负担与其有关的所有费用。除非甲方和监理另有书面许可,经甲方和监理批准的乙方在投标书中所建议的项目组织机构和主要岗位人员必须严格按岗到位,并保证管理体系的有效运行。

7.2 乙方应建立并保持持续的和有效的项目组织、计划、协调和监督的管理制度并严格实施,这类管理制度应满足合同文件、ISO 9000 质量管理体系、ISO14000 环境管理体系以及 OHSAS18000 职业健康安全管理体系的要求,同时应接受甲方和监理的监督。

7.3 乙方应考虑他对工程各分部分项乃至各工序进行的组织、计划、协调和监督等项目的管理工作应包括对指定分包人、指定供应商、独立承包人和独立供应商的工作,相关费用可在基本要求和措施项目中的相关报价子目考虑。

7.4 乙方委派到工程现场的技术管理人员的数量应满足工程正常施工的需要;乙方应为每个主要岗位指派称职和具有相应上岗资质证书的技术管理人员,其中项目经理必须具备国家一级项目经理任职资格。这些人员的指派应经过甲方和监理的批准,他们在现场工作的期间应根据他们各自的岗位职责和职能的需要区别确定,前提是必须满足工程实施的需要和经过甲方和监理的批准;乙方的项目经理、技术负责人、现场经理、质量员或质量工程师、安全员或安全工程师等主要工作岗位人员应保持相对的稳定,未经甲方和监理书面许可,不得更换或擅离现场。

7.5 如果甲方和监理有足够的理由认为乙方的某个或某些岗位人员不称职或不能满足工程需要时,在接到甲方和监理的有关书面通知后,乙方应在 7 天内选派称职的人员并将甲方和监理认为不称职的人员撤出现场,重新选派的人员应经过甲方和监理的批准,乙方应同时保证被更换的乙方人员不得再从事任何与本工程有关的工作。

8 安全

8.1 乙方应在整个合同履约期内,遵守有关安全生产的法律、法规、规范、规章和规范性文件等的要求或规定。

8.2 在整个工程施工期间,乙方应在施工现场随时设立和维护并在有关工作完成或完工交付后撤除:

(1)在现场入口的显著位置设立工程所在地建设行政主管部门规定的"一图八版"或类似要求;

(2)为确保工程安全施工须设立的足够的标志、宣传画、标语、指示牌、警告牌、火警、匪警和急救电话提示牌等;

(3)"四口五临边"的安全防护设施,包括护身栏杆、脚手架、洞口盖板和加筋、竖井防护栏杆、防护棚、防护网、坡道等;

(4)安全带、安全绳、安全帽、安全网、绝缘鞋、绝缘手套、防护口罩和防护衣等安全生

产用品;

    (5)所有机械设备,包括各类电动工具的安全保护、接地装置和操作说明;

    (6)装备良好的临时急救站和配备称职的医护人员;

    (7)主要作业场所和临时安全疏散通道 24 小时 36V 安全照明和必要的警示等,以防止各种可能的事故;

    (8)足够数量的合格手提灭火器;

    (9)装备良好的易燃易爆物品仓库和相应的使用管理制度;

    (10)对涉及明火施工的工作制定诸如用火证等的管理制度。

8.3　在整个工程施工期间,乙方应委派一名具有合法上岗资质和有足够经验的安全员或安全工程师并配备足够的助手常驻现场,该安全员或工程师应负责组织召集和主持每周至少一次的由所有在现场工作的工人和其他工作人员参加的安全生产例会,每天必须对现场安全生产状况进行全面检查并做好记录,负责安全技术交底和技术方案的安全把关,负责制定或审核安全隐患的整改措施并监督落实,负责安全资料的整理和管理,确保所有的安全设施都处于良好的运转状态。

8.4　所有架子工,塔吊、提升架、外用电梯、电焊机、砂浆和混凝土搅拌机、钢筋成型等机械设备操作人员,信号指挥工等特殊工种,必须是经过专业培训并取得相关证书,技术熟练、持有工程所在地特殊工种操作证或临时操作证的人员;所有工人在进场作业前必须严格进行"三级"教育,考核并颁发安全上岗证;乙方应按甲方和监理的要求,随时向甲方和监理出示这类证件;甲方和监理有权将不具备这类证件的专业工人或其他工人逐出现场;尽管如此,乙方保证甲方免于任何因乙方违章使用工人而可能导致的任何损失或损害。

8.5　乙方应对所有提升架、外用电梯和塔吊等垂直和水平运输机械进行安全围护,包括卸料平台门的安全开关、警示铃和警示灯,卸料平台的护身栏杆,脚手架和安全网等;所有的机械设备应有安全操作防护罩和详细的安全操作要点等。

8.6　乙方应对所有用于提升的挂钩、挂环、钢丝绳、铁扁担等进行定期检测、检查和标定;如果甲方和监理认为,任何此类设施已经损坏或有使用不当之处,乙方应立即以合格的产品进行更换;所有垂直和水平运输机械的搭设、顶升、使用和拆除必须严格依照政府的有关法规、规章和条例等的要求。

8.7　乙方应根据有关法律、法规、规定和条例等的要求,制定一套安全生产应急措施和程序,保证一旦出现任何安全事故,能立即保护好现场,抢救任何伤员,保证施工生产的正常进行,防止损失扩大,并立即向甲方和监理报告和以事故报告的形式向有关政府部门或管理机构报告。

8.8　乙方制定的或准备的任何用于本工程现场安全生产的手段、措施、方法和程序等应报甲方和监理审核;甲方和监理的此类审核不解除或减轻乙方受合同制约的任何责任;特别提醒乙方注意,乙方还应为那些不便于人员进出的永久工程的施工区域设立紧急情况下逃生的疏散通道。

9　现场保卫

9.1　乙方应为现场提供全天候的持续的保安保卫服务,配备足够的保安人员和保安设备,防止未经批准的任何人进入现场,控制人员、材料和工程设备等的进出场,防止现场材料、工程设备或其他任何物品的被盗,禁止任何现场内的打架斗殴事件。

9.2 乙方的保安人员应是训练有素的专业保安人员,允许乙方直接雇用专业保安公司负责现场保安和保卫;保安保卫制度除规范现场出入大门控制外,还应规定不规律的现场周边和全现场的保安巡逻。

9.3 乙方应制定并实施严格的现场出入制度并报甲方和监理审批;车辆的出入须有出入审批制度,并有指定的专人负责管理;人员进出现场应有出入证,出入证须以经过甲方和监理批准的格式印制,但至少应包括工程名称、证号,持有人姓名、性别、职务、所属公司和持有人照片等内容;出入证应加盖印章和做塑封,防止伪造;乙方应对与本工程有关的各方人员,包括工人进行安全教育,取得培训合格手续后,发放出入证。

9.4 如果指定分包人、指定供应商、独立承包人和甲方及甲方雇用的所有人员已经遵照执行了乙方有关现场保安和保卫管理的各项制度,但因乙方保安和保卫工作的不力或缺陷而给任何指定分包人、指定供应商、独立承包人以及甲方在现场的任何财产造成了损失,乙方应承担相应的赔偿责任。

10 参观现场

乙方应确保避免任何未经甲方和监理同意的参观人员进入现场;乙方应准备足够数量的专门用于参观人员的安全帽并带明显标志,乙方同时应准备一个参观人员登记簿用于记录所有参观现场人员的姓名、参观目的和参观时间等内容;乙方应确保每个参观现场的人员了解和遵守现场的安全管理规章制度,佩戴安全帽,确保所有经甲方和监理批准的参观人员的人身安全。

11 文明施工和环境保护

11.1 文明施工和环境保护须严格执行相关的法律、法规、规章、规范性文件和标准等。

11.2 本工程施工现场应按照工程所在地建设行政主管部门创建文明安全工地的标准和要求进行文明安全施工管理,包括有关设施的设置、办法的制定与实施和资料的准备等。

11.3 不管合同文件中是否另有约定,乙方不得在任何临时和永久性工程中使用任何政府明令禁止使用的对人体有害的任何材料(如放射性材料、石棉制品等)和方法,同时也不得在永久性工程中使用政府虽未明令禁止但会给居住或使用人带来不适感觉或味觉的任何材料和添加剂,如含有尿素的混凝土抗冻剂等;乙方应在其项目质量保证计划中明确防止误用的保证措施;乙方违背此项约定的责任和任何后果由乙方完全负责。

11.4 乙方应为防止进出场的车辆的遗洒和轮胎夹带物等污染周边和公共道路等行为制定并落实必要的措施,这类措施应至少包括在现场出入口设立冲刷池、对现场道路做硬化处理等;乙方还应对施工临时污水排放系统建立符合排放标准的临时沉淀池和化粪池等。

12 协调扰民及周边关系

乙方应制定严格的措施和管理制度,防止施工扰民和民扰给工程的正常施工进度带来不良影响;乙方应处理和协调好本工程的周边关系,且应保证甲方不会承担任何与施工扰民或民扰有关的费用,且不会遭受任何与施工扰民或民扰有关的费用和工期的索赔。乙方负责解决所有扰民和民扰问题所需发生的全部费用应包含在其报价中。

13 现场卫生、医疗站和急救设施

13.1 乙方应为现场工人提供符合政府卫生规定的生活条件并获得必要的许可,保证工人的健康和防止任何传染病,包括工人的食堂、厕所、工具房、宿舍等;乙方应雇用专业的卫生防疫部门定期对现场、工人生活基地和工程进行防疫和卫生的专业检查和处理,包括消灭白蚁、鼠害、蚊蝇和其他害虫,以防对施工人员、现场和永久工程造成任何危害。

13.2 乙方应在现场设立专门的临时医疗站,配备足够的设施、药物和称职的医务人员,乙方还应准备至少两套担架,用于一旦发生安全事故时对受伤人员的急救。

14 工人劳保

乙方须在整个履约期内严格遵守有关工人劳动保护、身心健康、预防传染病和施工现场安全生产的法律、法规、规章和规定等,并保障甲方免于因乙方不能依照或完全依照上述所有法律、法规、规章和规定等可能给甲方带来的任何处罚、索赔、损失和损害等。

15 对外宣传

15.1 除合同文件约定的现场名称牌以外,乙方为自身企业形象需要所做的任何设立在现场范围内的,包括现场临时或永久围墙内外,任何带宣传意义的标语、名称、图画都将是经过有关部门及甲方和监理批准的;未经有关部门及甲方和监理批准的任何上述宣传物都由乙方负责按指定的时间清除,不管上述宣传物是否源自乙方。

15.2 未经甲方许可乙方不得在任何新闻出版物或媒体上做有关本工程的报道或宣传等。如果乙方获得甲方的此类许可,乙方应提前将宣传报道材料报甲方审批,以确保所有宣传报道材料的准确性、正确性和统一性。

15.3 甲方有足够的权利拒绝或禁止乙方或乙方的任何人员或其他组织或人员做任何有关本工程的宣传报道或引用甲方有关本工程的任何宣传材料。

16 进度计划

16.1 除非合同中另有约定,乙方在收到中标通知书后 14 天内,应基于投标文件中包括的进度计划,准备并向甲方和监理递交一份整个工程的关键线路网络计划图供甲方和监理审核,该网络图应标明所有的时间参数、工序名称、施工部位和其他相关数据或资料;此处的整个工程应包括乙方或甲方雇用的指定分包人、政府有关组织或机构和独立承包人的工作;甲方和监理应向乙方提供由所有其他人,包括甲方雇用的独立承包人,完成的所有工作的详细资料;任何需甲方和监理检查、审核或审批的工作的检查、审核或审批的过程应纳入到该网络图中。甲方和监理对该网络图的审核或审批,包括任何可能的修改,不应在任何意义上影响乙方的合同责任和义务。

16.2 除上述关键线路网络计划图外,乙方应同时准备一份与该网络图一致的横道进度计划图,该进度计划应准确反映为恰当和按时地完成本工程,乙方在每个工序的各个时段计划使用的材料、主要机械设备和劳动力的种类和数量。

16.3 关键线路网络计划图和相应的横道进度计划图统称为"进度计划"。进度计划是乙方为在合同文件规定的时间内保证本工程完工交付所计划采用的施工方法的一种主要表现方式,一旦经过甲方和监理审批,即成为有合同约束力的进度计划,乙方须严格遵照执行。

16.4 在上述进度计划经甲方和监理审核或审批后,乙方应将经审核或审批的进度计划递交给甲方和监理;同时,乙方应根据该进度计划的要求,确定由甲方提供的材料、工程设备(如果有)、图纸和其他有关数据资料等的最迟提供时间并形成书面要求,与经审核或审批的进度计划一起,递交给甲方和监理。乙方对提供图纸及配套文件的时间的书面要求,应以图纸需求计划表的形式准备,其中须明确图纸的类别、部位和最迟提供时间等要素。

16.5 乙方应根据甲方和监理批准的进度计划并按照甲方和监理批准的格式,在进度计划经过甲方和监理审批同意后 14 天内,准备并向甲方和监理递交用于永久性工程的材料和工程设备的报批、采购和进场计划,用于合同中可能要求的或根据常识和惯例应予制作的安装图、配合图、加工图(施工图)、大样图等的出图和报批计划以及各类构配件的进场计划。这类与进度计划有关的其他计划应随经甲方和监理批准的进度计划的修订而修订。无论甲方和监理何时需要,乙方都应以书面形式提交一份为保证这类计划而拟采用的方法和安排的说明,以供甲方和监理参考。除非经过甲方和监理的审批和书面批准,乙方必须严格执行本款约定的各类与进度计划有关的计划。

16.6 如果在合同履约期间,根据工程施工的实际情况,甲方和监理认为有必要对上述进度计划进行修改或次序调整,乙方应相应调整该进度计划并对相关工作安排进行相应调整。

16.7 乙方应将每月工程的实际进度与进度计划中的计划进度进行对照比较,对任何工作的延误或提前进行原因分析,提出拟采取的措施,并以甲方和监理批准的格式形成文字和图形文件报甲方和监理;每三个月,乙方应准备并报甲方和监理一份修正的上述进度计划,这类进度计划应反映乙方预计的完工日期、甲方和监理在修正日以前所发布的所有指示对计划进度的影响和现场实际的施工进度。除非合同中另有约定,此类进度计划的递交不应理解为工程延误的书面通知,但甲方和监理可根据自己的判断,决定是否在批准任何工期延长要求时,将此类进度计划反映的数据和信息作为参考依据。

16.8 乙方在投标时应当已经考虑了本项目地处的地理位置以及特殊时段或期间(包括但不限于高考、国家庆祝、重要会议等)对工程施工(特别是对工程进度)的不利影响。

17 现场例会

17.1 监理将主持召开有甲方、乙方(包括乙方自己的主要分包人)、设计人、指定分包人、独立承包人出席的每周一次的监理例会,在甲方或监理认为必要时,甲方或监理可随时召集所有上述各方或他们中的一部分参加的专题会议;乙方应保证能代表乙方当场作出决定的高级管理人员出席会议。

17.2 监理例会的内容将涉及合同管理、进度协调和工程管理的各个方面,会议议题将随会议通知在会议召开前至少 12 小时发给各参会方,会议纪要由监理整理并在经甲方批准后分发给出席会议的各方;会议纪要将如实反映会议的内容,包括任何决定、存在的问题、责任方、有关工作的时间目标等;各方在收到会议纪要后 24 小时内,如有任何异议,应将有关异议以书面形式通知甲方和监理;如甲方和监理在会议纪要发出后 24 小时内未收到任何书面异议,则会议纪要的全部内容对各方产生合同约束力;对在上述时限内提出的任何有效异议,甲方和监理应将此类书面异议转发给其他出席会议方,有异议的事项在下一个会议上重新讨论或由甲方依合同条件的有关约定发出相应指示;但对任何事项的异议,不影响会议纪要中无异议的事项的合同约束力。

17.3 乙方应每周至少召开一次包括所有指定分包人出席的内部生产协调会,并提前 24 小时将每次会议的时间和地点通知甲方和监理,由甲方和监理自己决定是否出席;每次会议后 24 小时内,乙方应将该次会议的会议纪要递交给甲方和监理。

18 进度报告和进度照片

18.1 除月进度报告外,乙方应向监理指定的代表呈递一份每日的日进度报表和每周的周进度报表;除非甲方和监理同意,日进度报表应在次日上午九点前递交,周进度报表应在次周的周一上午九时前递交。

18.2 日和周进度报表的内容应至少包括每日在现场工作的技术管理人员数量、各工种技术工人和非技术工人数量、后勤人员数量、参观现场的人员数量,包括分包人和指定分包人的人员数量;还应包括所使用的各种主要机械设备和车辆的型号、数量和台班,工作的区段和工程进度情况、天气情况记录,诸如停工、事故等特别事项说明;此外,应附上每日进场材料、物品或设备的分类汇总表、用于次日或次周的工程进度计划等。

18.3 日和周进度报表的格式和内容应经过甲方和监理审批。

18.4 日或周进度报表应如实填写,由乙方授权代表签名,并报甲方和监理的指定代表签名确认后再行分发。

18.5 除日和周进度报表外,在整个合同履约期间,乙方每月应呈交给甲方和监理各一套工程进度照片,照片应印制成 7 寸的彩色照片,并在经甲方和监理批准的不同位置定期拍摄,每张照片都应标上相应的拍摄日期和简要文字说明;要求每月呈交的每套照片不少于36 张(胶片类),其中至少有两张是分别从两个不同的固定位置拍摄的最能体现本工程特点的全貌,且应用经甲方和监理批准的标准或格式装裱后呈交。

18.6 进度报告和进度照片应同时以存储在磁盘或光盘中的数据文件的形式递交给甲方和监理。数据文件采用的应用软件及其版本应经过甲方和监理的审批。

19 定位放线

19.1 乙方应在工程现场派驻具有相应资格证书和足够工程测量经验的测量工程师或测量员,并配备相应的助手和完备的测量仪器;乙方的测量工程师或测量员的委派应经过监理的审批。

19.2 乙方应交接和维护甲方提供的测量控制点,乙方的测量工程师或测量员应负责工程的所有定位、放线和相关的校核和检查工作,保证工程的各部件的水平和垂直位置符合合同图纸的要求。

19.3 所有定位点和水准点的位置和测量方案应报经监理批准;乙方在拆除任何水准点之前,应首先获得监理的许可。

19.4 乙方应负责保护和维护所有的水准点,如果任何水准点发生移位或破坏,乙方应自费立即和准确地进行恢复。

19.5 所有指定分包人和独立承包人的基准定位线、主要轴线和其他定位和制点都应由乙方负责,包括本工程的外立面、室内外、各个楼层的主要轴线,定位点和控制点。

19.6 乙方应特别重视本工程各单位工程之间定位和放线的相互校核和闭合检查工作,各个楼层定位标高和定位轴线的控制线或控制点的测量工作都必须进行相互校核和闭合检查,如果发现任何超出国家有关规范允许的偏差或本工程甲方、监理或设计人认为是不可接受的偏差,乙方应立即查明原因,提出切实整改措施,报甲方和监理审批后,进行纠偏整改;只有在同一楼层定位和放线闭合校核或偏差整改工作经过甲方和监理检查核准后,乙方才可以继续进行任何后续构成永久性工程组成部分的施工。

19.7 如果甲方和监理因工程目的,在任何合理的时间向乙方提出测量要求,乙方应向甲方和监理提供所需的测量仪器和必要的劳务。

20 复验测量报告

乙方的测量工程师或测量员,除了负责整个工程的定位和放线外,还应在整个结构主体施工期间和其他被甲方和监理要求的阶段,对整个工程的垂直和水平方向的位置和标高、各层楼板和屋面板的标高等的准确性进行检查和校核,并在检查和校核后,将检查和校核的结果整理成一份由他签署的复验测量报告;复验测量报告应在相应楼板的底模拆除以后或结构楼面的主要承重构件就位后 7 天内呈交给监理;复验测量报告应以两套纸质图表的方式呈交,其格式须经过甲方和监理的审批。

21 依照 ISO9000 质量管理体系

乙方在编制质量保证计划或施工组织设计或施工规划时,必须全面依照 ISO9000 质量管理体系的要求并在工程实施过程中严格遵守,包括材料的检验和试验材料、物品和工程设备的进出场、过程控制、分包人和供应商的选择、不合格品的控制、机械设备和仪器的保养和标定、各种质量记录等方面。

22 现场场地使用仅限于为本工程目的

22.1 乙方对本工程现场的使用仅限于为本工程的各种目的,不允许乙方将现场用于非本合同或与本合同不相关的工作。

22.2 除为场外工程施工外,乙方的工作空间仅限于现场规划红线或临时边界线范围内;乙方应最大限度地减少对周边毗邻地区和公共区域的干扰。

23 特殊交通运输的许可

如果受乙方控制的任何工作的场外运输有重量或体积特别大的设施或设备,且根据政府交通管理机构或市政管理机构相关规定是需要特别许可的,乙方应负责为此类异常重量和体积的设施或设备进场运输的过桥和过路办理政府交通管理机构或市政管理机构的许可并承担相应的费用;乙方将被认为已完全了解政府交通管理机构或市政管理机构的相关规定并在他的投标书中作了充分的考虑,甲方和监理将不会受理任何与此相关的索赔。

24 现场内外公共设施的保护、维护和恢复

24.1 在整个工程施工期间,乙方应用明显的标志标定所有现场内和毗邻现场的所有的现存排水口、污水管、电缆沟、市政服务设施的总管、电信电缆和光缆、高架电缆和树木等,并做好相应的保护和维护;乙方应自费对那些因受他控制的任何原因引起的对上述设施的损害或损坏进行修缮,并支付与此相关的任何费用和罚款;乙方因临时或永久工程施工需临时中断任何市政设施的总管或其他设施时,应首先从政府有关管理机构取得相关许可;乙方应周密计划和科学组织,保证此类中断的时间应尽可能短。

24.2 在整个工程施工期间,乙方应负责保护所有的现有道路、步行道、踏步和在它们地下的可能的服务设施;乙方应自费对那些因受他控制的任何原因引起的对上述设施的损害或损坏进行修缮直至达到政府有关管理机构满意,并支付与此相关的任何费用和罚款。

24.3 乙方应负责确保所有现场周边毗邻的道路、步行道和现场出入口等的干净和整洁,

同时保证它们及周边公共交通、公众生活不因乙方和其他受乙方控制的施工操作、材料装卸、车辆、材料、物品、设备和工人而带来任何妨碍；乙方应保证甲方免于与上述事件有关的任何索赔、诉讼、损害和损失。

25 避免恶劣天气的影响

乙方应为任何已完成的和将要进行的任何永久和临时工程、材料、物品、设备以及因永久工程施工而暴露的任何毗邻财产提供必要的覆盖和保护措施，以避免恶劣天气(如冬季、雨季、大风天气施工)对工程施工的任何影响和减少可能的损失；保护措施包括但不限于必要的冬季施工混凝土外加剂(不得使用任何含氨成分的外加剂)、临时供暖、加热、保温、覆盖、加固、抽水、排水以及额外的临时仓库等；任何因恶劣天气带来的任何损失或损害和工期的延误由乙方自己负责。

26 垃圾清运

26.1 乙方应在现场设立固定的垃圾临时存放点并在各楼层或区域设立足够尺寸的垃圾箱；现场所有垃圾必须在当天清除出现场，并按政府有关管理机构的规定，运送到指定的垃圾消纳场。

26.2 如果乙方不能按上述要求处理现场垃圾，且在收到甲方和监理或有关政府机构的书面通知后，仍未立即采取具体行动，甲方可雇用其他人清除现场垃圾，相关费用由乙方支付或由甲方从乙方按合同约定应得或将得的任何款项中扣除。

26.3 指定分包或其他承包合同文件中(如果有)应要求指定分包人或独立承包人将他们的生产垃圾堆放到乙方设立的垃圾存放点，由乙方负责清运和消纳。

26.4 乙方应对离场垃圾和所有车辆进行防遗洒和防污染公共道路的处理。

27 成品保护

27.1 乙方应提供必要的人员、材料和工程设备用于整个工程的成品保护，包括对已完成的指定分包人和独立承包人的工程或工作的保护，防止任何已完工作遭受任何损坏或破坏。

27.2 本工程的全部工作面由乙方控制，任何未完成的指定分包人或独立承包人的工程或工作的成品保护责任将由乙方负责。在任何情况下，乙方有义务对指定分包人或独立承包人的成品保护工作进行监督。

27.3 乙方应制订并实施成品保护计划，其中包括拟投入的人员、材料和工程设备、施工过程中工作面移交的管理办法、成品保护的具体要求、对重点项目拟采取的特殊措施等。

27.4 成品保护计划应经过甲方和监理的审批。成品保护计划中的成品包括任何已进行但未完成的、因施工工艺和工序安排等原因而暂时中止的工程或工作。

D5 临时工程和施工机械、设备、工器具

1 甲方和监理的现场办公室和办公条件

1.1 乙方应在他的投标价格中包括为甲方和监理提供现场办公室、现场生活用房、食堂等相应设施及其运营(包括但不限于水费、电费、煤气费等)的费用。

1.2 乙方应为甲方和监理提供的现场临时办公和生活设施的具体内容、数量和要求详见表5-8。乙方为甲方和监理提供的现场临时办公办公室的净空高度不小于 3 m，且应配备足够的空调和暖气、照明、电源和电源插座、电话系统以及网络系统；办公室平面分隔和布

置以及结构安全性设计验算应经过甲方和监理审批。

表 5-8　需要乙方为甲方和监理提供的现场办公条件和设施

序号	条件和设施名称	计量单位	数量	规格和要求

1.3　乙方还应提供一个用于样品存放和展示的现场样品间,样品间应是全天候的,面积应不小于 30 m²,且应配备足够的陈列柜台和足够的照明。样品间的照明应能保证所有陈列的样品在视觉上具有与自然光下同等的效果。

1.4　现场办公室、会议室、样品间等应在工程完工时拆除并恢复地表和任何设施的原状。

2　临时道路和现场出入口

2.1　乙方应依照政府有关机构关于交通运输的限制规定以及甲方的要求,提供他认为对工程实施是必要的或为有关政府文件规定了的所有现场临时出入口和做硬化处理的临时道路;乙方应负责向政府有关机构交纳与此相关的任何法定收费、押金等。

2.2　在工程开工前,乙方应将他计划的包括临时道路、出入口等的施工现场总平面布置图连同做法说明一起报甲方和监理审批;甲方和监理可就临时道路等的布置和做法发出说明甲方和监理意见的指示,乙方应相应遵照执行。

2.3　乙方应提供并维护所有必要的现场临时道路和出入口等,并确保现场内的所有通道都是全天候的;在整个施工期间视实际需要和在工程实际完工时,乙方应负责恢复现场原状;如果现场已有任何地面铺装,乙方应按政府有关机构或甲方和监理的要求进行临时保护并对任何损坏或损害进行随时修缮,并达到有关政府机构或甲方和监理的满意。

2.4　现场内的临时道路应考虑形成环路,以满足现场临时消防的需要。

2.5　现场临时道路、出入口等应在工程完工时拆除并恢复地表和任何设施的原状。

2.6　现场出入口可能在施工期间会根据甲方要求增减或移位,乙方应自费负责上述开口的增减、移位及修复工作。

2.7　如有必要,乙方需负责场外邻近道路的硬质防护工作,直至政府相关机构或甲方同意时方可解除,乙方亦需负责拆除、恢复及清理。

3　临时供电和上、下水

3.1　乙方应在现场为工程各楼层、各区域在甲方指定的位置提供所有必要的临时上、下水和电力供应系统;乙方应根据合同文件下的具体工程情况,在他的质量保证计划或施工组织设计或施工规划中就满足上述要求所需的管材、阀门、配电箱、电缆、仪表、临时检查井、沉淀池等做合理考虑,并以此作为形成相关费用报价的基础。

3.2　乙方应负责确保和维护临时上、下水和电力供应系统始终处于满足有关政府机构要求和正常施工生产要求的状态,并在工程实际完工和相应永久工程系统投入使用后从现场拆除。

3.3 为本工程实施所需的临时用电和用水、排污的费用由乙方负责支付,包括指定分包人和独立承包人为完成指定分包工程或独立工程所耗费的水电费;分包合同或独立工程的承包合同中须明确所有水电费由乙方支付的约定。如乙方认为甲方提供之水电容量不足以满足施工期间乙方、指定分包人、独立承包人正常施工所需水电及后期单机或联合调试时所需水电要求,乙方需自费解决。

3.4 临时上、下水和供电设施应至少包括下列工作内容:

(1)与市政总管或干路预留连接点做临时连接;

(2)场内临时总控室或配电室、仪表、阀门、场内主管主线、场内支管支线、三级供电所有配电箱(保证三级配电箱间的距离不超过 50 m)、各类临时检查井、沉淀池等;

(3)所有临时照明设施,包括 36 V 变压器、灯架、灯头、灯具、电线以及足够的用于维护的备用件和零配件;

(4)供水和供电系统要保证对各现场电动机械设备和工器具足够的电力供应和对所有工序施工的临时供水;

(5)对甲方和监理及乙方等所有现场临时建筑物和构筑物的临水临电供应;

(6)临时用水和临时用电系统应保证每天 24 小时都处于良好的运转状态,以确保因工序本身要求和进度计划要求的加班工作质量和进度,确保工程按期完工;

(7)为保证临时用电的不间断而采取的有效的应急措施,保证现场主要施工工作、电动机械设备和办公生活用电不会受到外部停电的影响;

(8)下水系统还应包括必要的临时落水管、排水井、集水井、水泵等,保证在整个施工期间,现场范围内不会有积水,包括屋面、地表面、基坑等。

3.5 在实际完工前,主要的永久设备和系统的调试需要永久电力,乙方有义务协助甲方确保永久电力的供应;特别是,乙方应与有关政府供电机构协调,在供电机构要求的时间前,完成永久配电室的工作并使其具备永久连接的条件,且乙方应为政府供电机构做永久连接提供所要求的一切合理的设施和辅助工作;将配电室提前移交给政府供电机构做永久连接不能理解为是甲方的对该部分的接受。

3.6 永久连接的许可由甲方负责申请,且由甲方负责所有有关的费用;乙方应在工程进行到具备永久连接条件和需要政府供电机构做永久连接时,立即就此书面通知甲方和监理。

3.7 在实际完工交付前,所有的水电费用都由乙方支付,包括调试所耗费的用水以及永久性电源的费用。

3.8 乙方的现场临时排水和排污等下水系统应满足政府有关市政管理机构的排放标准,包括对排放前需经过场内沉淀处理和临时厕所需带有符合分级标准的化粪池的要求。

3.9 现场临时上、下水和临时供电系统等应在工程完工时,或根据施工进度的需要在工程完工之前拆除并恢复地表和任何设施的原状。

3.10 鉴于政府有关机构可能对本工程的临时用水、用电量会有指标限制,乙方需有切实可行的管理办法,避免自身施工及指定分包人或独立承包人施工时的用水、用电浪费,因超标引致的费用增加,由乙方负责。

4 施工机械和工器具

4.1 在整个工程施工期间,乙方应负责为整个工程的实施提供所有必要的各类通用施工机械和工器具,包括但不限于大型施工垂直运输机械(包括各类塔吊、起重机、提升架、外用电梯等)、钢筋成型机、电焊机、空气压缩机、套丝机、小型混凝土搅拌机、砂浆搅拌机、电钻、冲击钻、电锯、电刨、混凝土振捣设备、手推车、扳手、锤子、梯子、油毡、刷子等中小型施工机械和工器具。

4.2 乙方应根据合同文件下的具体工程情况,在他的投标质量保证计划或施工组织设计或施工规划中对这类机械和工器具的型号、种类、使用期等按总体进度计划的要求进行合理的规划;乙方应基于他的上述计划,考虑这类机械和工器具的租赁或折旧、运行、维修保养、进出场、组装、就位、顶升、拆除和诸如设备基础等的临时辅助设施等所涉及的所有人工、材料和机械费用及政府收费等的责任和费用;不管乙方是否已根据投标须知的可能要求在他的投标书中已包括了或在评标时已按甲方要求提交了该项价格的明细组成分析,乙方需在合同文件要求的时间内提交该项价格的明细组成分析。

4.3 所有机械和工器具应定期保养、校核和维护,以保证它们处于良好和安全的工作状态;保养、校核和维护工作应尽可能安排在非工作时间进行;乙方同时应为上述机械和工器具准备足够的备用机械和工器具,以确保工程的施工能不间断地进行。

4.4 乙方设在现场的相对固定的垂直和水平运输机械是供整个工程使用的,甲方、监理、指定分包人和独立承包人都应有权利在不妨碍乙方优先使用的前提下免费使用这类机械,如果甲方和监理认为必要,他可要求乙方准备一个各方使用这类机械的时间表报甲方和监理审批,经甲方和监理审批的上述时间表将对各方使用这类机械构成合同约束力。上述设备的使用期应充分考虑分包工程或独立工程的工期情况,乙方在拆除上述设备前须征得监理和甲方书面同意。

4.5 除上述规定外,乙方在现场的其他机械和工器具应免费提供给甲方和监理使用。

4.6 如果乙方考虑在本工程施工期的后期利用永久电梯作为垂直运输通道,乙方应考虑为遵照甲方和监理提出的保护要求、运行所需的各类耗费和配备专业的看护和操作人员等所需的费用。

5 交通和施工车辆

5.1 乙方应为他的工作人员和施工工人考虑必要的上下班交通车辆;乙方还应为施工现场的生产性运输考虑必要的机动车辆。

5.2 乙方负责为这类车辆的合法上路申请必要的许可,考虑相关的运行、维修等的保险、人工、材料和机械等的费用。

6 临时消防

6.1 乙方应根据相关法律法规和政府消防管理机构的要求,为施工中的永久工程和所有临时工程提供必要的临时消防和紧急疏散设施,包括提供临时消火栓、灭火器、水龙带、灭火桶、灭火铲、灭火斧、消防水管、阀门、检查井、临时消防水箱、泵房和紧随工作面不超过一层的临时疏散楼梯。

6.2 乙方的临时消防系统和配置应分别经过甲方、监理和政府消防管理机构的审批和验收;乙方还应自费获得政府消防管理机构的临时消防证书。

6.3 所有的临时消防设施属于乙方所有,乙方应在工程实际完工时和永久性消防系统投入使用后从现场拆除。

6.4 乙方应制定并实施严格的消防管理制度,在现场储有或正在使用易燃或可燃材料时或有明火施工的工序实行严格的"用火证"管理,配备足够的消防设备和设施,成立由项目主要负责人担任组长的临时消防组或消防队,宣传消防基本知识和基本操作培训;消防管理制度应满足相关法律法规和政府消防管理机构的要求。

7 现场围墙和围护

7.1 乙方应为工程现场提供和围护符合政府建设行政主管部门关于安全文明施工规定的临时围墙和其他安全围护;临时围墙应按最高的标准进行日常维护,并在工程进度需要时,进行必要的改造。

7.2 临时围墙和围护在外观上必须达到高度的一致和和谐,包括高度、用材、颜色等;围墙的表面应进行处理并刷上至少两遍防水涂料或油漆,围墙的表面处理的颜色、图案和标语应经过甲方和监理的审批;一般情况下,在考虑甲方企业形象宣传需要的前提下,允许乙方使用乙方企业形象识别规范规定的颜色和图案,但其尺寸和内容必须符合政府有关规定,并经过甲方和监理审批。

7.3 除非违背政府有关规定,乙方应按甲方的要求,在现场围墙上指定的位置以恰当的方式制作甲方的形象标识和宣传标语。

7.4 围墙和大门的表面维护应考虑定期的修补和重新刷漆,并应保证所有的乱涂乱画或招贴广告随时被清理。

7.5 应为临时围墙和出入大门考虑必要的照明,照明系统要满足现场安全保卫和美观的要求。

7.6 现场临时围墙和出入大门等应在工程完工时,或根据施工进度的需要在工程完工之前拆除并恢复地表和任何设施的原状。

8 现场名称牌

8.1 乙方应在现场最显目的位置,设立一个钢质现场名称牌,用于书写项目名称、甲方、乙方、设计人、主要分包人等的名称、负责人和企业标志等,书写的格式、名称牌的样式和尺寸、设立的位置和内容应经过甲方和监理的审批。

8.2 乙方应同时考虑施工期间对现场名称牌的维护、重新油漆和书写的费用,现场名称牌应在工程实际完工时拆除。

9 乙方、分包人和独立承包人的现场办公室、仓库和临时车间等

9.1 乙方应在经甲方和监理同意的位置,搭设、维护用于他自己、他的分包人、指定分包人、独立承包人的现场临时办公室、工人工具房、材料仓库和临时车间等,所有这类临时设施都必须是全天候的,并在工程完工时拆除和恢复地表原状。

9.2 乙方应为他自己使用的办公室考虑必要的办公家具和设备,并考虑为满足工程实际需要而必须的所有办公开支。但乙方不需要为指定分包人和独立承包人使用的办公室考虑办公家具、设备以及办公开支。

9.3 乙方应为现场的所有的工人和其他所有工作人员设立并维护符合卫生要求的厕所,厕所应贴有瓷砖并带手动或自动冲刷设备和洗手盆;乙方负责支付与该厕所相关的所有

费用;在工程实际完工时,从现场拆除并恢复所有遭破坏或损坏的设施。

9.4 作为最低要求,乙方应在每一楼层或一个工作区域甲方指定的位置设立一个临时厕所,并安排专门人员负责看护和定时清理,以确保现场免于随地大小便的污染。

9.5 在工程开工前,所有上述临时设施的布置、数量、材质、使用时间等需报甲方和监理审批。

9.6 乙方还应考虑在工程施工期间,因永久工程或室外工程和园林绿化工程施工的需要,某些临时建筑物需提前拆除或挪位;乙方应在他的投标书中将此类可能性或必要性做充分考虑,一旦合同签订,甲方将不会承担任何与上述提前拆除或挪位带来的额外费用;如果乙方计划将永久工程的某一部分或几部分用做后期的临时办公室,乙方应考虑他的这类要求应满足政府有关机构的规定并得到甲方和监理的批准。

9.7 特别是,乙方的现场平面布置和进度计划的安排应充分考虑本工程的室外工程,尤其是园林绿化工程,也应在本工程主体建筑完工交付前全部完成。

9.8 一般情况下,现场的仓储用地和用房只能是周转性质的。为此,乙方应加强计划协调工作,保证指定分包人、独立承包人进出场时间的科学和合理性,并在有关指定分包人和独立承包人进场前足够的时间就进场安排等协商一致,甲方将为此提供一切可能的帮助。如果指定分包人和独立承包人的材料、物品和工程设备是根据有效的进度计划进场的,而乙方不能为这类材料、物品和工程设备的仓储安排足够的空间,乙方应承担指定分包人和独立承包人由此引起的费用损失。

10 现场试验室

10.1 在工程主体结构施工期内,乙方应设立一个与工程规模相匹配的现场试验室,配备标准混凝土养护池、标准混凝土试块模具、坍落度检验设备、各种必要的计量和现场取样设备、专职的经过培训或获得有关上岗资格的工作人员,试验室的配置要满足工程实际需要并经过甲方和监理认可。

10.2 所有计量和试验设备都应经过政府相关机构检测和标定,并按 ISO9000 质量保证标准等有关的要求定期进行检测和标定。

10.3 现场试验室及其配套临时设施等应在工程完工时,或根据施工进度的需要在工程完工之前拆除并恢复地表和任何设施的原状。

11 工人生活基地

11.1 乙方应考虑为他雇用的工人建立并维护相应的生活宿舍、食堂、浴室、厕所和文化活动室等,其标准应满足政府有关机构的生活标准和卫生标准等的要求。乙方应制定严格的管理制度报监理批准,并随时接受检查。

11.2 除非合同中另有约定或已经得到甲方和监理的批准,无论本工程红线范围内是否具备建立工人生活基地的条件,乙方不得在本工程红线范围内建立工人生活基地。乙方应负责在尽可能毗邻现场的地方以租地方式建立或租赁适用的建筑物以解决工人生活基地问题,与此相关的所有费用,包括政府收费和租地费,应当认为乙方已经在其投标价格中做了充分的考虑。

11.3 在工程完工后,乙方应立即拆除设在现场内以及现场外任何此类临时建筑并恢复地表原状。

12 临时设施的报批手续和费用

除非合同中另有约定,乙方需负责办理所有临时建筑物的临时规划许可证,相应的政府法定收费由乙方承担;如果乙方要求,甲方将给予必要的协助。

13 脚手架

13.1 乙方应搭设并维护一切必要的临时脚手架、挑平台并配以脚手板、安全网、护身栏杆、门架、马道、坡道、爬梯等;脚手架和挑平台的搭设应在所有方面都满足有关安全生产的法律、法规、规章和政府有关机构制定的规范性文件等的要求;如果爬架、挂架、超高脚手架等特种或新型脚手架将被采用,乙方应确保此类脚手架的安全性和保证此类脚手架已经过政府有关机构允许使用的批准,并承担与此有关的一切费用。

13.2 乙方应允许甲方、监理、所有指定分包人、独立承包人和政府有关机构免费使用乙方在现场搭设的任何已有脚手架,并就其安全使用做必要交底说明;乙方在拆除任何脚手架前,应书面请示甲方和监理他将要拆除的脚手架是否为甲方、监理、所有指定分包人、独立承包人和政府有关机构所需,只有在获得甲方和监理书面批准后,乙方才能拆除相关脚手架,否则乙方应自费重新搭设。

13.3 为保证工程施工期间外在形象的一致与和谐,本工程结构和装修施工的外脚手架应协调一致,除满足有关技术、安全和施工要求外,脚手架的搭设结构、外观、所用材料规格、材料颜色等必须保持一致,安全防护网也应在满足有关安全和文明施工规定的基础上,必须保证是全新的,且在颜色和规格上保持一致。除非合同中另有约定,乙方在搭设脚手架前,应至少提前21天将脚手架搭设方案报甲方和监理审批。

13.4 所有脚手架应在工程完工时或根据施工进度的需要(在此情况下,应经过甲方和监理的审批)在工程完工之前拆除并恢复地表和任何设施的原状。

14 临时通讯

14.1 在合同履约期内,乙方应为他自己、甲方和监理的驻场人员的办公室提供必要的电话设施,并承担相应的费用。

14.2 乙方还应在现场配备现场范围内的呼叫系统,以方便工程的有效实施,并提供必要的设施以允许甲方和监理的驻场人员使用该系统,以便在必要时,能使用该系统对乙方、甲方和监理的现场人员进行呼叫联络。

15 安全支护和临时防护

15.1 乙方应对所有由其或其所有分包人负责的临时工程的安全性负责。

15.2 乙方应负责所有临时工程的设计,包括模板体系、支撑体系和支护系统等;如果甲方和监理认为某个临时工程的设计需要经过他审批,乙方应准备相应的经具备相应资格的专业人员签字的必要的图纸和计算书,在相应临时工程付诸实施前足够的时间内报甲方和监理审批。

15.3 在地基处理工程施工过程中和回填前,乙方也应保持对基坑安全支护系统的监测,特别是对毗邻公共道路和其他建筑物或构筑物等的基坑边,以防止引起任何沉降或其他影响正常施工进度的损害。

15.4 乙方应对任何施工中的永久工程进行必要的支撑或临时加固;不允许乙方在任何已完成的永久性结构上堆放超过设计允许荷载的任何材料、物品或设备,除非乙方已获得甲方和监理书面许可并按要求进行了必要的加固或支撑;尽管如此,乙方应对任何上述超载行为引起的后果负责,并承担相应的修缮费用。

15.5 除非合同中另有约定,且除非是诸如钢筋混凝土护坡桩系统等实际上不可拆除的临时工程外(在此情况下,应经过甲方和监理审批或在合同中预先声明,且在完工交付时,向甲方和监理递交有关此类临时工程的竣工图和有关资料),任何安全支护和所有临时工程等应在工程完工时,或根据施工进度的需要在工程完工之前拆除并恢复地表和任何设施的原状。

D6 材料和施工工艺

1 施工规范和标准

1.1 合同中约定的任何乙方应予遵照执行的国家规范、规程和标准,包括适用的地方性标准,都指他们各自的最新版本执行执行。

1.2 如果在任何本工程规范和技术说明及合同图纸与国家规范、规程和标准之间出现相互矛盾之处或不一致之处,乙方应书面请求甲方和监理予以澄清;除非甲方和监理有特别的指示,乙方应按照其中要求最严格的标准执行,由此发生的费用已包含在投标报价中。

1.3 材料、施工工艺和本工程都应依照相关规范、规程和标准的最新版本执行。

2 特许权和专利权

乙方应在他的投标价格中考虑他在工程实施中需要采用的任何涉及专利权或特许权的产品、工艺等所需的费用;乙方应保证甲方免于因乙方违背相关法律、法规、规章等的要求而侵犯任何专利权或特许权引起的任何索赔、诉讼、罚款、损失和损害。

3 检验和试验

3.1 乙方应根据本工程规范和技术说明、国家有关施工验收规范、标准和建设行政主管部门现行规定的要求进行工程材料等的检验和试验以及出具试验报告;除非政府相关文件另有规定,所有检验和试验应委托具有相应资质的试验室完成,试验室的委托应经过甲方和监理认可。

3.2 除非适用的工程技术规范有规定或合同中另有约定,乙方应进行的试验和检验项目(只要适用)应至少包括但不限于:①所有砌块;②防火门,包括防火卷帘门;③防水卷材;④地下室、卫生间、屋面和门窗等的淋水或蓄水试验;⑤各类混凝土,包括试配;⑥钢筋,包括各类特殊连接方式,如焊接、机械连接;⑦钢结构的安装焊缝(包括无破损探伤检测);⑧水泥;⑨砂石骨料;⑩止水带;⑪甲方或监理要求的其他检验项目;⑫政府相关规范和文件中规定的其他检验和试验。

3.3 所有检验和试验的费用由乙方承担,包括样品准备、送检、试验室委托、试验报告准备等。

3.4 所有见证试验和检验须委托由监理指定或同意的试验室进行,见证试验委托合同中应明确见证试验的行为、过程和结果必须完全对监理负责,任何试验结果应直接报监理;该等委托合同在签订前必须得到监理和甲方的批准。与之有关的费用已经包含在乙方的合同价格中了。

4 样品报批

4.1 需要提交样品的材料、物品和工艺在用于永久工程之前需报经甲方和监理审批。样品应经过乙方的自行比选并且不少于3家。

4.2 样品是指能体现材质、功能或工艺的具体实物例证,一旦样品经过甲方和监理审批,经审批同意的样品将成为检验相关工程的标准之一。如果乙方在投标报价时已提交了样品,且有关的厂家、品牌、价格、色彩等已经甲方认可,有关的样品已经封存,这类材料和工程设备的选择已有成为合同约束力的内容,乙方应当严格依照执行,除非甲方和监理另有指示,否则,乙方不需另行呈报样品。如果合同文件中约定了某项工作需呈报样品,乙方应尽可能将该项工作所要求的所有样品一起呈报;乙方所呈报的样品必须来自为永久工程供货的实际源地,且样品的尺寸和数量应足以显示其质量、型号、颜色、表面处理、质地、误差和其他要求的特征。

4.3 乙方应在批量加工前,或如为工厂制造产品,应在加工或定货前至少56天,且在依照设备、材料报批和采购计划并给予甲方和监理足够的审批时间的前提下,将有关样品报甲方和监理审批;样品的数量应合理满足为确定所报批的样品是否能达到可以接受的标准的需要;至少一套经审批同意的样品需存放在现场的样品间。如果出现审核批准的样品,在工程使用时市场不能提供,乙方重新报送样品并承担所有相应的费用且工期不予顺延。

4.4 所有样品都应贴有标明其产品名称或类别、厂家名称、型号、品名、供应商的名称和出产国等的样品标签。

4.5 在每次呈报样品时,乙方都应附上一份申报单,其中应列出上述的样品数据和资料,并写明每种样品所对应的图纸号和合同价格组成明细单中的对应项目编号,并预留甲方和监理的批复意见栏;申报单一式四份,以便甲方和监理批复后,有关各方都能得到一份原始记录;申报单的格式应经过甲方和监理批准。

4.6 甲方和监理对任何样品的认可仅是对在批复意见中指明的特征或用途有效;对某一样品的认可不能被理解为对合同文件中任何约定的改变或修改;一旦某一样品被认可,将不允许在品牌、型号、质地等方面作任何改变。

4.7 如果甲方和监理认为乙方呈报的样品不能满足合同约定的要求,乙方应在收到相应批复后7天内按合同约定的要求重新准备并向甲方和监理提交有关样品;在乙方再次提交的样品仍被甲方和监理认为不符合合同约定的要求时,在不解除乙方任何合同责任的前提下,甲方和监理可向乙方推荐能够满足合同要求的材料和工程设备,以保证工程的进度不致受到影响,而乙方应根据甲方和监理的推荐意见选择并提交有关样品。乙方不能以此为由延误工期和增加费用。

4.8 乙方所呈报的所有样品,包括其包装、运输等的费用由乙方自己承担;经审批同意的样品需妥善陈列在现场的样品间中。

4.9 倘若样品与实际使用的材料有差异,视为乙方违约。

5 样板

5.1 在主体结构工程开始施工前,乙方应在现场合适的位置准备体现结构主体施工阶段各主要工序的工艺质量的样板,只要适用,这类样板应至少包括:①典型的钢筋绑扎,包括各类连接方式;②典型模板,包括支撑和拉结方式;③典型的清水混凝土墙面(如果有);③典型构件的混凝土浇注成型后的表面;⑤典型的钢结构球形节点的连接;⑥典型的钢结构构件现场安装的焊缝;⑦典型的砌体;⑧甲方或监理要求的其他样板。

5.2　在任何装修工程开始以前,乙方应准备体现各典型房间所包含的各类装修和装备工作工艺质量的样板间和主要装修做法的样板,包括门、窗、主要功能用房等。

5.3　样板和样板间的具体位置由甲方和监理指定,准备的具体时间应由乙方根据进度安排的需要报经甲方和监理审批或根据甲方和监理可能指示的时间。

5.4　经甲方和监理认可的样板和样品间将成为整个工程所要求的工艺质量的示例和代表;在永久工程施工中,任何工艺质量低于有关样板或样板间所展示的工艺质量的工作将不会为甲方和监理接受。

5.5　乙方应负责为准备上述样板和样板间而必需的与有关指定分包人或独立承包人的所有协调、配合、计划和管理工作;乙方应充分考虑样板和样板间的准备可能对他的进度安排和施工次序带来的任何影响。

5.6　乙方在投标报价中,已经充分考虑了甲方、设计人、监理要求样板的所有费用。

6　仓储和运输

6.1　乙方所有的已进场材料必须妥善分类保存,并做好符合 ISO9000 标准要求的标识,保证储存材料处于整洁有序和不会受到天气影响的状态。

6.2　甲方和监理有权指示乙方将任何已进场材料储存到现场特定的位置,乙方应遵照执行。

6.3　乙方在运输任何材料的过程中,应采取一切必要的措施,防止遗洒和污染公共道路;一旦出现上述遗洒或污染现象,乙方应立即采取措施进行清扫,并承担所有费用。

6.4　乙方在混凝土浇筑、材料运输、材料装卸、现场清理等工作中应采取一切必要的措施防止影响公共交通。

7　工人的雇用

7.1　乙方和所有的分包人为本工程雇用的工人应符合下列要求:

（1）具有身份证以及政府有关机构规定的其他有关证件;

（2）特殊工种具有特殊工种上岗证或特殊工种临时上岗证;

（3）其中包括人数足够的、在各自的专业中技术熟练和经验丰富且经过一定的职业培训或取得一定资格证书的班组长或管理助手,以便更有效地对工作的实施进行监督和管理;

（4）合格的技术工人和壮工。

7.2　乙方应负责为他所雇用的任何工人办理政府有关机构规定的上述的和其他一切必要的证件,并承担有关的费用。

7.3　甲方和监理有权要求乙方或所有分包人立即将他认为不能规范自己行为或不能恰当履行自己职责或不称职或其雇用是不合法或不合适的任何现场人员开除出现场;未经甲方和监理许可,被开除的人员不得再从事任何与本工程有关的工作。

7.4　任何被开除的人员应在 4 个小时内离开现场,并应尽快以称职的人员替代,替代者的资格和经历应报经甲方和监理审批。

7.5　任何情况下,乙方应按照国家或相关行政主管部门的规定或要求及时、全额地向所有由乙方(包含由乙方与之签订合同的所有分包人或供应商)雇用的工人支付工资。乙方应保障甲方免除因为乙方拖欠工人工资而遭受任何形式的损失、损害、纠纷、诉讼或赔偿。

D7 完工交付

1 完工清理

1.1 在工程完工后,不管甲方是否已办妥政府有关机构所要求的一切必要的批准、备案手续以及是否已发布移交证书,乙方应安排专业队伍全面履行其合同责任和义务,包括但不限于以下方面:

  (1)从现场清除所有剩余材料、杂物、垃圾等;

  (2)从现场拆除所有的临时建筑物、构筑物和临时设施并恢复地面原状;但经甲方和监理批准的护坡桩、锚杆、塔吊基础等无法拆除的临时设施允许保留;

  (3)清洗工程的所有墙面、地面、楼面等表面;清洗和擦洗所有玻璃、瓷砖、石材和所有金属面;

  (4)修缮所有损坏、清除所有污迹、替换所有需更换的材料;

  (5)所有表面完成约定的装修和装饰;

  (6)检查和调试所有的门、窗、抽屉等以确保它们开启的顺畅;检查和调试所有的五金件并上油;

  (7)检查、测试和确保所有的楼宇服务系统、设施和设备达到良好的运行状态和效果;

  (8)为所有钥匙贴上标签并固定到钥匙排上交给甲方和监理。

1.2 整个工程(也包括指定分包工程和由独立承包人完成的工程)应达到干净、整洁和能随时投入使用的状态。

2 调试和完工验收

2.1 乙方应在合同条件中约定的期限内,以书面方式通知甲方和监理,以便甲方和监理有足够的时间做好调试或完工验收的准备工作。

2.2 所有机电设备安装工程都应在完工验收时进行合同文件中约定的和国家现行有关规范、规程和标准规定的无负荷、部分负荷和(或)全负荷单机试运转和(或)联动试运转的试验和调试。

2.3 乙方应在调试或完工验收前完成或调试各类消耗物品和条件的准备或完工验收所必需的完工资料的准备。

2.4 整个工程(也包括指定分包工程和由独立承包人完成的工程)完工调试的消耗费用完全由乙方承担。

2.5 工程完工证书生效后只能表明工程已经完工,只有在乙方将工程移交给甲方,且甲方和监理已就此签发移交证书后,才能表明乙方已在移交证书上注明的移交日期完成本工程的完工和交付。

2.6 乙方在确定完工验收的时间时,应确保在完工验收时满足下列条件:

  (1)工程的所有部分已被甲方和监理认为可以投入使用;

  (2)所有的楼宇自控和机电设施、设备和系统已经过自检测试,达到合同文件约定的要求;包括相关厂家说明、操作说明的整个工程的维修手册已准备完毕;

  (3)合同文件中约定的所有工作已完成并达到合同文件约定的标准;

  (4)所有完工资料,包括竣工图,已按要求并根据合同条件中约定的标准准备完毕并

已递交给甲方和监理;

（5）政府消防管理机构、人防管理机构、劳动安全管理机构、质量监督机构已对消防系统、人防设施、电梯和整个工程等政府相关部门进行了初步检查;乙方已对上述初步检查中发现的问题整改完毕。

3 完工培训

3.1 在工程完工后或投入使用前,乙方应负责组织他自己的专业人员和有关设备设施的厂家技术人员对甲方的物业管理人员进行机电设备、设施、楼宇自控系统等的操作和维护的培训,以确保甲方相关人员(含甲方可能聘请的物业管理人员)在工程投入使用后能立即独立进行必要的设备和系统操作、维护和故障排除。

3.2 乙方应根据合同有关要求,准备好相应的维修手册和操作说明;维修手册和操作说明应作为完工培训的主要参考文件。

3.3 完工培训和培训资料准备的所有费用由乙方承担。

3.4 乙方应将此类责任落实到相应分包合同中,并负责监督和落实,以保证由指定分包人完成的任何工程的完工培训。

4 保修

乙方应按照合同的约定对整个工程承担保修责任;合同中没有约定时,乙方应依照中华人民共和国国务院 279 号令颁布实行的"建设工程质量管理条例"中的有关规定对整个工程承担保修责任。除非合同中另有约定,否则保修的费用由乙方承担。

E. 适用于本工程的工程技术规范

E1 一般规定

除非合同文件中另有特别注明,本工程适用中华人民共和国现行有效的国家规范、规程和标准。设计图纸和其他设计文件中的有关文字说明是本工程技术规范的组成部分。对于涉及新技术、新工艺和新材料的工作,相应厂家使用说明或操作说明等的内容,或适用的国外同类标准的内容也是本工程技术规范的组成部分。

合同中约定的任何乙方应予遵照执行的国家规范、规程和标准都指他们各自的最新版本。如果在构成本工程规范和技术说明的任何内容与任何现行国家规范、规程和标准包括他们适用的修改之间出现相互矛盾或不一致之处,乙方应书面请求甲方和监理予以澄清;除非甲方和监理有特别的指示,乙方应按照其中要求最严格的标准执行。材料、施工工艺和本工程都应依照本工程规范和技术说明以及相关国家规范、规程和标准的最新版本执行;或把最新版本的要求当作对乙方工作的最起码要求,而执行更高的标准。

E2 现行有效的主要设计和施工验收规范索引

(有意空缺,由投标人(乙方)自行购买或收集)

F. 由乙方负责采购的主要材料设备标准和要求

F1 总体说明

为了简洁有效地说明本工程材料设备的质量和技术要求,工程本部列出了本工程涉及的乙方自行实施工作范围内的主要材料设备的参考品牌,其目的是为了方便投标人直观和准确地把握本工程所用材料设备的技术和质量标准,并不代表任何指定的或唯一的意思表示,投标人应当参考所列品牌的材料设备,选择相当于或高于所列品牌的技术和质量标准的材料设备。

F2 主要材料设备选用质量标准参考表

由乙方负责采购的主要材料设备选用质量标准参考见表 5-9。

表 5-9 由乙方负责采购的主要材料设备选用质量标准参考表

序号	材料设备名称	质量标准	
		品牌或厂家名称	规格型号
1	矿棉吸声板	品牌 1:龙牌	
		品牌 2:星牌	
		品牌 3:	
2	防水卷材	品牌 1:禹王	
		品牌 2:卧迪	
		品牌 3:奥克兰	
3	涂料	品牌 1:多乐士	
		品牌 2:立邦	
		品牌 3:	
4	水阀(含温控阀)	品牌 1:上海精工	
		品牌 2:塘阀	
		品牌 3:	
5	风口、风阀、消声器、静压箱	品牌 1:汉威	
		品牌 2:上海威士文	
		品牌 3:	
6	开关、插座	品牌 1:奇胜	
		品牌 2:罗格朗	
		品牌 3:	

序号	材料设备名称	质量标准	
		品牌或厂家名称	规格型号
7	桥架	品牌1:华鹏	
		品牌2:双帆	
		品牌3:	
8	电线	品牌1:上缆	
		品牌2:天津电缆总厂	
		品牌3:	

第五节　合同图纸

作为本招标文件一部分的合同图纸另册装订并另行提供。

该合同图纸的目录清单(略)。

第六节　招标文件附件

目录

附件1　投标书(包括附录)

附件2　授权委托书

附件3　会议纪要

附件4　预付款保函

附件5　投标保函

附件6　履约保函

附件7　支付保函

附件8　工程建设项目廉政责任书

附件9　分包计划(见表5-10)

附件10　付款计划(见表5-11)

附件11　指定分包工程和指定供应项目合同价款直接支付三方协议

附件12　施工现场现状平面图

附件 1

投标书

工程名称：
招标编号：
致:(招标人名称)

在考察现场并充分研究上述工程的投标须知、合同条件、合同图纸、工程规范和技术说明、工程量清单及招标文件中规定的其他要求和条件后,我们兹以

人民币＿＿＿＿＿＿＿＿＿＿＿＿＿＿＿＿＿元

大　写:＿＿＿＿＿＿＿＿＿＿＿＿＿＿＿＿＿整

的投标价格(其中,安全防护、文明施工措施费为＿＿＿＿＿＿＿元)或按上述合同条件确定的其他价格并严格按照上述合同条件、合同图纸、工程规范和技术说明以及其他构成合同文件组成部分的条件和要求承包上述工程的施工、竣工、完工交付,并在保修期内承担上述工程的保修责任。

上述投标价格中,已经包含招标文件中列明的指定分包工程和指定供应项目整项暂估价合计＿＿＿＿＿＿＿元,以及预留金和待定项目的暂定金额(如果没有预留金和待定项目的暂定金额则填写"零")为＿＿＿＿＿＿＿元。上述投标价格中扣除该指定分包工程和指定供应项目的整项暂估价以及预留金和待定项目的暂定金额后的评标价格为＿＿＿＿＿＿＿元。

我方在此郑重申明并承诺:

1. 如果我方中标,我方保证在合同规定的开工日期开始上述工程的施工,并在我方投标文件中承诺的完工日期内完成和交付使用。

2. 我方同意本投标书在招标文件规定的投标截止日期开始对我方有约束力,并在招标文件规定的投标有效期期满前一直对我方有约束力,且随时准备接受你方发出的中标通知书。

3. 我方理解你方有权拒绝包括投标价格最低的投标在内的任何投标,且无权要求你方解释选择或拒绝任何投标的原因。我方承诺,一旦我方中标并收到中标通知书,我方将按招标文件的规定向你方提交履约担保。

4. 在签署协议书之前,你方的中标通知书连同本投标书,包括其所有附属文件,将构成我们双方之间有约束力的合同。

投标人(盖章):
法人代表或委托代理人(签字):
日期:

附件 1(附录)

投标书附录

序号	条款内容	条款号	约定内容
1	乙方不遵守合同时的违约金额度		
2	项目经理		
3	更换项目经理的违约金		
4	主要管理人员工作时间不足时的违约金		
5	合同工期		_____日历天
6	完工日期		___年___月___日
7	误期违约金		
8	区段工期误期违约金		
9	误期赔偿		
10	质量等级		
11	质量奖项		
12	质量违约金		
13	预付款额度		
14	拖期支付的补偿利息		
15	保留金比例		
16	第三方责任险额度		
17	履约保函额度		
18	乙方不当谋利的违约金标准		
19	保修期		

投标人(盖章):

法人代表或委托代理人(签字/盖章):

日期:

授权委托书

编号:＿＿＿＿＿＿＿＿＿＿＿＿＿＿

本人作为＿＿＿(公司名称)＿＿＿法定代表人,在此授权我公司＿＿＿＿＿＿先生/女士作为我公司正式合法的代理人以我公司名义并代表我公司全权处理＿＿＿＿＿＿工程投标事宜。

本授权书限期自＿＿＿＿＿起至＿＿＿＿＿止。

在上述期限内,被授权人所实施的行为具有法律效力,授权人予以认可。

签字/公司盖章(法定代表人签字或盖章):

日期:

附件 3

会议纪要

时间:
地点:
主题:
参会:
记录:

序号	内容	执行者

抄报:
抄送:

附件 4

预付款保函

保函编号：_____

致：_____（招标人名称）_____

　　鉴于你方作为发包人已经与_____（承包人名称）_____（以下称"承包人"）就你
方的_____（工程项目名称）_____（以下称"本工程"）已于_____年___月___日签
订了承包合同（以下称"承包合同"）。

　　鉴于该承包合同规定，你方将支付承包人一笔金额为_____（大写：
_____）的预付款（以下称"预付款"），而承包人须向你方提供与预付款等
额的不可撤销和无条件兑现的预付款保函。

　　我行，_____（银行名称）_____，受承包人委托，为承包人履行承包合同规定的
义务做出如下不可撤销的保证：

　　我行将在收到你方提出要求收回上述预付款金额的部分或全部的索偿通知时，无须
你方提出任何证明或证据，立即无条件地向你方支付不超过_____
（大写：_____）的任何你方要求的金额，并放弃向你方追索的权力。

　　我行特此确认并同意：我行受本保函制约的责任是连续的，承包合同的任何修改、变
更、中止、终止或失效都不能削弱或影响我行受本保函制约的责任。

　　本保函自_____（生效日期）_____起生效，至_____（失效日期）_____失
效，除非你方提前终止或解除本保函。本保函失效后请将本保函退回我行注销。

　　本保函项下所有权利和义务均受中华人民共和国法律管辖和制约。

出证银行名称：

签字/公司盖章（法人代表签名和公章）：

开立日期：

投标保函

保函编号：＿＿＿＿＿＿＿＿

致：＿＿＿＿＿（招标人名称）＿＿＿＿＿

　　鉴于＿＿＿＿（投标人名称）＿＿＿＿（以下简称"投标人"）对你方招标编号为＿＿(招标文件编号)＿＿＿的＿＿＿(工程名称)＿＿＿＿进行投标并按你方要求须提供投标保函。

　　我行，＿＿＿＿（银行名称）＿＿＿＿，受该投标人委托，在此无条件地、不可撤销地保证：一旦收到贵方提出的下述任何一种事实的书面通知，立即无条件地向你方支付总额不超过＿＿＿＿（投标保函额度）＿＿＿＿的任何你方要求的金额：

　　(1)投标人在投标文件有效期内撤回其投标文件；

　　(2)投标人在中标后未能在规定期限内签署合同；

　　(3)投标人在中标后未能在规定期限内提供招标文件所要求的履约担保。

　　本保函项下所有权利和义务均受中华人民共和国法律管辖和制约。

　　本保函自＿＿＿＿（生效日期）＿＿＿＿起生效，至＿＿＿（失效日期）＿＿＿＿失效，除非你方提前终止或解除本保函。保函失效后请将本保函退回我行注销。

出证银行名称：

签字/公司盖章：(法人代表签名和公章)

开立日期：

附件6

履约保函

保函编号：_____

致：_____（发包人名称）_____

　　鉴于你方与_____（以下简称"承包人"）就_____工程签订了
《建设工程施工承包合同》（以下简称"合同"），根据有关规定和你方的要求发包人须向你
方提供承包履约保函。

　　我方根据有关规定及合同，愿意接受该承包人的委托，做其保证人，为其履行除预付
款条款和保修条款以外的合同约定的义务，向你方提供承包履约保函，在此，我方特向你
方做出如下保证：

　　1. 本保函为不可撤销保函，本保函担保金额为人民币_____元（￥_____整）。
保证人在保函项下累计承担保证责任赔付的最高金额不超过上述担保金额。

　　2. 本保函的有效期限：自本保函签发之日起至工程竣工验收合格（以竣工备案文件
记载为准）后第28个日历天（含第28个日历天）。经保证人书面同意，本保函有效期可以
延长。

　　3. 在本保函有效期限内，除非合同被合法解除并得到你方和承包人的书面确认，我
方不接受任何原因的退保申请。

　　4. 在本保函有效期限内，我方在收到你方的书面索赔通知后7个日历天内承担保证
责任。

　　5. 你方向我方发出的索赔通知书应由你方法定代表人或授权代理人签发并加盖单
位公章。

　　6. 我方受本保函制约的责任是直接的、连续的。

　　7. 本保函项下所有权利和义务均受中华人民共和国法律管辖和制约。保函失效后，
请你方将本保函退回发包人交我方注销。

保证人：　　　　　　　　　　　　　　保证人地址：

法定代表人：　　　　　　　　　　　　电话：

签发日期：　　年　月　日　　　　　传真：

支付保函

保函编号:_____

_____(承包人名称):_____

鉴于你方与_____(以下简称"发包人")就_____工程签订了
《建设工程施工承包合同》(以下简称"合同"),根据有关规定和你方的要求发包人须向你
方提供工程款支付保函。

我方根据有关规定及合同,愿意接受该发包人的委托,做其保证人,为其履行合同中
约定的除保修金以外的支付工程款义务,向你方提供工程款支付保函,在此,我方特向你
方做出如下保证:

1. 本保函为不可撤销保函,本保函担保金额为人民币_____元(¥_____整)。
保证人在保函项下累计承担保证责任赔付的最高金额不超过上述担保金额。

2. 本保函的有效期限自本保函签发之日起至发包人付清除保修金以外合同约定的
全部工程款之日止。经保证人书面同意,本保函有效期可以延长。

3. 在本保函有效期限内,除非合同被合法解除并得到你方和发包人的书面确认,我
方不接受任何原因的退保申请。

4. 在本保函有效期限内,我方在收到你方的书面索赔通知及按合同约定的未兑付的
工程款支付凭证后,经核定,在 7 个日历天内承担保证责任。

5. 你方向我方发出的索赔通知书应由你方法定代表人或授权代理人签发并加盖单
位公章。

6. 我方受本保函制约的责任是直接的、连续的。

7. 本保函项下所有权利和义务均受中华人民共和国法律管辖和制约。保函失效后,
请你方将本保函退回发包人交我方注销。

保证人: 保证人地址:

法定代表人: 电话:

签发日期: 年   月   日   传真:

附件8

工程建设项目廉政责任书

工程项目名称：＿＿＿＿＿＿＿＿＿＿＿＿＿＿＿＿＿＿＿＿

工程项目地址：＿＿＿＿＿＿＿＿＿＿＿＿＿＿＿＿＿＿＿＿

建设单位(甲方)：＿＿＿＿＿＿＿＿＿＿＿＿＿＿＿＿＿＿＿

施工单位(乙方)：＿＿＿＿＿＿＿＿＿＿＿＿＿＿＿＿＿＿＿

为加强工程建设中的廉政建设,规范工程建设项目承、发包双方的各项活动,防止发生各种谋取不正当利益的违法违纪行为,保护国家、集体和当事人的合法权益,根据国家有关工程建设的法律法规和廉政建设责任制规定,特订立本廉政责任书。

第一条　甲、乙双方的责任

(一)应严格遵守国家关于市场准入、项目招标投标、工程建设、施工安装和市场活动等有关法律、法规,相关政策,以及廉政建设的各项规定。

(二)严格执行建设工程项目承、发包合同文件,自觉按合同办事。

(三)业务活动必须坚持公开、公平、公正、诚信、透明的原则(除法律法规另有规定者外),不得为获取不正当的利益,损害国家、集体和对方利益,不得违反工程建设管理、施工安装的规章制度。

(四)发现对方在业务活动中有违规、违纪、违法行为的,应及时提醒对方,情节严重的,应向其上级主管部门或纪检监察、司法等有关机关举报。

第二条　甲方的责任

甲方的领导和从事该建设工程项目的工作人员,在工程建设的事前、事中、事后应遵守以下规定:

(一)不准向乙方和相关单位索要或接受回扣、礼金、有价证券、贵重物品和好处费、感谢费等。

(二)不准在乙方和相关单位报销任何应由甲方或个人支付的费用。

(三)不准要求、暗示或接受乙方和相关单位为个人装修住房、婚丧嫁娶、配偶子女的工作安排以及出国(境)、旅游等提供方便。

(四)不准参加有可能影响公正执行公务的乙方和相关单位的宴请和健身、娱乐等活动。

(五)不准向乙方介绍或使配偶、子女、亲属参与同甲方项目工程施工合同有关的设备、材料、工程的分包、劳务等经济活动。不得以任何理由向乙方和相关单位推荐分包单位和要求乙方购买项目工程施工合同规定以外的材料、设备等。

第三条　乙方的责任

应与甲方保持正常的业务交往,按照有关法律、法规和程序开展业务工作,严格执行工程建设的有关方针、政策,尤其是有关建筑施工安装的强制性标准和规范,并遵守以下规定:

(一)不准以任何理由向甲方、相关单位及其工作人员索要、接受或赠送礼金、有价证券、贵重物品和回扣、好处费、感谢费等。

(二)不准以任何理由为甲方和相关单位报销应由对方或个人支付的费用。

(三)不准接受或暗示为甲方、相关单位或个人装修住房、婚丧嫁娶、配偶子女的工作安排以及出国(境)、旅游等提供方便。

(四)不准以任何理由为甲方、相关单位或个人组织有可能影响公正执行公务的宴请、健身、娱乐等活动。

第四条　违约责任

(一)甲方工作人员有违反本责任书第一、二条责任行为的,按照管理权限,依据有关法律、法规和规定给予党纪、政纪处分或组织处理;涉嫌犯罪的,移交司法机关追究刑事责任;给乙方单位造成经济损失的,应予以赔偿。

(二)乙方工作人员有违反本责任书第一、三条责任行为的,按照管理权限,依据有关法律、法规和规定给予党纪、政纪处分或组织处理;涉嫌犯罪的,移交司法机关追究刑事责任;给甲方单位造成经济损失的,应予以赔偿。

第五条　本责任书作为工程施工合同的附件,与工程施工合同具有同等法律效力。经双方签署后立即生效。

第六条　本责任书的有效期为双方签署之日起至该工程项目竣工验收合格时止。

第七条　本责任书一式四份,由甲乙双方各执一份,送交甲乙双方的监督单位各一份。

甲方单位:(盖章)　　　　　　　　乙方单位:(盖章)

法定代表人:　　　　　　　　　　法定代表人:

地址:　　　　　　　　　　　　　地址:

电话:　　　　　　　　　　　　　电话:

甲方监督单位(盖章)　　　　　　乙方监督单位(盖章)

　　年　月　日　　　　　　　　　年　月　日

表 5-10 分包计划

序号	拟分包项目名称、范围及理由	候选分包人			备注
		候选分包人名称	企业资质	有关业绩	
1		1			
		2			
		3			
2		1			
		2			
		3			
3		1			
		2			
		3			

注:本表中所列分包仅限于乙方自行施工范围内的分包工程。本表格可以按照同样的格式扩展。

表 5-11 付款计划(总承包人自行实施部分)

序号	节点编号	付款节点描述	本期完成情况					截止本期累计完成情况		预计付款日期
			措施项目	其他项目	分部分项工程	合计	比例	累计完成	累计完成比例	
1										
2										
3										
⋮										
		合计								

指定分包工程和指定供应项目合同价款直接支付三方协议

业主：_____

总承包人：_____

分包人/供应商：_____

整体工程名称：_____

指定分包工程(指定供应项目)名称：_____

鉴于业主委托了总承包人按照施工总承包合同(以下简称"总包合同")的规定负责整体工程的建设，并且业主及总承包人双方已于_____年___月___日签订了总包合同；

鉴于业主及总承包人已经根据总包合同的约定，通过共同招标的方式确定并委托了分包人(或供应商，视情况而定，下同)按照分包(或供应，视情况而定，下同)合同文件的规定负责整体工程内的_____工作(以下简称"分包工程(或供应工作，视情况而定，下同)")，总承包人及分包人双方并已于_____年___月___日签订了分包合同(或供应合同，视情况而定，下同)；

鉴于按照总包合同和分包合同的规定，分包工程的工程款项，在总承包人确认后，由总承包人委托业主代其向分包人支付。

为了进一步说明上述委托付款行为对业主、总承包人及分包人三方分别承担的合同责任的影响，三方在一致同意下签订本协议，并共同遵守。

条款如下：

1. 分包人须按分包合同的规定在总承包人的管理、统筹、组织及协调下正确地执行及完成分包合同所说明的分包工程，并向总承包人负责分包合同的履约。

2. 总承包人须按总包合同的规定正确执行及完成总包合同所说明的整体工程，包括完成自行负责施工的工程、正确地管理、统筹、组织、协调及配合所有指定分包工程及指定供应项目的实施并就整体工程(包含指定分包工程及指定供应项目)的履约而对业主负责，及管理、组织、协调、配合所有独立施工合同的实施，直至达到总包合同所说明的完成标准。

3. 业主按照上述总包合同及分包合同的规定直接向分包人支付工程款项的安排及本协议书的签订，仅是为了解决工程款支付方面的操作程序需要，在任何方面都不意味着业主与分包人之间建立起了任何直接的合同关系，也不会在任何方面减轻或免除总承包人按总包合同对业主应承担的合同责任及义务和分包人按分包合同文件对总承包人应承担的合同责任及义务。

本协议由上述三方于_____年_____月_____日盖章/签署：

业主：   （盖章）

法定代表人或获授权代表签署：
签署日期：

总承包人：   （盖章）

法定代表人或获授权代表签署：
签署日期：

分包人(供应商)：   （盖章）

法定代表人或获授权代表签署：
签署日期：

附件 12

施工现场现状平面图

（有意空缺,由招标人(甲方)提供）

第六章 招标文件案例——×××工程招标文件

第一节 投标须知

(一)投标须知前附表

投标须知前附表见表 5-1。

(二)总 则

本招标文件是_____工程招标过程中各投标方编制投标书的依据。

1 工程说明

1.1 工程概况

1.1.1 工程名称:_____

1.1.2 工程地址:_____

1.1.3 发 包 方:_____

1.1.4 现场状况:场地现状平整,无地上物,周边道路设施完善。现场三通一平,具备施工条件。

1.1.5 计划工期:工程计划开工日期为_____年_____月_____日;计划竣工日期为_____年_____月_____日。

开工日期指完成材料、设备进场等各项施工准备工作,正式开始施工的日期。

1.2 工程范围:投标单位可选择性参_____工程、_____工程、_____工程的投标,中标时不可兼中兼得。

1.3 工程质量要求:达到国家施工验收规范合格标准,创"_____杯"。

1.4 上述工程按照国家工程建设招标投标有关管理规定,已办理招标申请,并得到建设行政主管部门批准,现通过公开招标来择优选定施工单位。

1.5 投标单位在提交纸制投标文件同时提交与纸制投标文件同底稿的电子版投标文件一套,其中商务标中表格要以 Excel 表格形式提交。且电子版文件不得加入密码等限制,以便评标委员会顺利打开文件审查、核实和评议。

2 资金来源

财政拨款。

3 投标资格与合格条件的要求

具有独立法人资格,同时具备_____及以上资质的企业,近两年内有承建过类似规模工程施工经验。派驻现场正项目经理具有国家或省部级部门颁发的_____级项目经理证书,另须配备_____名副项目经理(具有二级及以上项目经理证,类似工程业绩)。

4 投标费用

投标方应承担其编制投标文件与递交投标文件所涉及的一切费用。不管投标结果如何,发包方对上述费用不负任何责任。

(三)招标文件

5 招标文件的组成

5.1 本合同的招标文件包括下列文件及所有按本须知第 7 条发出的补充资料和第 13 条所述的投标预备会记录。

招标文件包括下列内容:

(1)投标须知;

(2)合同协议条款;

(3)合同条款;

(4)商务标投标格式;

(5)技术标投标格式;

(6)项目专项要求;

(7)图纸及相关资料;

(8)工程量清单。

附:房屋建筑工程质量保修书

廉洁协议

建筑安装施工安全生产协议

文明施工责任协议书

治安、防火责任协议书

5.2 投标方在投标前须事先检查招标文件的内容,核对页数。

5.3 投标方应认真审阅招标文件中所有的投标须知、合同条件、规定格式、项目专项要求和图纸,如果投标方的投标文件不能符合招标文件的要求,责任由投标方自负。实质上不响应招标文件的投标文件将被拒绝。

6 招标文件的解释

投标方在收到招标文件后,若有问题需澄清,应于收到招标文件后在指定答疑截止时间前以书面形式向招标方提出,招标方将以书面形式或投标预备会的方式予以回答,答复将送给所有获得招标文件的投标方,并成为招标文件的一部分。

7 招标文件的修改

7.1 在投标截止日期前,招标方都可能会以补充通知的方式修改招标文件。

7.2 补充通知将以书面方式发给所有获得招标文件的投标方,补充通知作为招标文件的组成部分。

7.3 为使投标方在编制投标文件时把补充通知内容考虑进去,发包方可以酌情延长递交投标文件的截止日期。

7.4 补充通知须报招标管理监督机构备案后发放。

(四)投标报价说明

8 投标价格

8.1 报价方法与要求

8.1.1 本工程采用固定总价合同。投标方需承担现场条件、人工、材料价格波动的风险。合同金额不会因人工、机械台班、材料价格、汇率等因素的变化波动而调整。但钢筋(或电缆)价格在下列条件下可以调整,电缆仅指带铠电缆,不包括 BV 线、塑铜线、塑铝线。

(1)在合同工期内,如钢筋(或电缆)采购当月的市场价格高于或低于工程中标当月钢筋(或电缆)市场价格 5% 以上的,对于高于或低于 5% 以上的钢筋(或电缆)差价部分由建设单位对承包单位进行全额补偿或扣减,价格波动在 5% 以内的不进行调整。价差调整公式如下。

钢筋(或电缆)采购当月的市场价格高于工程中标当月钢筋市场价格 5% 以上时:

钢筋(或电缆)调价金额＝[钢筋(或电缆)采购当月的市场价格－工程中标当月钢筋(或电缆)的市场价格－工程中标当月钢筋(或电缆)的市场价格×5%]×当月钢筋(或电缆)采购量;

钢筋(或电缆)采购当月的市场价格低于工程中标当月钢筋市场价格 5% 以上时:

钢筋(或电缆)调价金额＝[钢筋(或电缆)采购当月的市场价格－工程中标当月钢筋(或电缆)的市场价格＋工程中标当月钢筋(或电缆)的市场价格×5%]×当月钢筋(或电缆)采购量。

(2)钢筋(或电缆)采购当月的市场价格系指材料采购当月的《＿＿＿＿市工程造价信息》中公布的在本文规定调价范围内的各材料价格:同名称同规格的材料,采用其中准价作为市场价格、同名称不同规格材料,采用其所在材料类中同名称的所有规格材料的中准价的平均值作为市场价格。

工程中标当月的钢筋(或电缆)市场价格系指工程中标当月的《＿＿＿＿市工程造价信息》中公布的在本办法规定调价范围内的各材料价格:同名称同规格的材料,采用其中准价作为市场价格、同名称不同规格材料,采用其所在材料类中同名称的所有规格材料的中准价的平均值作为市场价格。

工程中标当月系指当地政府建管部门颁发的建设工程承包商确认书上标注的月份。

当月钢筋(或电缆)采购量系指以承包单位当月钢筋(或电缆)进场证明为依据、并经建设单位和监理单位核定的实际进场数量,当月采购量应依据批准的施工组织设计及施工进度计划当月实施工程量所必须使用的钢筋(或电缆)量。

8.1.2 如对工程量清单有异议,投标单位应在招标答疑前 2 日内向招标方递交详细的书面说明以供招标方参考是否对工程量清单进行调整。招标方在收到提出异议的书面说明后 2 日内向各投标方发放最终确定后的工程量清单。

8.1.3 工程量清单中的每一单项均需计算填写单价和合价,投标方没有填写单价和合价的项目将不予支付,并认为此项费用已包括在工程量清单的其他项目的单价和合价中。投标报价将被视为已包含所有投标方完成本工程所有工作所需的报酬,一经确认不再作调整。投标方在计算报价时应充分考虑保证质量、工期等所发生的各种费用后慎重确定有竞争性的投标报价。

8.1.4 除非合同中另有规定,具有标价的工程量清单中所报的单价和合价,以及报价汇总表中的价格应包括施工设备、劳务、管理、材料、施工、维护、保险、利润、佣金、政策性文件规定及合同包含的所有风险、责任等各项费用。综合单价、合价应精确到小数点后两位,总价为整数。

8.1.5 经确认的工程量清单中单价将用于工程变更的计价依据。

8.1.6 投标方"投标书"中的最终报价必须与投标文件中"工程量清单报价及投标报价汇总表"格式中的投标总价一致,不允许投标方填写完"工程量清单报价及投标报价汇总表"后再另外下浮优惠报价,否则招标方有权取消投标方中标资格。

8.2 投标方如有需说明及澄清的事项,一律写入"投标报价编制综合说明"中。

8.3 投标货币

投标文件报价中的单价和合价全部采用人民币表示。

(五)投标文件的编制

9 投标文件的语言

投标文件及投标方与发包方之间与投标有关的来往通知、函件和文件均应使用中文。

10 投标文件的组成

10.1 投标方的投标文件应包括下列内容:

(1)技术标投标文件。①与资格预审文件的偏差申明文件:如果有偏差,应在技术标书中明确;出现的偏差应为招标单位接受,如不为招标单位所接受,投标将被拒绝;②按时支付农民工工资的声明文件;③法定代表人资格证明书;④授权委托书;⑤施工组织设计;⑥工程施工公开招标工程量清单确认书;⑦不含报价的工程量清单(包含措施项目清单,且须与其商务标中的数量和招标单位提供的工程量清单一致);⑧材料清单(含产地、品牌);⑨按投标须知规定要求提交的其他资料。

(2)商务标投标文件。包括两部分:一是主要材料报价汇总表;二是投标书、报价综合说明、工程量报价清单(其中措施项目清单必须逐项填写)、综合单价分析表。

10.2 投标方必须使用招标文件表格格式,但表格可以按同样格式扩展。

11 投标有效期

11.1 鉴于本工程时间紧迫,投标单位应无条件同意在本招标文件约定的投标截止日期前投标。

11.2 投标文件的有效期为本招标文件规定的投标截止日期之后的 28 个日历天内。

11.3 在原定投标有效期满之前,如果出现特殊情况,经招标管理机构备案,发包方可以书面形式向投标方提出延长投标有效期的要求。投标方须以书面形式予以答复,投标方可以拒绝这种要求而不被没收投标保证金。同意延长投标有效期的投标方不允许修改他的投标文件,但需要相应地延长投标保证金的有效期,在延长期内关于投标保证金的退还与没收的规定仍然适用。

11.4 发出中标通知书之日起 7 个工作日内,中标方应与发包方签订工程承包合同,并同时签订"房屋建筑工程质量保修书"等附件。

11.5　若中标方未能在规定时间签订工程承包合同,发包方有权取消中标方对该工程的承包权,并没收投标保证金,并由中标方承担由此造成的招标方一切经济损失。

12　投标保证

12.1　投标单位应于收到招标文件 5 个工作日内向发包方以现金、支票的方式提供不少于投标须知前附表 5-1 第 13 项规定数额的投标保证金,此投标保证金是投标文件的一个组成部分。

12.2　投标保证金递交至＿＿＿＿＿＿＿＿＿＿＿＿公司。

12.3　对于未能按要求提交投标保证金的投标,招标单位将视为不响应投标而予以拒绝。

12.4　未中标的投标单位的投标保证金将尽快退还(无息),最迟不超过规定的投标有效期期满后的 14 天。

12.5　中标单位的投标保证金,按要求提交履约保证金及差额保证金并签署合同后,予以退还(无息)。

12.6　如投标单位有下列情况之一,将被没收投标保证金:

12.6.1　投标单位在投标有效期内撤回其投标文件;

12.6.2　中标单位未能在规定期限内提交履约保证金(或保函)或签署合同。

13　投标预备会及现场勘察

13.1　发包方在发放招标文件后应组织召开投标预备会,投标方派代表于投标邀请函规定的时间和地点出席投标预备会。

13.2　投标预备会的目的是澄清、解答投标方提出的问题和组织投标方考察现场,了解情况。

13.3　现场勘察

13.3.1　发包方负责组织各投标方对工程施工现场和周围环境进行勘察,以获取须投标方自己负责的有关编制投标文件和签署合同所需的所有资料。勘察现场所发生的费用由投标方自己承担。

13.3.2　发包方向投标方提供的有关施工现场的资料和数据,是发包方现有的能使投标方利用的资料。发包方对投标方由此而做出的推论、理解和结论概不负责。

13.4　投标方提出的与投标有关的任何问题须以书面形式送达招标单位。

14　投标文件的份数和签署

14.1　投标方须编制一份投标文件"正本"、四份"副本"、电子版技术标与商务标投标文件一套(分别密封在技术标函和商务标函内),及备查文件一份。明确标明"投标文件正本"、"投标文件副本"和"备查文件"。投标文件正本和副本如有不一致之处,以正本为准。

14.2　投标文件的正本与副本均应使用不能擦去的墨水打印或书写,由投标方法定代表人亲自签署并加盖法人单位公章和法定代表人印鉴。

14.3　全套投标文件应无涂改和行间插字,除非这些删改是根据发包方的指示进行的,或者是投标方造成的必须修改的错误。修改处应由投标方法定代表人签字证明并加盖印鉴。

(六)投标文件的递交

15 投标文件的密封与标志

15.1 投标文件中投标单位将 A 标段和 B 标段的技术标合并成一个技术标,每标段中的重点部位的施工方案应在技术标内单独列出编写,但商务标必须分成 A 标段、B 标段两个标段单独编写。

15.2 技术标密封:投标方应按标段将投标文件的技术标分别密封。正本和副本分别密封在内层包封,再密封在一个外层包封中,在内包封上正确标明"投标文件正本"或"投标文件副本",在外层包封上注明"技术标"。

15.3 商务标密封:投标方应按标段将投标文件的商务标分别密封。每个标段商务标分主要材料报价表、商务报价两部分分别密封在两个包封内。正本和副本分别密封在内层包封,再密封在一个外层包封中,并在内包封上正确标明"投标文件正本"或"投标文件副本",在外层包封上注明"主要材料报价表"、"商务报价"。

15.4 备查文件单独密封在一个包封内,只需一份,在包封上注明"备查文件"。

15.5 内层和外层包封都应写明发包方名称和地址、合同名称、工程名称,并注明开标时间以前不得开封。

内外包封骑缝处应加盖投标方公章及法定代表人印鉴。

15.6 如果内外层包封没有按上述规定密封并加写标志,发包方将不承担投标文件错放或提前开封的责任,由此造成的提前开封的投标文件将予以拒绝,按不中标性质退还给投标方。

15.7 投标文件递交至招标邀请函规定的单位和地址。

16 投标截止期

16.1 投标方应在招标文件规定的日期和时间之前将投标文件递交给发包方。

16.2 发包方可以按本须知第 7 条规定的补充通知的方式,酌情延长递交投标文件的截止日期。在上述情况下,发包方与投标方以前在投标截止期方面的全部权利、义务,将适用于延长后新的投标截止期。

16.3 发包方在投标截止期以后收到的投标文件,将原封退给投标方。

17 投标文件的修改与撤回

17.1 投标方可以在递交投标文件以后,在规定的投标截止日期之前,可以书面形式向发包方递交修改或撤回其投标文件的通知。在投标截止日期以后,不能更改投标文件。

17.2 投标方的修改或撤回通知,应按本须知第 14 条的规定编制、密封、标志和递交(在内层包封标明"修改"或"撤回"字样)。

17.3 在投标截止日期与招标文件中规定的有效期终止日之间的这段时间内,投标方不能撤回投标文件,否则其投标保证金将被没收。

(七)开 标

18 开标

18.1 发包方将于投标邀请函规定的时间和地点举行开标会议,所有投标方法定代表人或授权代表应参加开标会议,投标方代表应携带企业法人营业执照副本原件、资质证书副本原件、安全生产许可证、项目经理证书原件、授权委托书原件及受委托人本人身份证签名报到,以证明其出席开标会议。

18.2 若营业执照原件等由于年检等原因在开标时不能提供,须在开标前 3 日向招标方或招标办的有关监督部门提交原件或有关证明文件,开标时只接受 18.1 条规定中证件的原件。

18.3 开标会议由建设单位组织并主持。对投标文件进行检查,确定它们是否完整,文件签署是否正确,以及是否按顺序编制。但按规定提交合格撤回通知的投标文件不予开封。

18.4 投标方法定代表人或授权代表未参加开标会议的或投标方未按照本须知第 18.1 条规定要求携带有关证件原件参加开标会议的将视为自动弃权。投标文件有下列情况之一者将视为无效标函:

18.4.1 未按规定标志、密封;

18.4.2 未经法定代表人签署或未加盖投标方公章或未加盖法定代表人印章;或者法定代表人的授权委托人没有合法的、有效的委托书(原件)及委托人印章的;

18.4.3 未按规定的格式填写,内容不全或字迹模糊辨认不清,无法进行评标工作;

18.4.4 投标截止日期以后送达的投标文件;

18.4.5 技术标中未包括不含价格的工程量清单;

18.4.6 技术标函中包括与商务报价有关的内容;

18.4.7 商务标中工程量部分与技术标中工程量部分不一致;

18.4.8 技术标中未包括法定代表人资格证明书和授权委托书。

18.5 投标文件实质上未响应招标文件的要求,附有任何先决条件或保留条件的将作废标处理。

18.6 评标委员会应当根据招标文件,审查并逐项列出投标文件的全部投标偏差。下列情况属于重大偏差:

18.6.1 投标文件工期超过招标文件规定的期限。

18.6.2 投标文件附有发包方不能接受的条件。

投标文件有上述情形之一的,为未能对招标文件做出实质性响应,并按规定作废标处理。

18.7 发包方当众宣布核查结果,并宣读有效投标的投标方名称、修改内容以及发包方认为适当的其他内容。

(八)评 标

19 评标内容的保密

19.1 公开开标后,直到宣布授予中标方合同为止,凡属于审查、澄清、评价和比较投标的有关资料,有关授予合同的信息和工程标底情况,都不应向投标方或与该过程无关的其他人泄露。

19.2 在投标文件的审查、澄清、评价和比较以及授予合同的过程中,投标方对发包方和评标机构其他成员施加影响的任何行为,都将导致取消投标资格。

20 资格审查

在评标时已对投标方的资格情况进行了审查,只有资格审查合格的投标方,其投标文件才能进行评价与比较。

21 投标文件的澄清

为了有助于投标文件的审查、评价和比较,评标机构可以个别要求投标方澄清其投标文件。有关澄清的要求与答复,应以书面形式进行,但不允许更改投标报价或投标的实质性内容。但是按照本须知第 22 条规定校核时发现的算术错误不在此列。

22 投标文件符合性鉴定

22.1 在详细评标之前,评标委员会将首先审定每份投标文件是否实质上响应了招标文件的要求,而没有重大偏离。

22.2 就本条款而言,实质上响应要求的投标文件,应该与招标文件的所有规定要求、条件、条款和规范相符,无重大偏离或保留。重大偏离或保留系指影响到招标文件规定的供货范围、质量和性能,或限制了发包方的权力和投标方的义务的规定,而纠正这些偏离将影响到其他提交实质性响应投标的投标方的公平竞争地位。

22.3 在对投标文件进行详细评估之前,评标委员会将依据投标方提供的资格证明文件对投标方进行审查。如果确定投标方无资格履行合同,其投标将被拒绝。

22.4 如果投标文件实质上不响应招标文件的要求,发包方将予以拒绝,并且不允许通过修正或撤销其不符合要求的差异或保留,使之成为具有响应性的投标。

22.5 评标委员会判断投标文件响应性仅基于投标文件本身而不靠外部证据。

22.6 评标委员会将允许修改投标文件中不构成重大偏离的微小的、非正规、不一致或不规则的地方。

23 错误的修正

23.1 评标委员会将对确定为实质上响应招标文件要求的投标文件进行校核,看其是否有计算上或累计上的算术错误,修正错误的原则如下:

(1)如用数字表示的数额与用文字表示的数额不一致,以文字数额为准。

(2)当单价与工程量的乘积与合价之间不一致时,通常以标出的单价为准。除非评标委员会认为有明显的小数点错位,此时应以标出的合价为准,并修改单价。

23.2 按上述修改错误的方法,调整投标书中的投标报价。经投标方确认同意后,调整后的报价对投标方起约束作用。如果投标方不接受修正后的投标报价则其投标将被拒绝,其投标保证金将被没收。

23.3 报价算术计算差错的更正。若审核投标方报价发现有加减乘除的算术错误,该错误将按以下方法更正:

(1)若更正后总价大于投标总价,则以更正后的总价作为有效投标总价。更正后的单价将作为设计变更中同类项目增减价调整的依据。

(2)若更正后总价小于投标总价,则以投标总价作为有效投标总价。

(3)如计算错误超出投标总价的 5%,则视为不响应招标文件。

(4)如计算错误项目数超过工程量清单总项目数的 20%,则发包方有权直接拒绝投标。

24 投标文件的评价与比较

24.1 评标机构将仅对按照本须知第22条确定为实质上响应招标文件要求的投标文件进行评价与比较。

24.2 在评价与比较时通过对投标方的投标报价、工期、质量标准、主要材料用量、施工组织设计、优惠条件、社会信誉及以往业绩等综合评价。

24.3 评标办法:本工程共分A、B两个标段。本次评标按先"技术标",再A标段商务标,再B标段商务标的顺序依次评标。投标方可选择性投标,中标时不可兼中兼得,即A标段的中标单位不参加B标段的投标活动,并同时归还未开启的B标段的投标文件。本次施工招标采用最低应答标评定法,按照下列要求和程序进行。

24.3.1 评标工作分技术标评审、商务标评审两阶段进行。其中,商务标的评审分主要材料价格评审和商务报价评审两个部分进行。通过技术标评定的投标方,参加主要材料价格评审,只有通过主要材料价格评审的投标方才能参加商务报价评审。

要求投标文件内的技术标、商务标和备查文件分开密封。商务标内第一部分只含主要材料报价表;第二部分只含最终投标函和工程量报价清单。备查文件内只含生产商或经销商出具的主要材料的价格授权书。技术标内应包含与商务标内工程量报价清单内容格式一致,但不包含价格内容的工程量清单,以作为在技术标评审过程中判定投标方的投标报价是否存在重大漏项的依据,招标方可根据具体情况有权拒绝其中标。

24.3.2 对投标方的投标文件进行符合性鉴定

投标文件应实质性响应招标文件的要求,应与招标文件的条款、条件和规定相符,无显著差异或保留。评标委员会对存在重大偏差或实质上不响应招标文件要求的投标予以拒绝。

24.3.3 对投标文件的技术标进行评审

评标委员会按照招标文件要求,对投标方所报的施工方案或施工组织设计、施工进度计划、施工人员和施工设备的配备、施工技术能力、质量保证措施、安全保证措施、文明施工措施、工程量清单有无重大漏项、生产商或经销商出具的发包方指定材料的产品授权书等进行评估校核,按合格与不合格两个标准评定,不合格的投标被拒绝。

评标委员会认为所有投标文件均未实质性响应招标文件要求,或有效标少于三个,认为本次招标缺乏竞争性,可以否决所有投标,宣布招标失败并写出评标报告。

24.3.4 对投标文件的商务标进行评审

评标委员会对确定为实质性响应招标文件要求且技术标合格的投标按签到逆顺序开启商务标。首先开启商务标第一部分,进行主要材料价格评审,主要材料总报价低于有效投标方主要材料报价总和平均值的10%的投标方的投标将作废标处理;主要材料总报价低于有效投标方主要材料报价总和平均值的5%～10%的投标,将查看备查文件,其中任何一项主要材料单价低于生产商或经销商授权价格10%的投标作废标处理;无上述情况进入商务标第二部分商务标报价评审。评标委员会在评估投标报价时应按招标文件的有关规定进行校核,确定评审报价,并按由低到高的顺序依次排出名次。

评标委员会可对报价最低的投标方进行报价质询,评标委员会认定该投标方的报价不低于企业成本价后,可确定该投标方为中标方;如该投标方的报价被认定为低于企业成本价,则评标委员会可拒绝该投标方中标,并依次对下一名次投标方进行报价质询和答辩,最终确定推荐中标方并写出评标报告。

24.3.5 当评标委员会认为最低应答标的报价过分高于工程预算时,可拒绝所有投标,宣布招标失败并写出评标报告。

24.3.6 请各投标方根据自身情况,遵循市场竞争原则,充分考虑竞争风险,慎重编制投标文件。

(九)授予合同

25 合同授予标准

发包方将把合同授予其投标文件在实质上响应招标文件要求、施工方案切实可行和按本须知第 24 条规定评选出的评标价最低的投标方。

26 中标通知书

26.1 确定出中标方后在投标有效期截止前,发包方将以书面形式通知中标方其投标被接受。

26.2 中标通知书将成为合同的组成部分。

26.3 在中标方按招标文件的规定提供了履约保证金后,发包方将及时将未中标的结果通知其他投标方。

27 合同协议书的签署

中标方按中标通知书中规定的日期、时间和地点,由法定代表人或授权代表前往与发包方代表签订合同。

28 履约保证金(或保函)

28.1 中标方接到中标通知书 7 个工作日内以银行保函形式向发包方提交履约保函,履约保函为合同价格的 10%。履约保函由在中国注册的银行出具保函,中标方应无条件使用招标文件提供的履约保函格式。

28.2 履约保函在工程竣工验收合格后一个月内退还。

28.3 承包单位在履行合同中,由于资金、技术、质量或非不可抗力等原因造成经济损失时,发包方可以从履约保函中扣除。

28.4 如果中标方不按本须知第 26 条、第 27 条、第 28 条的规定执行,招标方将有充分的理由废除授标,并没收其投标保证金。

29 项目经理

在投标阶段发包方将对投标方用于本工程的项目经理进行考察,项目经理人选一经发包方确定,未经许可,不可擅自更改,否则将从工程款中扣除 10 万元违约金。一经宣布中标,项目经理证应于投标现场交由发包方管理,并于工程竣工验收合格之日退还。

30 其他费用

与本次招标工程相关的其他费用由中标单位全额承担。

第二节 合同协议书

本协议条款除空格部分为根据中标单位招标内容进行填写外,授予合同时,其他内容为非修改性条款,授予合同时发包方不予讨论,如被授予合同方要求修改,则视为自动放弃授标。本协议条款及招标文件没有提及的内容可进行协商解决。如投标方的投标文件有关内容与以下条款抵触,而在评标时发包方未能及时发现,以如下条款内容为准。

发包方:＿＿＿＿＿＿＿＿＿＿＿＿＿＿＿＿＿＿＿＿

注册地址:＿＿＿＿＿＿＿＿＿＿＿＿＿＿＿＿＿＿＿＿

承包方:＿＿＿＿＿＿＿＿＿＿＿＿＿＿＿＿＿＿＿＿

注册地址:＿＿＿＿＿＿＿＿＿＿＿＿＿＿＿＿＿＿＿＿

依照《中华人民共和国合同法》、《中华人民共和国建筑法》、《建筑安装工程承包合同条例》及其他有关法律、行政法规,遵循平等、自愿、公正、等价有偿和诚实信用原则,发承包双方就本项目×××工程施工与管理事项协商一致。

兹特此达成协议如下:

1 合同标的

承包方同意按照和根据合同文件规定、有关附加的合同条款及施工图纸和工程规范所说明与显示的内容进行施工。

2 合同价款

发包方依照合同文件规定的时间和方式支付给承包方人民币＿＿＿＿＿＿＿＿＿＿元(RMB＿＿＿＿＿＿)(以下称为"合同总价"),及按合同文件约定的时间和方式而应该支付的其他款项,作为承包方承担本工程的报酬。

3 工程质量

本工程质量目标为达到国家施工验收规范合格标准。若施工项目经相应级别的质量评定机构评定未能达到此目标,我方承诺:无偿返修至达到质量目标,并赔偿发包方相应损失。

4 合同工期

合同签订后承包方立即开展本合同所规定的各项工作,并在合同文件规定的完工日或按合同文件的规定而延长的时间内完成本工程。

5 发包方(发包方代表)

发包方授权＿＿＿＿＿＿＿＿＿＿＿＿＿＿作为发包方代表,依照其双方所签订的关于此工程的工程项目管理合同对该项目进行全过程工程管理,发包方代表所履行的所有合法权力,承包单位不得有异议。

6 管理人员

承包方的项目经理、主要施工及安全管理人员的名单如下:

＿＿＿＿＿＿＿＿＿＿＿＿＿＿＿＿＿＿＿＿＿＿＿＿＿＿

＿＿＿＿＿＿＿＿＿＿＿＿＿＿＿＿＿＿＿＿＿＿＿＿＿＿

＿＿＿＿＿＿＿＿＿＿＿＿＿＿＿＿＿＿＿＿＿＿＿＿＿＿

本名单一经发包方确定,未经许可,不可擅自更改。

7 **付款办法**

付款办法如下:

预付款_____

中期付款_____

最终付款_____

8 **合同条款**

合同条款内说明须在合同书内确定的资料如下:

(1)对法定责任基本原则的修订或补充(合同条款第1.5.1条):

_____。

(2)工程一切险和第三者责任险合同条款(合同条款第8.3条):

发包方不再投保工程一切险及第三者责任险,承包单位接受此安排并确认任何因本工程施工所引起的工程损失及第三者人身伤害责任全部由承包单位承担,与之相关的一切费用已包括在合同总价当中。

(3)履约保证金(或保函)(合同条款第8.5条):

合同金额的_____%。

(4)开工日(合同条款第9.1条)_____年_____月_____日。

(5)竣工日(合同条款第9.1条)_____年_____月_____日。

(6)延误赔偿(合同条款第9.2条):

延误每日历天赔偿人民币_____元(￥_____元整),最大赔偿金额不超过合同金额的_____%。

(7)保修期:

按质量保修协议约定。

(8)工程款支付时间:

①预付款

_____

②进度款

_____

③工程尾款

_____

④付款宽限期

_____

⑤决算期

_____

9 **合同文件**

"合同文件"由以下文件组成:

(1)中标通知书;

(2)合同协议条款;

(3)合同条款;

(4)工程规范(标准、规范和其他有关技术资料、技术要求);

(5)施工图纸;

(6)投标后至定标前来往信函;

(7)投标须知;

(8)工程量清单及工程价汇总表;

(9)合同附件:"房屋建筑工程质量保修书"等;

(10)其他条款;

(11)招标文件;

(12)投标文件及评标质疑笔录。

构成本合同的文件可视为是能互相说明的,如果合同文件存在歧义或不一致,均以较后时间制订的为准。

10 日期

合同文件内的天数,除另有说明外,为日历天数。

11 合同文本

本合同文件正本__份,双方各执__份。副本__份,承包方执__份,发包方执__份。

双方于_____年_____月_____日盖章/签署:

发包方: 承包方:
(公章):   (公章):
注册地点: 注册地点:
法定代表人: 法定代表人:
委托代理人: 委托代理人:
电　话: 电　话:
传　真: 传　真:
开户银行: 开户银行:
账　号: 账　号:
邮政编码: 邮政编码:
合同签订地点:
合同管理办公室意见:

　　　　　　　　　　　　　　　　　　(章)　年　月　日

第三节　合同条款

1 责任

1.1 基本责任

1.1.1　承包方须按合同文件的规定,在各方面都能满足发包方之合理要求下执行及完成合同文件所说明的本工程,包括其中部分的设计和(或)保修(如果该设计和(或)保修是说明包括在本工程内的)。

1.1.2 由本工程开始到竣工证书发出日止,承包方须负全责保护本工程,包括保护在工地上或送至及安放在工地上,与本工程有关或供本工程用的,所有临时建筑物、机械、材料或任何其他对象。

1.1.3 除第1.1.2条款的规定外,承包方亦须负全责保护他在保修期内须执行的未完成工作,直至该工作完成为止。另外,承包方亦须负责他在履行保修责任而执行工作的期间对本工程造成的损坏。

1.1.4 承包方若发现合同文件之内或互相之间有任何差异,须立刻书面通知发包方,说明差异之处,而发包方须给予指示。

1.1.5 本工程包括第11.1条款所述的专业分包工程。

1.1.6 若合同文件说明本工程的部分材料由发包方无偿供应,则按以下要求:

(1)承包方须负责按实地所需加合理的损耗计算应由发包方供应的材料的订货数量。

(2)承包方负责向发包方提交供货计划以便发包方安排材料按时供应。

(3)发包方供应的材料应送到工地地面。若承包方要求送到工地外的中转场地,则由中转场地运到工地的工作及费用由承包方负责。

(4)承包方应在收到发包方供应的材料48小时内开箱验收完毕,遇有破损或不合规格的,须即日通知发包方安排替换。验收后的损坏、遗失由承包方负责。

(5)其他本工程不可缺少的材料及工作仍由承包单位全面负责。

(6)承包方应清楚了解供应单位的材料供应及工作范围。

1.1.7 承包方除了须按第9.3条款负工期延误的赔偿责任外,还得对其他的违约事宜负责,包括一切经济责任在内。

1.1.8 若合同文件说明要承包方承担部分或全部的具体设计,则承包方须负责有关设计及提交设计图纸予有关政府部门审阅并得到相关的批文。

1.1.9 若合同文件说明部分工程包含调试,则承包方须负责按合同文件规定对该部分工程进行调试,并依法安排当地政府有关部门对整体安装进行现状调试直至验收合格并发予运行(运转)准字或批文。

1.1.10 若合同文件说明部分工程执行保修之外的保养,则承包方须提交保养说明书及计划书给发包方审批,并负责按已批准的文件执行保养。

1.1.11 承包方须自费负责一切材料的所有损耗、遗失、由于承包方的错误而引起的损坏以及在规定的保修及保养期内需要的替换材料和劳力。

1.1.12 本工程须包括得到当地政府有关部门验收合格及允许正常运转的一切所需材料、劳力和费用。

1.2 质量责任

1.2.1 承包方须对一切现场作业、施工方法和已完成工程的稳妥性、安全性及工程质量全面负责。

1.2.2 承包方用自己的知识、经验按设计文件施工时,如判断将发生缺陷,要将情况如实及时报告给发包方。如发包方在承包方提出报告后,仍坚持按原设计施工,承包方应予以执行,惟由此而产生的后果,承包方不负责任。

1.3　发包方指示

1.3.1　本合同文件所规定由发包方发出的指示或享有的权力,发包方或授权代表有权部分或全部授权给项目管理工程师或其他顾问工程师。

1.3.2　承包方须立刻执行发包方获本合同授权而发出的指示。若承包方未在合理时间之内执行已发出的指示,而在收到发包方催促执行的书面通知后7天之内,承包方仍未执行,发包方可另聘并支付他人执行该指示所要求的工作的费用,并把所有有关的费用作为债项向承包方追讨,或从本合同应付或将会付给承包方的款项中扣除。

1.3.3　若承包方觉得发包方的指示是不获本合同授权的,可在执行前要求发包方以书面形式说明本合同授权他发出该指示的条款,发包方须立刻答复。

1.3.4　发包方之所有指示须以书面形式发出。任何口头指示,都不即时生效,应由承包方于7天内以书面形式向发包方确认,而在接到承包方之确认书后7天内,如发包方不以书面形式否认,则该口头指示可于上述7天期限届满时自动生效。若发包方在发出口头指示后7天内以书面形式确认该口头指示,则承包方不必再作上述确认,而该项指示由发包方之确认日期起生效。

1.3.5　承包方须建立一有效率的组织以使发包方所发出的一切指示能即时传送至工地、专业分包人执行。承包方应只从发包方或获其书面授权的代表处接收指示。

1.3.6　承包方须把发包方或获其授权的代表发给他或他的项目经理之指示写在有关记录中,并即日取得发包方或获其授权的代表在有关记录上签名。

1.3.7　若发包方或其监理工程师或其工程顾问要求,承包方须允许他们在任何合理时间查阅上述记录。

1.3.8　若工程内容与合同文件规定或发包方指示不符,监理工程师有权停止一切工程或任何部分工程,并立即通知发包方。

1.4　审批

合同文件说明要发包方或其工程顾问审批、认可的东西或工作,承包方须提交给发包方或其工程顾问审核批准和认可。发包方或其工程顾问的任何批准、不批准或修改建议皆不会减轻承包方按合同文件所承担的责任。批准应以书面形式发出,否则无效。

发包方可委托其工程顾问执行审批的工作。

1.5　法定责任和通知

1.5.1　承包方须遵从本工程所在地政府、对本工程有管辖权或本工程需与其系统接驳的地方管理机关或公用事业单位的法律、条例和通知,并呈交所需的通知、申请和支付有关的法定费用和税项,惟按国家法例规定由发包方负责的除外。对此基本原则的修订或补充,在合同书内说明。

1.5.2　若任何一方未有缴交其应缴的法定费用及税项或按法例规定而需代缴的费用及税项,责任方须补偿付款方所有费用及损失。

1.5.3　承包方须遵从有关工作条件、工作时间或工资的现行或新增的法律和条例,并承受任何改变责任或增加责任的酝酿中的法律或其他情况。

1.5.4　若本工程因遵从法律和条例而需要变更,承包方须事先以书面通知发包方,并详加解释。承包方若在发出通知后7天之内收不到任何指示,便须遵从律例而变更,有关的变更视为发包方指示的设计变更处理。

1.6 承包资格

承包方须负责向政府有关部门取得在当地承包工作的资格,并在开工前获得一切政府方面与施工有关之批准,但与本工程有关且规定应由发包方申请的批准手续及费用由发包方负责,承包方应积极提供一切协助。

1.7 国家施工及验收标准

1.7.1 承包方的用料及施工质量在符合合同文件规定的同时,亦不能低于本工程所在国国家有关施工及验收的标准,有关费用已包括在合同总价内。

1.7.2 本合同工程量清单中之材料发包方要求承包方提供厂商、产地、品牌及品质。

1.8 质量监督

本工程须接受当地质量监督站的验收,支付给该站的费用已包括在合同总价内。

1.9 工程标高和定位

1.9.1 发包方须决定本工程施工所需的标高,并须提供有准确尺寸的图纸,使承包方能在地面进行定位。承包方须按有关图纸把工程定位,并提供所需的全部仪器及人力给发包方或其监理工程师和工程顾问复核。

1.9.2 承包方在工程开工前应核实所有尺寸和地面标高,及基础施工情况,发现问题及时向总承包方及监理单位反映,由总承包方及监理单位予以协调解决。

1.9.3 承包方须负责因更正自己不准确定位或事先未有核实尺寸或标高所引起的错误而引起的费用。

1.10 转让

承包方未得发包方的同意不能将本合同转让他人。

1.11 分包

1.11.1 除非得到发包方书面同意,承包方不能将本工程的部分或全部以包工包料形式给他人执行。发包方有绝对权力阻止分包。虽然发包方之前未有阻止分包,发包方仍有权摒弃任何分包人,并有绝对权力要求任何分包人脱离本工程。由此而发生的费用由承包方负责。

1.11.2 本工程全部或部分的分包不能减轻承包方承担的责任,承包方仍须把分包人及其雇员或代理人的任何行动、错误或疏忽当做是自己的行动,因错误或疏忽而负全责。承包方须负责妥善处理由分包而引起的一切纠纷。

1.11.3 承包方有责任在发包方要求时,把雇用或将会雇用的任何分包人的资料交给发包方。

1.11.4 在任何分包合同中,须有一条款,注明分包人按分包合同的雇用,在承包方按本合同的雇用终止时(不论任何原因),亦同时一齐终止。

1.12 审核责任

1.12.1 承包方须审阅所有合同文件。除非另有声明,否则承包方将被视为同意合同文件所含的资料已足够令其按合同规定执行和完成本工程。

1.12.2 除了为解决合同文件之间的矛盾或为进一步解释含糊之处或按第 7.3 条款发出设计变更指令外,发包方没有责任再发出其他的图纸或资料。合同文件内的资料便是发包方将会提供的全部资料。所有其他必需完成本工程而又没有包括在合同文件内的图纸、细节大样、规范说明等,承包方均须提交给发包方及其工程顾问审批,并在认可后方能按之施工。发包方可拒绝或认可此等资料。发包方的审批并不会免除或减轻承包方应付的责任。

1.12.3 若施工图纸只显示某些工程的概念性设计,或项目专项要求只说明所要达到的标准,则承包方须负责一切所需的设计以能使这些概念性的工程能够被建造至所要求的标准。

1.12.4 承包方有责任审核与本工程有关之所有图纸,并作出协调和相应的配合,不论该等图纸是发自发包方、承包方(包括其分包单位)还是与本工程有关的其他施工单位(若有)。

2 工地及视察

2.1 出入工地及限制

2.1.1 整个工地由承包方在发包方的指示下全面看管。

2.1.2 承包方对于工地出入口的确定及变更须获得发包方的书面认可。出入口的大小及位置因配合工程施工程序及进度需要而需作出的所有改动,均由承包方负责,有关费用包括在合同总价内。

2.1.3 承包方须遵循交通、市政设施管理部门关于道路的使用、车辆的停泊、使用时间等条件及限制,并提交所需的申请及负责有关费用。

2.1.4 承包方须自行安排及协调一切交通、运输及保护事宜。

2.2 工地视察

2.2.1 承包方应亲自到工地视察以充分了解工地位置、邻近建筑物、通路、储存空间、起卸限制及任何其他足以影响承包价之情况。

2.2.2 承包方不会因忽视或误解工地情况而取得索赔或工期延长。

2.2.3 承包方接管工地后应自费清理任何遗留在工地上之垃圾废物。

3 材料和技术

3.1 材料和技术须符合规格

3.1.1 本工程所用的一切材料、货物和技术必须符合国家、_____市、合同的规范和图纸及相关技术文件要求以及合同文件中规定的种类、标准,除非有关的种类或标准是不可能达到的,若互有矛盾,以要求较高者为准。

3.1.2 承包方在发包方要求时,须呈交有关单据证明所用的材料是符合第3.1.1条款的规定的。

3.1.3 发包方可发出指示,要求把任何不符合本合同规定的工作或材料迁离工地。

3.1.4 承包方确认在投标时所建议的材料和设备还须获得发包方及政府有关部门等的批准,若此等建议不获批准,则承包方须自费更换直至满足发包方及政府有关部门的认可。一切与之相关的风险全部由承包方承担。

3.2 商品

合同文件中若述及任何供应单位或商品之名字,旨在指示材料及技术之类别或质量要求,其他单位供应之等质材料或技术可以使用,惟须得到发包方书面认可。有关之条款与第3.4条款相同。

3.3 样本(样品)

3.3.1 用于本工程之任何材料的品质,在使用前必须得到发包方认可。在订购大批材料前,承包方要免费提供样本(样品),经发包方认可后,现场封存。

3.3.2 在施工前,承包方须提供分部分项工程所需之样本(样品)作认可之用。

3.3.3 承包方须自费把任何被拒绝使用的材料在发包方指定的时间内迁离工地。

3.3.4 承包方须在工地保存认可的样本(样品),作为以后验收货物和(或)工程的标准。

3.3.5 发包方对任何样本(样品)之认可,并不会解除承包方按合同须承担之责任。

3.4 代替品

若制造货物原来规定使用的材料或技术因来源短缺或时间紧迫或有更好的选择,则承包方可提交使用代替的材料或技术的建议给发包方考虑,发包方有绝对权力批准或不批准。在获得批准之前,代替的建议不能实行。批准了的建议不能增加费用,除非在批准时已获接纳。发包方的任何批准或不批准皆不会减轻承包方按合同文件所承担的责任。批准应以书面形式发出,否则无效。

3.5 专利权和使用费

原订或新增的工程的价款应已包括涉及的任何专利物品、程序或发明的专利权使用费,承包方若触犯或涉嫌触犯任何物品、程序或发明的专利权,而使发包方蒙受索赔、诉讼、赔偿、费用和支出,承包方须予以全额补偿或赔偿。

3.6 正式订货

3.6.1 在订立合同后,承包方须根据发包方提供的最新资料复核及确定货物的数量才与其制造商正式订货。

3.6.2 在任何情况下要优先使用图纸上标明的尺寸而不是用比例尺量度的尺寸。在展开任何工作或订购任何材料前,承包方须核实图纸上及现场的所有尺寸,及审核图与图和工料项目专项要求之间有没有不符,若发现有任何偏差,必须立即以书面通知发包方,由发包方给予指示。发包方不负责承包方未充分地审核而引致的虚耗材料、工作或阻延。

3.7 试验及检查

3.7.1 承包方须自费执行合同文件要求他执行之试验及检查,支付合同文件说明要由他执行的试验的费用。

3.7.2 除合同文件如第3.7.1条款已有规定的试验及检查外,发包方亦可发出指示,要求承包方对任何已完成的工作进行附加试验或检查,而有关费用(包括事后修补费用)由发包方承担。若该检查或试验证明有关的工作不符合本合同的规定,则有关费用(包括事后修补费用及对其他工程引致的修改费)由承包方承担。

3.7.3 承包方在施工过程中,须按本工程所在政府有关部门的规定设置各级质量检查人员,并严格按照国家现行有关规定、本合同的构成文件(包括施工图纸及工料项目专项要求)的要求进行质量检查。

3.7.4 发包方为保证工程的质量,可委托其工程顾问对施工质量进行检查,并可委托本工程所在地有关质量监督部门进行质量监督,承包方须积极配合此等工程质量的检查和监督。

3.7.5 双方及质量监督部门的检查人员,在行使监督检查权时须佩戴明显的标志。

3.7.6 发包方可发出指示,要求承包方把任何已掩蔽的工程挖开检查或对任何材料(不论安装与否)或执行了的工作进行试验,而有关费用(包括事后修补费用)须加在合同总价上,除非项目专项要求或工程量清单已有规定,或除非该检查或试验证明有关的材料或技术不符合本合同的规定。

3.7.7 在工作掩蔽前,承包方须书面通知发包方最少 24 小时内去查验。若非如此,发包方将不负责任何事后的挖开检查、试验及修补的费用,亦不会给予任何工期延长。

3.7.8 如承包方未有通知发包方进行检验就进行下一工序的施工,发包方可以要求再检验,其检验所需费用由承包方负责。

3.8 材料所有权

已经送抵工地的材料,承包方不能擅自取回。发包方已经支付了款项的材料的所有权归发包方,但承包方仍须负责它们的遗失或损坏。

3.9 品质保证

3.9.1 承包方在提议使用某一类型的材料、构配件、设备时,不论该类型是在合同文件中规定的或是承包方提议使用的,将被视为保证该材料、构配件、设备在所有正常使用环境下皆是满意的。

3.9.2 承包方并被视为保证其所供应的材料是用优质材料的先进工艺制成、全新、未曾用过,并完全符合合同文件规定的质量、规格和性能要求及能够获项目所在地有关政府主管部门或专业公司的批准或认可。发包方可以否决承包方提议的材料、构配件、设备直至符合前述要求及标准。

3.10 送审程序

承包方的所有材料及样品必须得到发包方的审批认可才可使用于本工程内。申报审批手续须按发包方有关申报程序的说明,并须填写及呈交有关的样品申请表格为依据。

3.11 备用零配件

承包方须存有足够供替换或紧急需要的零配件(材料)存货。

4 图纸及技术要求

4.1 施工文件

4.1.1 承包方须按合同文件特别是发包方发出的图纸及工料规范施工,并且亦须符合第 1.7 条款的规定。由发包方发出有关本工程的图纸,发包方会免费向承包方提供 3 份供其使用。

4.1.2 承包方须按第 4.3 条款制配施工图纸等,并在获得发包方批准和有关单位的审核盖章后,按图施工。

4.1.3 每当需要时,发包方会免费供给承包方合理需要的补充技术要求、资料、图纸 2 份,作为解释和详述合同文件之用或使承包方能按本合同执行和完成本工程之用。

4.1.4 发包方按本合同发出的证书须发给承包方。

4.2 工料技术规范

4.2.1 本工程的技术要求包括图纸上的说明、施工阶段的补充、国家和_____市现行的施工及验收规范以及招标文件的规定。本工程应按技术要求施工及验收。承包方要更改施工技术,事先须得到发包方书面认可,否则一切后果由承包方负责。

4.2.2 若各技术要求的说明互相之间有矛盾,承包方须遵从较严格的规定。

4.3 施工图纸

4.3.1 除另有说明外,承包方应在开始施工前或发包方要求后 14 天内绘制及提交足够数量之施工图纸,并补充由于招标图纸深度不够但施工所需的详图供设计方和发包方审核。发包方和设计方可拒绝、认可或更改这些施工图纸,承包方不会因上述拒绝或更改而取得索赔或工期延长。

4.3.2 若任何图纸退回给承包方作修改,承包方应在不迟于退回图纸后的 7 天内,将经修改的图纸再呈交给发包方审批。

4.3.3 发包方对任何制配翻样图的认可并不会解除承包方在本合同上的任务及责任。

4.3.4 图纸之标准及要求应符合当地之需求及习惯,并能使发包方及当地有关部门满意。

4.3.5 承包方所编制的制配图纸等,其内容必须符合技术要求,特别是符合国家有关规范之要求。承包方更须负责制配图纸等所需的送交有关部门审核和盖章的手续及费用。

4.4 竣工图

承包方在竣工后 14 天内须免费提交 4 套竣工图给总承包方,并按国家及当地建设行政主管部门的规定数量提交本工程的竣工资料归档。不论在本合同内是否另有规定,按保修完成证书之发出而须支付的款项须在承包方满足上述要求后才会发放。

4.5 工地上文件

4.5.1 承包方须把一整套的合同文件,包括施工图纸、规范和工程量清单连同工程开始后签发的一切指示、附加图纸、补充工料项目专项要求、资料表存放在工地,以便发包方及其监理工程师和工程顾问可随时查阅参考。

4.5.2 承包方须把图纸固定在硬纸板上或用其他适宜的方式整齐、有条理地存放起来。

4.5.3 承包商应每日用红色笔在工地动态竣工图上反映来自批准图纸的所有变更。

4.6 操作及维修等手册

承包方须在本工程竣工之前向发包方提交有关本工程各系统、设备等的操作、维修、紧急程序及修补等手册,并负责培训发包方的有关员工对于本工程的操作、维修及紧急程序等的掌控。不论在本合同内是否另有规定,按竣工证书之发出而须支付的款项须在承包方满足上述要求后才会发放。

5 施工组织计划、进度计划表及报告

5.1 施工组织计划及进度计划表

5.1.1 承包方须在接到本合同的书面委托后 7 天内提交详细的施工组织计划及进度计划表,说明其采取的施工时间、方法、程序、分段和次序给发包方认可。

5.1.2 若在施工期间有特殊情况出现,发包方认为必须修改已认可的施工组织计划及进度计划表,承包方须按发包方要求修改其施工组织计划及进度计划表,并在 4 天内提交。

5.1.3 为了维持工程进度及在需要时修改施工进度计划表,承包方须在其本身或其分包单位的工程或材料供应有延误迹象时及时通知发包方。

5.1.4 施工组织计划及进度计划表(包括修改)的提交及发包方的认可仅作为发包方对

承包方施工监督之参考,发包方的认可与否并不作为承包方获得工期延长或更改工期的证明,也不会减轻或解除承包方在合同中的任务和责任。合同文件说明的工期要求必须严格遵循。

5.2 每周报告

5.2.1 承包方须每周向发包方提交报告,详细说明工程(包括指定分包工程及甲供材料供货人的供货)的进度、需要的资料及要求的工期延长等。报告内要列明与进度计划表偏差的地方,提出实际及预期延误的理由,并提出补救的办法。

5.2.2 每周报告要在工程开始前提交给发包方认可。施工期间,每次周一上午九时前将上周施工进度等情况报告甲方与监理。

5.3 每日报告。每日报告要在工程开始前提交给发包方认可。施工期间,于次日上午九时前,将前日施工进度等情况报告甲方与监理。

5.4 进度照片

承包方须按发包方的要求向发包方提交工程进度照片。

6 管理

6.1 项目经理

在整个合同期间,承包方须时刻都有一称职的项目经理常驻工地,处理一切问题。发包方给予他的任何指示将视为有效地给了承包方。项目经理的人选须由发包方批准,并在未得发包方同意前不能更换。

6.2 发包方代表

发包方有权委派代表替他执行本合同授予的工作和权力。

6.3 工程监督

发包方有权委派工程监督在工地现场负责监督本工程,承包方须给予一切合理的设施,使其能履行责任。

6.4 人力

6.4.1 承包方须在工地雇用:

(1)对工作本身有经验并有领导能力的技术及管理人员;

(2)正确并准时执行保修工作所需的熟练工人,技术工人需持有相关工种的认可资格、证书等。

6.4.2 发包方有权反对及要求承包方及任何分包单位撤换不守法纪和工地规章制度、不称职、疏忽或发包方认为其雇用的是不恰当的人员。未有发包方书面准许,不可在本工程再用此等人员。

6.4.3 任何人员调离后,必须由发包方认可之称职人员替代。

6.5 发包方及其工程顾问进出工地

发包方及其工程顾问的获授权代表人员在合理时间有权随时进入工地,或进入承包方与本工程有关的准备工作的厂房及其他地方。若工作在承包方的分包人的厂房及其他地方进行,承包方须尽可能在有关分包合同中赋予前述人员同样的权利,并须执行一切合理的措施使该权利得以实行。

7 价款

7.1 计价基础

7.1.1 在招标时供承包方作为计价基础的工程量清单、图纸及项目专项要求,为本合同的有效部分。除供本合同用外,承包方不能把有关的资料作其他用途。

7.1.2 对工程量清单的运用有下列要求:

(1)包含在合同总价内的工程的品质和数量以施工图纸及项目专项要求为准。

(2)承包方须根据招标图纸(包括有关招标图纸的说明文件和项目专项要求)、招标文件补充之要求一并参阅理解并自行填上综合单价、合价和总价。

(3)承包方必须参考图纸及进行实地量度而订购材料或进行施工。承包方因不采取这些步骤而导致错误、虚耗材料或延误工作,须自负后果。

(4)承包方在工程量清单中以综合单价形式填报。

(5)工程量清单内的综合单价将用做计算合同付款。

(6)基本措施、协调配合这两部分费用,承包方须根据现场实际情况和发包方要求进行报价,一旦确定则为包干价,不会因其他工程量数值的改变而调整。

(7)施工图纸及项目专项要求的项目若没有填上价款,则其费用将视做已包括在其他有价款项目的单价和价款内。

(8)所有填报的综合单价、合价和总价,其准确与否的风险归承包方。

7.1.3 按合同工程量清单计价,则:

(1)承包方须自行复核工程数量并提交计算合同总价的报价单,其准确与否的风险归承包方,合同总价维持不变。

(2)报价单内的单价将用做计算设计变更费及中期付款额。

(3)合同文件要求的项目若在报价单内没有显示,则其费用当做已包括在其他有价款项目的单价或价款内。

(4)施工图纸和项目专项要求为相互补充,若二者之间有矛盾时,承包方须遵循较严格的规定。若二者之间其中一份有要求,而另一份没有,则以有要求的为准。

(5)工程量清单内的数量,如非说明是“暂定数”的,便全都是确定数量,在结算时不再重新量度。

(6)注明是“暂定数”的项目在结算时按实际发生量进行计算。暂定数只为估计,其准确性不获保证。若最后分包工程数量与原本暂定数量有所差别,用于计价,合同单价不会调整,工期亦不会调整。

7.1.4 工程执行过程中,若合同文件补充、工程量清单、施工图纸和项目专项要求互相之间有矛盾,在解释本合同总价所含的内容时,以较严格的为准。承包方若发现矛盾或错误时,须立刻以书面形式通知发包方,由发包方澄清,并按发包方指示执行。工程量清单、施工图纸、项目专项要求的任何文字或数字上的错误或遗漏皆不能使本合同失效,亦不会全部或部分免除承包方按照合同文件所承担的工作或责任。

7.2 合同总价

7.2.1 合同总价为包干价,除按本合同的规定外,不能作任何调整;合同总价不会因人工费、物价、费率、汇率等的变动而有所调整;亦不会因任何合同总价计算错误,不论是算术上错误还是其他错误,而有所调整。

7.2.2 合同总价包括发包方为一些在投标时未能完成预见、规定或详细说明的工作而指定预留的暂定款。承包方在本合同中应承担的责任均须包括此等工作在内。有关这些工作的计价和付款等,另见第7.5.2条款。

7.2.3 除非另有规定,承包方的价格须包括执行和完成合同文件描述的工作时,不可或缺的所有附带工作之费用,不论它们是否在合同文件中有所说明,亦不论它们是否在签订合同时可以预料到。

7.3 设计变更

7.3.1 发包方有权发出指示要求做出设计变更。除得发包方指示外,承包方不能擅自做出设计变更,惟在特殊情况下,发包方有权以书面追认承包方擅自作出的设计变更。任何发包方要求或追认的设计变更皆不会使本合同失效。

7.3.2 本合同内"设计变更"一词意指合同文件所描绘或说明的工程在设计、品质和数量上的改变,包括工程数量的改变,其供应的材料的类别、标准的改变,和已完成或送抵工地的工作或材料的拆除及迁离(不合格的工作或材料除外)。

7.4 施工措施费用

7.4.1 合同总价包含施工措施费。

7.4.2 工程所要求质量、进度、现场管理、文明施工等费用按合同条款的标题在施工措施费用中分项列明。

7.4.3 施工措施费用一旦确定则为包干价,不会因其他工程量的改变而调整。

7.5 协调配合费

7.5.1 合同总价包含协调配合费。

7.5.2 本合同内"协调配合费"一词意指包含在合同总价里,专为协调配合指定供货人、指定分包人及独立施工单位而要求收取之费用。

7.5.3 协调配合费一旦确定则为包干价,不会因其他工程量的改变而调整。

7.6 增减费的计算

7.6.1 若因发包方要求的设计变更,工程数量有所增加、减少或工作内容有所改变,而使有关工作与合同原来工作不同时,则应增减相关费用,计算方法按合同原来的单价或采取原来的单价为换算基础计算。若没有适当的换算基础,则采用直接费(即人工费、材料费、机械费之和)加税金的原则计算。合同总价及付款额按增减费用调整。

7.6.2 工程变更及现场签证中,分项变更增加费用在5 000元以内不作调整,若分项变更费用超过5 000元,可以进行调整。减项变更,总价按其工程量清单报价书中单项报价进行核减。

7.6.3 发包方要求时,承包方须在发包方发出书面要求后3天内呈交草拟中的设计变更所指工作的费用预算。发包方后来发出要求执行该草拟的设计变更所指工作并不代表该预算获得接纳。

7.6.4 若发包方要求,承包方须把第7.6.1条款所指的费用预算之详细计算资料呈交发包方审核和确定。该计算资料须包括单价的详细分析。

7.7 承包方的索赔

7.7.1 在引致有索赔的事件发生后 14 天内,承包方须向发包方提出有索赔的意向,并在书面报告后 21 天内提交赔偿额的具体计算资料。承包方迟提出或迟交资料的索赔将不获考虑。

7.7.2 以下事项均按其他规定处理,并不视做本条款所述之索赔:

(1)设计变更对合同总价的增减按第 7.6 条处理;

(2)工期延长所引起的直接损失和(或)增加费用按第 9.3 条处理;

(3)有关保险事宜之索赔按保险条款处理。

7.8 加班

合同总价已包括必须的加班工作以使本工程能在完工日之前完成。合同签订后补偿加班费的要求将不获考虑。

8 保险及担保

8.1 人身财产的损伤和发包方的保障

承包方须对与本工程有关、本工程进行期间发生、本工程引致的人身伤亡及财产损坏负费用、责任、损失、索赔或诉讼的法律责任,并须保障发包方免负该等责任,除非有关伤亡是发包方或其负责人所引致的。

8.2 运输险

承包方须负责其供应的材料在运送途中直至运抵工地的安全。若认为有需要,则需自行购买有关保险。

8.3 工程一切险和第三者责任险

8.3.1 在不影响或减低承包方按第 1.1、1.2 及 8.1 条款所承担的义务、工作和责任的同时,由承包方投有及维持工程一切险及第三者责任险。

8.3.2 承包方须自行决定保险范围、赔额、类别等是否能满足总承包方的要求。若承包方认为保单内的保险范围、类别、免赔额及赔偿限额等未能满足他的风险,可补充投保。

8.3.3 承包方将被视为对保险单内一切条款清楚明白,并积极地遵循保险条款和关于解决索赔、追讨损失和防止意外的一切合理要求,并自费负责因未能遵循而造成的后果。承包方应尊重保险条款的结果并放弃对发包方因处理保险事宜引起的一切赔偿及责任追讨。承包方须负责保险单内规定的非发包方原因的意外免赔额、不负责项目或限制的费用,只要它们是属于承包方在本合同内应承担的风险或责任。

8.3.4 保险期若因承包方的过失而需延长,因此而增加的保险费用由承包方负担。

8.3.5 有关一切险的索赔在提交给承保人后,承包方须迅速地把损坏的工作复原,把损失了或损坏了的未安装材料替换(修补)、迁离、处理任何残砾并继续执行和完成本工程。所有由保险得到的款项(减去顾问费),须在合同书规定的中期付款间隔时间,分期按中期付款方式支付给承包方。除保险所得的款项外,承包方不能对损坏工作的复原、未安装材料的替换(修补)、残砾的迁离和处理,收取其他费用。

8.3.6 在保险公司的赔偿未发放前,所有有关本工程的抢险费用先由承包方垫付。

8.3.7 假如有任何本工程的或与本工程有关的人员或第三者受到损伤或事故,承包方须立即通知发包方,并以书面形式详述经过。

8.4　雇员赔偿保险

8.4.1　承包方须对其雇员的意外或伤亡负全责。

8.4.2　发包方对任何雇员的意外或伤亡,不论该人是受雇于承包方或其分包人,皆不负任何法律上的赔偿责任,承包方须保障发包方免负任何有关的索赔、要求、诉讼、成本、费用和支出。

8.4.3　承包方须为那些未受任何劳保规定或雇员保险法例保障的雇员购买及维持所需的保险。保险期须由本工程开工至保修完成证书发出为止。保险须以承包方及其所有有关的分包人的名义联合投保,并同时保障发包方作为本工程委托人的责任。保险的赔偿责任须是无限的。

8.4.4　当发包方合理要求时,承包方须提交能证明雇员赔偿保险是适当地维持的证据给发包方。在任何时间,发包方可以(但不能不合理或恶意地)要求呈交保险单和收据来查阅。

8.4.5　承包方须保障发包方免于因其未能按规定投有或维持雇员赔偿保险所引致的法律上、经济上等的一切责任,并须赔偿因此而给发包方造成的一切损失。

8.4.6　若承包方未能按规定投有或维持雇员赔偿保险,发包方可代为投保,并把已缴的保险费在应支付或会支付给承包方的款项中扣除。

8.4.7　假若有任何受雇于本工程或与本合同有关的雇员或其他人员受到损伤,不论是承包方或其分包人所雇用的,亦不论有没有索赔,承包方须马上以书面形式将该损伤通知发包方。

8.5　履约保证金(或保函)

8.5.1　承包方须在接到发包方委托其承包本工程的书面通知后以现金、支票、汇票或履约保函的形式向发包方提交履约保证金(或保函),履约保证金(或保函)为合同价格的15%。

8.5.2　履约保证金(或保函)在工程竣工验收合格后一个月内退还。

8.5.3　承包单位在履行合同中,由于资金、技术、质量或非不可抗力等原因造成损失时,发包方可以从履约保证金(或保函)中扣除。

8.5.4　任何按本合同应支付给承包方的款项须在提交履约保证金(或保函)后或在扣除相等于未提交的履约保证金(或保函)的款项后才可支付。

9　开工及完工

9.1　工期

9.1.1　在合同书所列的开工日,承包方须开始执行本工程,并有规律和连续地进行,在合同书所列的完工日或之前完成本工程,或在合同书所列的分期完工日或之前完成该期工程(如工程是分期竣工的),除非工期按第9.3条款有所延长。

9.1.2　发包方可对任何按本合同应执行的工作发出缓期执行的指示。

9.1.3　若本工程的执行与合同文件或发包方的指示不符,发包方有权要求承包方停止一切工程或任何部分工程,一切因此而引致的费用、损失及延误由承包方负责。

9.1.4　若原定的完工日期明显地因承包方的延误而变得不可能遵守,发包方可要求承包方优先完成本工程的一个、多个部分或加班赶工。承包方须无偿及对剩余工作无延误地遵从指示。

9.2 工期延误的赔偿

若承包方未能在合同书所列的完工日或之前或按第9.3条款延长了的工期之内完成本工程或任何一个分项(分部)工程,则承包方须按合同书所列的有关延误赔偿率和延误的工期,计算赔偿给发包方,而发包方可从应付或将会付给承包方的款项中扣除该赔偿。

9.3 工期的延长

若本工程或任何一期工程(如工程是分期竣工的),因为以下原因(其他原因除外),不能在原定的完工日或按本条款而延展了的完工日之前完成,则承包方须以书面详细通知发包方。发包方须以书面形式批准有关工期合理地延长。

(1)不可抗力(不包括恶劣天气);

(2)非承包方造成的火灾、雷电、爆炸、暴风雨、水灾、地震;

(3)动乱和暴动;

(4)发包方指示的设计变更;

(5)承包方未能在应当的时间从发包方处得到必需的指示、图纸、细节或标高,而承包方曾在适当日期书面向发包方要求该等资料;适当日期是指在考虑到合同书所列的完工日或当时按本条款已给予的工期延长后,与承包方应该获得有关资料的日期相差不太远亦不太近的日期;

(6)因发包方或当地权力部门,非因承包方的过失,通知缓期执行、停工或间断施工;

(7)由发包方雇用但非执行本合同工作的独立施工单位的阻延;

(8)按第3.7.6条款对任何已掩盖的工程执行挖开检查或对任何工作(材料)执行试验(包括查验后的修补),除非该等查验显示有关工作(材料)不符本合同要求;

(9)国家庆典或外国元首到访需要停工而影响工期。

若由于本条款的(4)、(5)、(6)、(7)、(8)、(9)项的原因(其他原因除外),同时使得承包方蒙受直接的损失和(或)费用,则发包方应予以合理补偿,合同总价及付款额相应调整。承包方须在导致损失或费用的上述原因发生后14天内以书面通知发包方他有索赔的意向及所根据的条款,并在28天内呈交有详细计算及证据的申请。超过规定期限提交的索赔将不获考虑。

9.4 竣工前准备

承包方须在完工日前相当长一段时间进行所有完工验收、竣工资料及竣工图纸等的准备工作。

9.5 实际竣工

9.5.1 当承包方认为本工程已具备竣工验收条件可交付使用时,承包方须提交"竣工报告书",其中包括当地政府部门的验收报告及给发包方的竣工图。发包方与工程顾问共同组织并进行竣工验收。验收合格且质监站的竣工验收备案通过后,而发包方认为本工程已实际完成时,发包方才会发出"竣工证书"说明正式竣工日,以资证明。分期竣工的工程,其"竣工证书"亦须分期个别发出。本工程或有关一期的实际完成将视为于证书上注明的日期完成。承包方须将已完成的工程移交给发包方。

9.5.2 竣工验收合格及有关部门发出的竣工验收备案证明是发包方发出竣工证书的前提条件。但前者不一定会导致后者的发生,后者还需符合合同的要求。

9.5.3 若承包方予以书面承诺会履行余下的责任,发包方在发出竣工证书时,有权容许少量不重要的工作在实际完工后及保修期内才完成。承包方须在指定的时间内完成该等剩余工作。

9.6 工程移交

9.6.1 工程竣工验收合格后,双方进行移交手续,分期竣工的工程,每一期工程须个别验收及移交。任何一方均不得无理拒收或不交。承包方应同时撤离有关一期工程的范围。

9.6.2 承包方在任何一期工程竣工验收合格后,无故不移交,并给发包方造成经济损失的,承包方须负责赔偿全部金额。如承包方不能按期交付,应按逾期竣工处理,并不得以有经济纠纷为理由而拒绝交付。

9.6.3 发包方在任何一期工程尚未正式竣工或尚未取得承包方认可时进驻或使用该期工程,所发生的质量问题和给承包方造成的经济损失,发包方须负责赔偿全部金额。

9.6.4 发包方在任何一期工程竣工验收合格后,无故拒绝承包方的移交,并使承包方造成经济损失,发包方须负责赔偿全部金额。

9.7 保修责任

9.7.1 在合同书所列的保修期内发现的任何缺陷或其他过失,若是因为材料或施工技术不符合本合同规定而引致的,承包方在收到发包方要求修补的指示后最迟3天内,须自费进行修补,并按指示上所说明的日期完成。有关此类的指示最迟须在保修期终止后14天内发出,除非该指示是关于以前曾经发出的指示所要求修补的缺陷或其他过失。上述要求不会减免承包方在保修期满后对潜伏的缺陷作出改善的责任。

9.7.2 若承包方认为他按第9.7.1条款要求修补的缺陷或其他过失已获修补,他须以书面形式通知发包方。发包方须向承包方发“保修完成证书”以资证明,证书注明的日期便视为保修责任完成日。分期竣工的工程,其“保修完成证书”亦须分期个别发出。

9.7.3 上述保修期是就整体工程而言,若合同文件政府有关法律等对整工程和/或个别工作或材料规定有较长的保养维修期,则按第9.7.2条款所发出的“保修完成证书”不影响该个别保养维修责任。

9.7.4 若承包方未能在第9.7.1条款所述的时间内进行并完成有关之修补工作,且在经发包方警告后仍未有改善时,或若发包方认为修补的工作由他人执行更为恰当和有益,则承包方须补偿发包方支付他人执行修补工作的费用,或发包方可从应付给承包方的款项中扣除该费用。

9.7.5 承包方对本工程的隐蔽性质量责任是永远的,并不因保修完成证书的发出而解除。承包方须执行合同文件规定须在实际完工后执行的任何保养工作。

10 付款

10.1 中期付款

10.1.1　在合同书所列的中期付款相隔时间,承包方须将详细的付款申请交给发包方审核。付款申请须包括所有专业分包人的付款申请。承包方须要求专业分包人事先提交有关的付款申请,并与专业分包人商定提交时间。发包方在收到付款申请后14天内须向承包方发出"中期付款证书"说明发包方应付给承包方的款项(包括应支付给各专业分包人的款项)。承包方在付款证书发出后,有权在合同书所列的付款宽限期内从发包方取得证书说明的款项,并须按指定分包合同及指定供货合同的规定分别支付给专业分包人,惟发包方可减去按本合同正确的扣除或反索赔额。

10.1.2　"中期付款证书"所证明的累计付款额应包括付款证书发出日14天前所完成工作或送至工地上的材料的估计价值。材料在合理地、正确地和非过早地送到或安放在工地上,并对天气及其他事故获得充分的保护之后,它们的价值才能算在累计付款额内。

10.1.3　若发包方愿意的话,可以容许将未送到工地的材料价值加入累计付款额内,只要满足下列条件:

(1)该等材料是供本工程项目之用;

(2)该等材料是符合本合同要求的;

(3)承包方给发包方充分的证据证明材料的装配或储存的地方是承包方所拥有或租赁的;

(4)该等材料装配或储存的地方是与其他材料分开的,并已清楚明显地个别或分组地标明订货人或目的地(即本工程工地);

(5)承包方给予发包方充分的证据证明该等材料已经投有保险保障第8.3条款所指的风险;

(6)承包方给予发包方充分的证据证明他拥有该等材料的所有权,而第10.1.3(1)～10.1.3(5)条款的规定已符合;

(7)承包方给予发包方保证,保证该等材料不会移作他用。

10.1.4　若承包方违反第10.1.3条款所述的任何一个要求,发包方有权扣除按第10.1.3条款已包括在累计付款额内而支付的有关款项。

10.1.5　施工期内为付款而对工程量的核实,仅作为付款用,不能视为工程已验收合格的依据。

10.1.6　若发包方要求,承包方应提出单据证明发包方支付给承包方的属于分包单位及供应单位的款项,已交到该等单位。此举是要确保该等单位不会藉词扣押供应的材料或工程。若承包方未有满意的答复,发包方有权暂时从应付给承包方的款项中扣除有关的金额,直至承包方提交满意的答复为止。

10.1.7　若承包方要求发包方代为直接支付款项予其分包单位或供应单位,发包方可予以考虑。发包方因此而直接支付的款项应加上税金从合同总价中扣除。发包方不会因此而与分包单位或供应单位发生任何合同关系。

10.2　结算

10.2.1　本工程的结算须在全部工程实际完工后在合同书所列的结算期内完成,承包方须将结算所需的所有资料呈交发包方。

10.2.2　承包方所提交的结算或有关的资料并不直接成为本合同的结算,只能视为提供给发包方审核确认的材料。发包方可按本合同的规定拒绝、认可或部分结算。发包方亦可要求有关的工程顾问对结算提供意见。

10.2.3　发包方须在合同书所列的结算期内完成审核有关的结算,并须给予承包方一份审订后的结算。

10.2.4　承包方须自费负责计算设计变更及结算的开支。

10.3　最后证书

10.3.1　在合同书所列的保修期后,或按第 9.7 条款保修责任完成后,或收到第 10.2.3条款发出了审订结算后(以较后时间为准)90 天内,发包方须尽快发出"最后证书"证明:已支付的款项和按本合同调整后的合同总价。

上述两个数目如有差额,须在最后证书内相应地列明是发包方欠承包方的,还是承包方欠发包方的。除非按本合同有其他的扣除,承包方可在"最后证书"发出后在合同书规定的付款宽限期内收款,或按情况而定。发包方可在"最后证书"发出后在合同书规定的付款宽限期内收款。包括在"最后证书"中的任何有关专业分包工程款,承包方须按情况支付给专业分包人或向专业分包人追讨,并按中期付款方式执行。

10.3.2　除非发包方或承包方在"最后证书"发出前或承包方在"最后证书"发出后 14 天内向人民法院提请诉讼,"最后证书"在任何情况下(包括按第 16.3 条款进行争议解决),将视为总结性的证据,证明本工程是按本合同正确地执行和完成,也证明本合同任何需要调整合同总价的规定已获考虑,除非最后证书所列的金额因下列事件而有错误:

(1)与本工程或其部分有关的或与该证书所处理的任何事宜有关的舞弊、欺诈及蓄意隐瞒;

(2)本工程进行时或证书发出前,合理的检查和试验都不能发觉的工程上的损坏(包括遗漏);

(3)计算中错误地包括或删除了任何工作、材料或数字及算术错误。

10.3.3　除上所述,任何发包方所发出的证书,皆不能视为总结性的证据证明与该证书有关的工作及材料是符合本合同的。

10.4　发包方扣除的权利

不论合同文件怎样说明,发包方有权从应支付给承包方的款项中(包括保修金)扣除或抵消承包方按本合同应付给发包方的任何款项,惟承包方如对有关的扣除或抵消有异议时,可按本合同规定向人民法院起诉解决。

11　分包

11.1　专业分包单位

11.1.1　本合同内"专业分包单位"一词意指包括在承包工程范围内及在招标文件内已界定,由承包方推荐及由发包方确定,具有相应资质、执行及完成相关专业工程(专业分包工程)的分包单位。任何专业分包工程皆为本工程的一部分,任何专业分包单位皆为承包方的分包单位。承包方须按国家的有关规定与专业分包单位签订分包合同并须全面负责专业分包工程的质量、工期、管理事宜及承担对专业分包工程的连带责任。承包单位推荐和发包方确定的专业分包单位必须满足以下要求:

(1)专业分包单位须在各方面都使发包方及承包方满意,并在遵从承包方所有合理的指示和要求的情况下,执行和完成指定分包工程。

(2)专业分包单位须遵守、执行和服从本合同内承包方要求其遵守、执行和服从的规定,只要该规定是与专业分包工程或其部分有关或可以应用的。

(3)所有承包方按本合同须负的保障发包方责任,专业分包单位亦须同样地就专业分包工程负保障承包方的责任。

(4)专业分包单位须保障承包方免受因专业分包单位及其雇员或代表的疏忽、错漏或过失所造成的索赔或因他们错误使用脚手架或其他机械所造成的索赔,并须为自己投有赔偿有关索赔的保险,并在发包方或承包方要求时,呈交保险单和收据。

(5)专业分包工程须在分包合同规定的时间或几个时间(若该专业分包工程是分期完成的)内完成。承包方未得发包方书面同意不能给予专业分包工程或其部分的完工期任何延长。承包方须把专业分包单位关于专业分包工程或其部分的进度或完工期延迟原因的解释通知发包方。

(6)若专业分包单位未能在分包合同规定的时间内,或在承包方得发包方书面同意延长的时间内完成专业分包工程或其有关部分(若专业分包工程是分期完成的),而发包方以书面形式向承包方证明该专业分包工程或有关部分本应已完成,则专业分包单位须按分包合同规定的延误赔偿率和专业分包工程或有关部分的工期延误,计算赔偿给承包方。若未有规定的延误赔偿率,则按承包方因专业分包单位的延误而蒙受的损失来赔偿。

(7)如第 6.5 条款所述,发包方及其工程顾问的获授权代表须有进入专业分包单位的厂房或其他地方的权利。

(8)专业分包单位按分包合同的雇用,在承包方按本合同的雇用终止时(不论任何原因),亦同时一齐终止。

(9)承包方提交给发包方审核的中期付款申请须包括专业分包单位对专业分包工程的付款申请。专业分包单位须配合承包方事先提交有关的付款申请及证明文件。提交时间由承包方和专业分包单位商定。承包方从发包方收取有关的中期付款(包括应支付给专业分包单位的款项)后须在 14 天或专业分包合同规定的付款宽限期(不会少于 14 天)内支付专业分包单位其应收取的款项。

(10)承包方有权从应支付给专业分包单位的款项中(包括保修金)扣除或抵消专业分包前段时间按分包合同应付给承包方的任何款项。惟专业分包单位如对有关的扣除或抵消有异议时,发包方可作为中间人确定应否及应扣除的金额,再有异议时,可按分包合同规定向人民法院诉讼解决。

(11)有关专业分包工程专业分包单位合同价款及结算的确定及任何构成工程变更及工期调整等事宜都以发包方的批准及认可为准。

11.1.2 承包方未得发包方书面同意,不能给予任何专业分包工程或其部分(除非该专业分包工程是分期完成的)的完工期任何延长。惟承包方须把专业分包单位关于专业分包工程或其部分的进度或完工期延误原因的解释通知发包方,发包方的同意不能无理地抑制。

11.1.3 若任何专业分包单位未能在分包合同规定的时间内,或在承包方得发包方书面同意延长的时间内,完成专业分包工程或(除非该专业分包工程是分期完成的)其部分,而该专业分包工程或有关部分本应已完成,发包方须予以证明。发包方在发出该书面意见的同时,须给予专业分包单位副本一份。

11.2 独立施工单位

承包方须准许发包方直接聘用独立的施工单位进行本合同以外的其他工程,此等单位视为发包方须负责之人士而非分包人。

12 公众及公共财产的保护

12.1 公众的保护

在工程进行期间承包方应尽量保护公众免受损伤及死亡。

12.2 公共财产的保护

12.2.1 承包方须维修及保护所有公共财产、通道、公共设施、邻近财产、现有管线等,并承担修复因施工而引起损坏所需的一切费用。

12.2.2 市政设施因承包方的过失而造成清理渠道、修筑路面的费用,若市政管理部门向发包方征收,发包方可从应付给承包方的款项中扣除或作为债项向承包方追讨。

12.3 尘埃和噪音的限制及环保

12.3.1 承包方须采取一切必需的步骤来减低尘埃和噪音的干扰。风动钻机要装配消声器,压缩机要性能良好并尽可能低音地运转,并要安置在尽可能远离邻近房屋的地方。

12.3.2 承包方须负责因工程施工而引起的环保责任。

12.4 现有公共设施的保护

12.4.1 承包方须保护所有在工地内及周围的现有公共设施。

12.4.2 承包方须提供、维修及在不再需要时拆除所有必需的临时排水系统以保护公共设施、道路及走道免受塌落、下陷等影响。

12.4.3 承包方须将工程分段进行以维持现有公共设施的稳定及防止塌落并自费修复所有在工程进行期间发生的塌落、下陷等。承包方须按发包方及其工程顾问的合理指示执行施工,合同总价应包括了所需的一切额外费用。

12.5 现有通道、台阶等的保护

12.5.1 在工程进行期间维护所有现有通道、台阶等,不得堆放材料及垃圾,并修复任何损坏。

12.5.2 保证通向工地及周围的通道不会因工程而受阻,并且不会容许其设备、工人、材料、垃圾等对交通或其他工程造成障碍。

12.5.3 修复在工程进行期间所损坏的通道、台阶等。

12.6 现有树木的保护

承包方须采取任何可能的合理措施对受工程影响的树木加以保护。工地范围内的任何树木未获得发包方许可均不可砍伐。

12.7 在建筑物、道路及其他结构物附近建造基础

12.7.1 在现有建筑物、道路及其他结构物附近建筑基础时,承包方加以小心并自费修复因本身疏忽所造成的损坏。

12.7.2 在现场有建筑物、道路及其他结构物附近挖土时,承包方须提供所有必需之额外挡板、支撑及斜撑,并特别加以小心以提防下陷或其他损失,包括提供一切安全预防及稳固措施。

12.8 现有公共设施的保护

12.8.1 保证任何通过工地的现有设施如电力、电话、给水、排水及煤气系统在工程进行期间得到保护。

12.8.2 与有关单位联络安排此等设施任何必需的断截及移位。

12.8.3 承包方若要移动任何设施以适应其施工方法,移位须由有关单位进行,费用由承包方负责。

12.8.4 设施移动完成后方可开始周围的工程。

12.8.5 若发包方认为在设施周围使用机械会造成损坏,承包方须以人工开挖设施周围,并对任何损坏、意外或其他问题负责,自费修复。

12.8.6 使用机械在设施的邻近开挖前,承包方须进行完备并有足够的人工挖试孔以确定设施位置。合同总价应包括在工程开始前确定所有设施位置的咨询及探察费用。

13 现场管理

13.1 沉降、移位测点及监察

承包方须对附近现有的建筑物、道路、围墙等进行沉降、移位等监察,在施工前记录附近环境,在施工期间每日进行沉降、移位测点及监察,并定期编成报告,呈交给发包方。

13.2 联络及通知

13.2.1 承包商负责施工期间因施工需要的任何关闭道路的要求。并应在关闭道路前办妥相关的许可手续。

13.2.2 计划中的水、电、气等的中断应该提前一周与发包方联络协调。

13.2.3 未经发包方的批准,开挖的壕沟不得过夜。

13.3 材料的安全保管

13.3.1 安全保管运到工地的材料,包括专业分包人、甲供材料供货人及独立施工单位的材料。

13.3.2 自费补充因操作不小心、贮存不当或工艺低劣(不论是在最初安装时还是在后来拆卸再安装时发生的)而损坏的任何材料。

13.4 装卸材料

尽量小心装卸材料,不得阻塞通道,保持交通畅顺并遵守公共安全规则。

13.5 现场保卫

13.5.1 日夜雇用得力的门卫于工地上,并提供一切所需的照明、防护装置、栅墙和保险器具以防火灾、意外和损失。

13.5.2 承包方对工地上所有工程、材料、机械、工具和脚手架等的损坏或失窃负全责。保障发包方免负有关的损失、索赔或诉讼。任何保障免负该等损失、索赔的保险安排,完全是承包方的事宜。

13.6 所有工程项目的保护和清洁

13.6.1 工程完成后,清理所有工程项目,除去一切标志、污斑、指印和其他的油污和脏物,调校所有门、窗、抽屉等。检查并为所有五金上油,修复抹面裂痕,清洁所有墙身、地板、玻璃。清理所有油漆及磨光工程,以及清理所有的沟渠和下水道。

13.6.2 从工地上搬离所有的机械、剩余的建筑材料、泥土和垃圾,使房屋清洁适合使用,并使发包方完全满意。

13.7 排水及降水

承包方须用水泵或其他方法保持工地及工程中所有挖土坑没有积水,不论是来自雨水、暴雨、渗透或地下水。

14 文明施工

承包单位必须遵守当地建设行政主管部门关于文明施工的具体规定,且不得低于国家相应标准的规定。

15 施工安全管理

承包单位除按照国家相关安全管理法规、规范组织安全生产和填写安全资料外,还必须按照当地建设行政主管部门的规定履行安全管理职责和义务。

16 其他

16.1 发包方终止雇用

16.1.1 若承包方犯有如下的违约事项:

(1)本工程完成前无理停工;

(2)未能有规律和不懈地执行本工程;

(3)拒绝遵从或顽固地漠视发包方要求移走及更换不合规格工作或材料的书面指示,而使本工程受到实质性影响;

(4)未能遵守第1.10条款规定。

则发包方可用挂号邮件或有记录的传递,通知承包方其违约事项,若承包方于收到该通知书14天后仍继续其违约事项,或在日后任何时间重复该违约事项(不论以前曾重复与否),发包方可于承包方继续违约或重复违约后10天内以挂号邮件或有记录的传递通知承包方终止其雇用,但此通知书不能无理或恶意地发出。发包方行使终止雇用的权利并不影响他拥有的其他的权利或补偿。

16.1.2 若承包方破产或由其债权人作安排、收到清盘命令、通过自动清盘决定(为重组而清盘则除外)、委派了接管人或管理人、浮动抵押物业已由接受抵押人或其代表接管,则承包方按本合同的雇用将自动停止,但若发包方与承包方或其破产托管人、清盘人、接管人或管理人达成协议则承包方的雇用可以恢复及继续。

16.1.3 若承包方的雇用如前所述终止了,在未有恢复和继续时,发包方及承包方的个别权利和义务如下:

(1)发包方可雇用及支付其他人士执行和完成本工程,该等人士可出入工地,并可使用送至和放在工地上或邻近工地的承包方提供的中转场地,供本工程用的临时建筑物、机械、工具、设备和材料,亦可以购买执行和完成本工程所需的材料。

(2)除非终止雇用的原因是承包方破产或收到清盘命令或通过自动清盘决定(为重组而清盘则除外),若发包方在终止雇用后14天内作出要求,承包方须将任何为本工程供货或施工的合同的利益免费转让给发包方,但有关供货人或分包人有权对发包方的任何再转让提出合理的反对。在任何情况下,为本工程而送到的材料或执行了的工作的费用,只要承包方未予支付,发包方便可以支付给供货人或分包人。

(3)承包方在发包方要求时(但不能在要求之前)须将他拥有或租赁的临时建筑物、机械、工具、设备和材料迁离工地。若在提出要求后合理时间内,承包方仍未执行,发包方可以(但不必对任何损失或破坏负责)迁离和出售承包方任何前述的物业,并将出售所得收入减除费用后转归承包方。

(4)承包方须补偿发包方因终止雇用承包方所导致的任何直接损失或费用。在第16.1.3(1)条款所述的工作完成及有关费用确定前,发包方不必再付任何款项给承包方,但在该工作完成及其账目在合理时间内结算完毕后,发包方须确定他正当所花的费用金额和他因终止雇用所蒙受的直接损失或费用的金额,若该等金额加上终止雇用前支付给承包方的金额超过假若本合同正常完成时应支付的款项时,两者差额将成为承包方须清还给发包方的债项;反之,两者差额将成为发包方须清还给承包方的债项。

16.2 承包方终止受雇

16.2.1 假若发包方犯有一个或多个的下列情况,承包方可以,但不能无理或恶意地,以挂号或有记录的传递通知发包方终止其按本合同的受雇:

(1)发包方未能在合同规定的付款宽限期内支付应付的工程款给承包方;

(2)发包方或其应负责的任何人士严重干扰或妨碍工程的进行(因承包方违约过失而引起的除外);

(3)发包方停止工程连续超过3个月;

(4)发包方破产由其债权人作安排、收到清盘命令、通过自动清盘决定(为重组而清盘则除外)、委派了接管人或管理人、浮动抵押物业已由接受抵押人或其代表接管。

承包方的受雇不能按第16.2.1(1)、(2)及(3)条款而终止,除非发包方在收到承包方说明过失的挂号邮件或有记录的传递后14天内仍持续该过失。

16.2.2 若承包方按前所述终止其受雇,承包方须将所有其临时建筑物、机械、工具、设备或材料(按第16.2.3条款发包方已支付的材料除外)迁离工地,并协助其分包人执行同样的行动。迁离时要迅速行动并施行一切预防措施防止伤亡或损坏。

16.2.3　若承包方按前所述终止了其受雇,发包方须在扣除以前已经支付的款项后合理地付给承包方已完成的工作、送到工地的材料及迁离临时建筑物、机械、工具等的费用,承包方行使终止受雇的权利并不影响他拥有的其他权利或补偿。

16.3　争议解决

无论是在本合同执行期间还是在本合同完成或被放弃之后,发包方和承包方之间,对合同的解释或对与合同有关的任何问题,若有任何争议或不同意见,应首先通过友好协商解决;如通过友好协商未获满意解决,则任何一方有权向有管辖权的人民法院提请诉讼解决。

16.4　文物和地下障碍物

16.4.1　在施工中发现古墓、古建筑遗址等文物及化石或其他有考古、地质研究等价值的物品时,承包人应立即保护好现场并于 4 小时内以书面形式通知监理工程师,监理工程师应于收到书面通知后 24 小时内报告当地文物管理部门,发包人、承包人按文物管理部门的要求采取妥善保护措施。发包人承担由此发生的费用,顺延延误的工期。

16.4.2　如发现后隐瞒不报,致使文物遭受破坏,责任者依法承担相应责任。

16.4.3　施工中发现影响施工的地下障碍物时,承包人应于 8 小时内以书面形式通知监理工程师,同时提出处置方案,监理工程师收到处置方案后 24 小时内予以认可或提出修正方案。发包人承担由此发生的费用,顺延延误的工期。

16.4.5　所发现的地下障碍物有归属单位时,发包人应报请有关部门协同处置。

16.5　语言

双方所用的语言必须为中文。

16.6　适用法律

本合同的解释及执行以中华人民共和国的法律为准。

16.7　资料保密

16.7.1　所有有关本工程的资料,包括文件、图纸、规范等,承包方均不得擅自用于本合同以外的地方,更不得把全部或部分在未有发包方书面同意时,外传翻印。

16.7.2　发包方不能把合同单价公开。

16.8　维修保养

16.8.1　若合同文件说明货物在安装后需要调试及保养维修,则承包方须供应调试及保养维修所需的材料及提交保养说明书。

16.8.2　在保养维修期内所需更换的零配件由承包方免费供应,并只能采用有关制造商的原装没有使用过的合格零配件。除正常的磨损外,因其他人的疏忽、误用,因供应单位不能控制的原因导致的更换费用,承包方不必负责。

房屋建筑工程质量保修书

发包方：_____(甲方)

承包方：_____(乙方)

发包人、承包人根据《中华人民共和国建筑法》、《建设工程质量管理条例》和《房屋建筑工程质量保修办法》，经协商一致，对_____工程签订工程质量保修书。

一、工程质量保修范围和内容

承包人在质量保修期内，按照有关法律、法规、规章的管理规定和双方约定，承担本工程质量保修责任。

具体保修的内容，双方约定如下：

_____

_____

_____

二、质量保修期

双方根据《建设工程质量管理条例》及有关规定，约定本工程的质量保修期如下：

1._____

2._____

3._____

4._____

5._____

6._____

7._____

质量保修期自工程竣工验收合格之日起计算。

三、质量保修责任

1.属于保修范围、内容的项目，承包人应当在接到保修通知之日起7天内派人保修。

2.发生紧急抢修事故的，承包人在接到事故通知后，应立即到达事故现场抢修。

3.对于涉及结构安全的质量问题，应当按照《房屋建筑工程质量保修办法》的规定，立即向当地建设行政主管部门报告，采取安全防范措施；由原设计单位或者具有相应资质等级的设计单位提出保修方案，承包人实施保修。

4.质量保修完成后，由发包人组织验收。

四、保修费用

保修费用由造成质量缺陷的责任方承担。

五、其他

双方约定的其他工程质量保修事项：

_____

_____

　　本工程质量保修书,由施工合同发包人、承包人双方在竣工验收前共同签署,作为施工合同的附件,其有效期限至保修期满。

　　甲方：　　　　　　　　　　　　　　乙方：

　　法定代表人：　　　　　　　　　　　法定代表人：

　　委托代理人：　　　　　　　　　　　委托代理人：

　　地址：　　　　　　　　　　　　　　地址：

　　电话：　　　　　　　　　　　　　　电话：

　　　　　　　　　　　　　　　　　　　　　　年　　月　　日

建筑安装施工安全生产协议书

发包方：_____(甲方)

承包方：_____(乙方)

　　甲方将建筑安装工程项目委托乙方施工,为了明确双方的安全生产责任,确保施工安全,双方在签订建筑安装合同的同时,签订本协议,双方必须严格执行。
　　一、　承包工程项目：
　　1.工程项目名称：_____
　　2.工程项目期限：_____
　　二、　协议内容
　　1.甲乙双方必须认真贯彻国家和上级劳动保护、安全生产主管部门颁发的有关安全生产、消防工作的方针政策,严格执行有关劳动保护法规、条例、规定。
　　2.甲乙双方都应有安全管理组织体制,包括抓安全生产的领导、各级专职和兼职的安全干部;应有各工种的安全操作规程、特种作业工人的审证考核制度及各级安全生产岗位责任制和定期安全检查制度。
　　3.甲乙双方在施工前要认真勘察现场并保证：
　　(1)工程项目由乙方按甲方的要求自行编制施工组织设计;
　　(2)制订有针对性的安全技术措施,乙方必须严格按施工组织设计的要求施工。
　　4.甲乙双方的领导必须认真对本单位职工进行安全生产制度及安全技术知识教育,增强法制观念,提高职工的安全生产思想意识和自我保护的能力,督促职工自觉遵守安全纪律、制度法规。
　　5.施工前,乙方应组织召开管理、施工人员安全生产教育会议,并通知甲方委派有关人员出席会议。介绍施工中的有关安全防火等规章制度及要求,乙方还须检查督促施工人员严格遵守、认真执行。
　　6.施工期间,乙方指派专职人员负责本工程项目的有关安全、防火工作;甲方指派人员负责联系予以协助督促乙方执行有关安全、防火规定。甲乙双方应经常联系,相互协助检查工程项目中有关的安全、防火工作,共同预防事故发生。
　　7.乙方在施工期间必须严格执行和遵守甲方的安全生产防火管理的规定,接受甲方的督促、检查和指导。甲方有协助乙方搞好安全生产防火管理以及督促乙方定期检查的义务,对于查出的隐患,乙方必须限制整改,对甲方违反安全生产规定、制度等情况,乙方有要求甲方整改的权利。
　　8.在生产操作过程中的个人安全防护用品,由各方自理,甲乙双方都应督促施工现场人员自觉穿戴好安全防护用品。

9. 甲乙双方人员对各自所处的施工区域、作业环境、操作设施设备、工具用具等必须认真检查，发现隐患，应立即停止施工，并由有关单位落实整改后方准施工。一经施工，就表示该施工单位确认施工场所、作业环境、设施设备、工具用具等符合安全要求和处于安全状态。施工单位对施工过程中产生的后果自行负责。

10. 由甲方提供的机械设备、脚手架等设施，在搭设、安装完毕提交使用前，甲方应会同乙方共同按规定验收，并做好验收及交付使用手续。严禁在未经验收或验收不合格的情况下投入使用，否则由此发生的后果概由擅自使用方负责。

11. 乙方在施工期间所使用的各种设备以及工具等均应由乙方自办。如甲乙双方必须相互借用和租赁，应由双方有关人员办理借用租赁手续。借出应保证借出的设备和工具符合安全要求，但借入方必须进行检验。借入使用方一经接收，设备和工具的保管、维修以及在使用过程中发生的故障损坏、遗失或造成伤亡事故均由借入使用方来承担责任，负责赔偿。

12. 甲乙双方的人员，对施工现场的脚手架、各类安全防护措施、安全标志和警告牌、不得擅自拆除、更动。如确实需要拆除更动的，必须经工地施工负责人和甲乙双方指派的安全管理人口头的同意，并采取必要、可靠的安全措施后方能拆除。任何一方人员，擅自拆除所造成的后果，均由该方人员及其单位负责承担。

13. 特种作业必须执行《国家特种作业人员安全技术培训考核管理规定》，经省、市、地区的特种作业安全技术考核站培训考核后持证上岗，并按规定定期审证；中、小型机械的操作人员必须按规定做到"定机定人"和持证操作；起重吊装作业人员必须遵守"十不吊"规定，严禁违章、无证操作；严禁不懂电器、机械设备的人，擅自操作使用电器、机械设备。

14. 甲乙双方必须严格执行各类防火、防爆制度，易燃易爆场所严禁吸烟及动用明火，消防器材不准挪作他用。电焊、气割作业应按规定办理动火审批手续，严格遵守"十不烧"规定，严禁使用电炉。冬季施工如必须采用明火加热防冻措施时，应取得防火主管人员同意，落实防火、防中毒措施，并指派专人值班。

15. 乙方需用甲方提供的电气设备，在使用前应先进行检测，如不符安全规定的应及时向甲方提出，甲方应积极整改，整改合格后方准使用，违反本规定或不经甲方许可，擅自乱拉电气线路造成后果均由肇事者单位负责。

16. 贯彻先订合同后施工的原则。甲方不得指派乙方人员从事合同外的施工任务。乙方应拒绝合同外的施工任务，否则由此造成的一切后果均由有关方负责。

17. 甲乙双方在施工中，应注意地下管线及高低架空线路的保护。甲方对地下管线和障碍物应详细交底，乙方应贯彻交底要求，如遇有情况，应及时向甲方和有关部门联系，采取保护措施。

18. 乙方在签订建筑安装施工合同后，应自觉地向所属区(县)公安派出所办理临时户口户籍手续，并向所属区(县)城建办(建设局)安监站、劳动局劳动保护监察部门，办理施工登记手续。

19. 贯彻谁施工谁负责安全的原则，乙方人员在施工期间，造成伤亡、火警、火灾、机械等其他事故(包括由乙方责任造成甲方人员、他方人员、行人伤亡等)，甲方有协助紧急抢救伤员的义务，乙方负责事故上报、经济赔偿及善后处理。事故的损失和善后处理费用应按责任,协商解决。

20.其他

(1)分包单位施工人员进入施工现场,必须按规定办理花名册登记手续,严禁分包单位擅自招聘施工人员。

(2)分包单位施工人员,必须按规定先进行三级安全教育,再进行施工作业,未经三级安全教育者严禁上岗作业。

(3)特殊作业人员及凭上岗证作业人员,应按规定持证上岗,否则作违章作业处罚。

(4)分包单位施工作业人员由于违章作业、冒险作业造成重大事故的,分包单位应对事故负主要责任,并追究当事人的法律责任。

21.本协议经双方代表签字后生效,协议作为合同正本的附件一式六份,甲、乙方各执二份,送劳动保护监察科、区(县)城建办(建设局)安监站各一份备案。

甲方: 乙方:

法定代表人: 法定代表人:

委托代理人: 委托代理人:

地址: 地址:

电话: 电话:

年　　月　　日

文明施工责任协议书

发包方：_____（甲方）

承包方：_____（乙方）

　　为贯彻执行建设部《建设工程施工现场管理规定》和_____市建设工程文明施工管理有关规定，认真做好_____工程建设施工区域内的文明施工，现经甲、乙双方协商同意，明确在文明施工和文明施工管理中的各自职责，并签订如下协议：

　　1.双方同意在工程管理和工程建设中必须坚持社会效益第一，经济效益和社会效益相一致，"方便人民生活，有利于发展生产、保护生态环境"的原则，坚持便民、利民、为民服务的宗旨，搞好工程建设中的文明施工。

　　2.双方要认真贯彻"招标单位负责，施工单位实施，地方政府监管"的文明施工原则。现场由甲方项目管理组牵头，建立三方共同参与的文明施工管理小组，负责日常管理协调工作，共创文明工地。甲方按市有关创建文明工地的规定，组织、指导、检查、考核和开展评选工作，创建活动的实施由乙方负责。接受地方政府的监督。

　　3.乙方在其施工大纲中应结合工程实际情况，制订出各项文明施工措施，并落实如下有关要求：

　　(1)乙方负责施工区域及生活区域的环境卫生，建立完善有关规章制度，落实责任制。做到"五小"设施齐全，符合规范要求。

　　(2)甲方对乙方开展创建文明工地的工作要经常性地给予指导，定期组织检查，对乙方存在的问题应及时通知乙方进行整改。凡乙方整改不力、逾期不改的，甲方有权以乙方违约责任为由，可给予一次性的经济处理(1 000～5 000元人民币)，并采取强化整改措施，整改所发生的费用及处理款从工程款中直接扣除，最高上限为10万元。

　　4.因乙方违反文明施工管理要求，被地方政府有关部门查获而受到的经济处罚，以及由此而使甲方受到的经济损失，均由乙方承担。

　　5.本协议作为甲乙双方工程合同的附件，在工程合同正式签约后生效，与工程合同具有同等法律效力。工程合同期满，本协议终止。

甲方：　　　　　　　　　　　　乙方：
法定代表人：　　　　　　　　　法定代表人：
委托代理人：　　　　　　　　　委托代理人：
地址：　　　　　　　　　　　　地址：
电话：　　　　　　　　　　　　电话：

　　　　　　　　　　　　　　　　　　　　年　月　日

附件4

治安、防火责任协议书

发包方：_____(甲方)

承包方：_____(乙方)

　　为切实搞好_____工程中的治安、防火工作,确保施工场地的治安稳定和防火安全,现根据_____市有关社会治安防范责任条例之规定,经甲乙双方协商,明确双方在治安防范、防火安全方面的权利和义务:

　　一、甲方的权利和义务

　　1.甲方在与乙方签订工程合同时应将制定的《施工现场治安防火工作管理规范》以书面形式交于乙方,明确要求、落实责任、加强指导。

　　2.甲方应将上级公安部门和上级单位对工地治安防火工作的有关要求、信息及时向乙方进行传达布置,定期听取乙方在开展治安防火工作中的情况和意见,做好指导和协调工作。

　　3.甲方有权对乙方贯彻落实治安防火工作的情况进行检查,对乙方有关人员发生的违章、违法行为及相关问题,有权教育、制止和责成其限期整改,必要时可按责任违约给予相应的经济处理(500~1 000元人民币/次)。

　　4.乙方的违章违法行为,甲方有权对其进行经济处理的有以下情况:

　　(1)未经公安消防部门审核批准,擅自使用液化气钢瓶或违章储存易燃、易爆危险物品尚未造成后果的。

　　(2)未严格按本公司有关施工现场动用明火管理规定进行动火作业尚未造成后果的。

　　(3)施工区域内发生聚众斗殴、赌博、收看淫秽录像等影响工地治安秩序的违法行为及集体宿舍内违章男女混居的。

　　(4)违反施工现场用电安全管理规定用电,擅自使用电炉、煤油炉、电热毯、电熨斗等及带有明火的各类电取热器,或擅自使用高能耗灯具取暖、烘烤物品及在禁火区域内违章吸烟的。

　　5.乙方在其责任区域内发生严重违法犯罪案件或重、特大火灾事故的,由公安司法部门调查处理,但甲方可按其造成的后果和影响,对乙方或其治安、防火第一责任人行使评选先进集体、先进个人的否决权。同时,还可对乙方进行2 000~50 000元人民币的一次性责任违约经济处理。

　　6.甲方对乙方的责任违约经济处理,由甲方开具书面通知单给乙方认可。处理款从乙方工程款中直接扣除。

7.根据整个工地治安防范的需要,如确需增设或外聘警卫值勤人员时,甲方可按"协商、集中"的原则决定实施方案,其费用由甲方按实际需要由涉及到的各施工单位分担,乙方不得推诿。

二、乙方的权利和义务

1.乙方在进入工地后,应及时明确落实工地治安、防火第一责任人、专(兼)职保卫消防干部及治安保卫组织网络,书面报甲方备案。

2.乙方在施工期间必须遵守、执行国家和本市颁布的治安、消防方面的法律、法规,认真落实甲方制定的《施工现场治安防火工作管理规范》,服从管理,对本责任区域内的治安稳定、防火安全,实施全面负责,确保不发生重大治安、刑事案件和火灾事故。

3.乙方的治安防火工作,除接受其上级主管单位的领导外,还应主动接受监理单位和甲方的业务指导、督促、检查。对公安机关和甲方布置的"创建治安合格工地"等工作,要积极地贯彻执行,对公安部门和甲方在检查中查获的各类隐患问题,应在规定的期限内组织整改或采取相应的防范措施,确保安全。

4.一旦工地上发生治安、刑事案件或火灾事故,乙方应在积极处置、保护现场的同时,立即向公安部门和甲方报告,接受调查、处理。所造成(包括对甲方)的损失,由乙方承担。

5.乙方对因违章违法行为所受的责任违约经济处理有异议的,可提出申诉,要求复议。如发现甲方工作人员在工作中有滥用职权、营私舞弊、有意刁难等违法行为的,有权向甲方领导或有关机关检举揭发,要求处理。

三、其他

1.本协议中未涉及到的有关条款,甲乙双方可根据需要协商补充修改。如遇有与国家和本市的有关部门法规不符的应按国家和本市的有关规定执行。

2.本协议作为工程合同的附件在工程合同正式签订后生效,与工程合同具有同等法律效力。工程合同期满,本协议终止。

甲方: 乙方:

法定代表人: 法定代表人:

委托代理人: 委托代理人:

地址: 地址:

电话: 电话:

                                        年   月   日

附件 5

廉洁协议

发包方：_____（甲方）

承包方：_____（乙方）

　　为了在工程建设中保持廉洁自律的工作作风，防止各种不正当行为的发生，根据国家和地方有关建设工程承发包和廉政建设的各项规定，结合工程建设的特点，特订立本协议如下：

　　1.甲乙双方应当自觉遵守国家和_____市关于建设工程承发包工作规则以及有关廉政建设的各项规定。

　　2.甲方及其工作人员不得以任何形式向乙方索要和收受回扣等好处费。

　　3.甲方及其工作人员应当保持与乙方的正常业务交往，不得接受乙方的礼金、有价证券和贵重物品，不得向乙方报销任何应由个人支付的费用。

　　4.甲方工作人员不得参加可能对公正执行公务有影响的宴请和娱乐活动。

　　5.甲方工作人员不得要求或者接受乙方为其住房装修、婚丧嫁娶、家属和子女的工作安排以及出国等提供方便。

　　6.甲方工作人员不得向乙方介绍家属或者亲友从事与甲方工程有关的材料设备供应、工程分包等经济活动。

　　7.乙方应当通过正常途径开展相对业务工作，不得为获取某些不正当利益而向甲方工作人员赠送礼金、有价证券和贵重物品等。

　　8.乙方不得为谋取私利擅自与甲方工作人员就工程承包、工程费用、材料设备供应、工程量变动、工程验收、工程质量问题处理等进行私下商谈或者达成默契。

　　9.乙方不得以洽谈业务签订经济合同为借口，邀请甲方工作人员外出旅游和进入营业性高档娱乐场所。

　　10.乙方不得为甲方单位和个人购置或者提供通讯工具、交通工具、家电、高档办公用品等物品。

　　11.乙方如发现甲方工作人员有违反上述协议者，应向甲方领导或者甲方上级单位举报。甲方不得找任何借口对乙方进行报复。甲方对举报属实和严格遵守廉洁协议的乙方，在同等条件下给予承接后续工程的优先邀请投标权。

　　12.甲方因乙方有违反本协议或者采用不正当的手段行贿甲方工作人员，甲方根据具体情节和造成的后果追究乙方工程合同造价 1%～5% 的违约金。由此给甲方单位造成的损失均由乙方承担，乙方用不正当手段获取的非法所得由甲方单位予以追缴。

13.本廉洁协议作为本工程承发包合同的附件,与工程承发包合同具有同等法律效力。经协议双方签署后立即生效。

甲方:　　　　　　　　　　　　乙方:

法定代表人:　　　　　　　　　法定代表人:

委托代理人:　　　　　　　　　委托代理人:

地址:　　　　　　　　　　　　地址:

电话:　　　　　　　　　　　　电话:

　　　　　　　　　　　　　　　　　年　　月　　日

第三篇 投标文件

随着建筑市场的不断深入和发展,建筑工程投标已经成为建筑施工企业对接市场、进行市场竞争的核心工具。为了在激烈的市场竞争中更好立足,规范建筑施工企业投标行为、健全投标组织机构、完善投标管理制度,成为建筑市场营销工作的重要内容之一。

第七章 投标文件的编制

第一节 投标函

1 投标函的内容

投标函的编制应按照招标文件要求的格式进行填写,通常应写明以下内容:①投标工程项目的编号、工程名称;②编制投标文件的依据;③投标的币种、金额和单位;④投标单位的工期;⑤履约保证金的数量;⑥投标保证金(或保函)的数量及提交的时间;⑦投标人名称(盖章);⑧法定代表人签字(盖章);⑨投标人的注册所在地详细地址;⑩邮政编码、联系电话、传真;⑪开户银行的名称、账号、地址、电话等。

2 投标函式样

投标函的样式如下:

投标函

致:　(招标人名称)

1. 根据你方招标工程项目编号为　(项目编号)　的　(工程名称)　工程招标文件,遵照《中华人民共和国招标投标法》,经踏勘项目现场和研究上述招标文件的投标须知、合同条款、规范、图纸、工程建设标准和工程量清单及其他有关文件后,在视察上述工程工地及细阅上述工程的招标文件后,我们愿意按前述文件以人民币　　　　元(RMB　　　　)的合同总价并按上述图纸、合同条款、工程建设标准和工程量清单的条件要求承包上述工程的施工,并承担任何质量缺陷保修责任。

2. 我方一旦中标,保证在　　　个日历天内,即从　　年　　月　　日至　　　年　　月　　　日完成上述工程。

3. 我们承诺本项目施工的质量目标是　　　　　　　　　　。

4. 我方承诺投标函附录是我方投标函的组成部分。

5. 如果我方中标,我方将按照招标文件规定提交上述总价_____%的银行保函或上述总价的_____%,由具有担保资格和能力的担保机构出具履约担保书作为履约担保。

6. 我方愿意与投标函一起,提交__(币种、金额、单位)__作为投标担保。

投标人(单位名称): 　　　　　　　　　　(盖章)

单位地址:

法定代表人: 　　　　　　　　(盖章)

委托代理人: 　　　　　　　　(签字)

邮政编码: 　　　　电话: 　　　　传真:

开户银行名称:

开户银行账号:

开户银行地址:

开户银行电话:

3 投标函附录

投标函附录通常是投标文件的投标书附录,见表7-1。

表 7-1　投标书附录

序号	项目内容	合同条款号	说明
1	履约保证金		合同价格的_____%
2	发出开工通知的时间		_____年____月____日
3	竣工时间		_____年____月____日
4	总工期		_____日历天
5	误期赔偿费金额/日		_____元/日
6	误期赔偿费限额		合同价格的_____%
7	预付款金额		合同价格的_____%
8	保留金金额		每次付款额的_____%
9	保留金限额		合同价格的_____%
10	质量标准		招标文件规定
11	工程质量违约金最高限额		招标文件规定
12	竣工结算款付款时间		签发竣工结算付款凭证后____天
13	保修期		保修书约定的期限

投标单位:(盖章)

法定代表人:(签字或盖章)

　　　年　　月　　日

4 投标担保书

投标担保书式样如下：

投标担保书

致：　(招标人名称)　

根据本担保书，　(投标人名称)　作为委托人(以下简称"委托人")和　(担保机构名称)　作为担保人(以下简称"担保人")共同向　(招标人名称)　(以下简称"招标人")承担支付　(币种,金额,单位)　小写(　　　)的责任,投标人和担保人均受本担保书的约束。

鉴于投标人于＿＿＿＿年＿＿＿＿月＿＿＿＿日参加招标人的　(招标工程项目名称)　的投标,本担保人愿意为投标人提供投标担保。

本担保的条件是,如果投标人在投标有效期内收到你方的中标通知书后有以下情形发生的：

(1)不能或拒绝按投标须知的要求签署合同协议书；

(2)不能或拒绝按投标须知的规定提交履约保证金。

只要你方指明产生上述任何一种情况的条件时,则本担保人在接到你方以书面形式的要求后,即向你方支付上述全部款额,无需你方提出充分证据证明其要求。

本担保人不承担支付下述金额的责任：

(1)大于本担保书规定的金额；

(2)大于投标人投标价与招标人中标价之间的差额的金额。

担保人在此确认,本担保书责任在投标有效期或延长的投标有效期满后28天内有效,若延长投标有效期无须通知本担保人,但任何索款要求应在上述投标有效期内送达本担保人。

担保人：　　　　　　(盖章)

法定代表人或委托代理人:(签字或盖章)

地址：

邮政编码：

　　年　　月　　日

5 授权委托书

授权委托书式样如下：

授权委托书

本授权委托书声明：我　(法定代表人)　(姓名)系　(投标人名称)　的法定代表人,现授权委托　(投标人名称)　的　(委托代理人姓名)　为我公司代理人,以本公司的名义参加__(招标人名称)__的__(工程名称)__工程的投标活动。代理人在开标、评标、合同谈判过程中所签署的一切文件和处理与之有关的一切事务,我均予以承认。

代理人无转委托权。特此委托。

代理人: 　　　　性别: 　　　　年龄:

单位:(投标人名称)　部门: 　　　　职务:

投标单位:(盖章)

法定代表人:(签字或盖章)

年　　月　　日

第二节　商务标的编制

1　采用综合单价形式的商务标编制

以采用综合单价的形式,商务标部分的主要内容包括:投标报价说明、投标报价汇总表、主要材料清单报价表、设备清单报价表、工程量清单报价表、措施费清单报价表、工程清单项目价格计算表、投标报价需要说明的其他资料(需要时由招标人用文字或表格的形式提出,或投标人在投标报价时提出)。

1.1　投标报价说明

(1)本报价依据本工程投标须知和合同文件的有关条款进行编制。

(2)工程量清单报价表中所填入的综合单价和合价均包括人工费、材料费、机械费、管理费、利润、税金以及采用固定价格的工程所测算的风险金等全部费用。

(3)措施项目标价表中所填入的措施项目报价,包括为完成本工程项目施工所必须采取的措施所发生的费用。

(4)其他项目报价表中所填入的其他项目报价,包括工程量清单报价表和措施项目报价表以外的,为完成本工程项目施工必须发生的其他费用。

(5)本工程量清单报价表中的每一单项均应填写单价和合价,对没有填写单价和合价的项目费用,视为已包括在工程量清单的其他单价或合价之中。

(6)本报价的币种为_____。

(7)投标人应将投标报价需要说明的事项,用文字书写与投标报价表一并报送。

1.2 投标报价汇总表(见表 7-2)

表 7-2 报价汇总表

工程项目名称: (单位:元(人民币))

序号	工程项目名称	合价	备注
一	土建项目分部工程量清单项目		
1			
2			
3			
4			
二	安装工程分部工程量清单项目		
1			
2			
三	措施项目		
四	其他项目		
五	设备费用		
六	总计		

投标总报价_____(币种、金额、单位)_____

投标人:(盖章)

法定代表人或委托代理人:(签字或盖章)

　　年　　月　　日

1.3 分部分项工程量清单计价表(见表 7-3)

表 7-3 分部分项工程量清单计价表

专业工程名称: (单位:元(人民币))

序号	项目名称	单位	工程量	单价	合价	单价分析								
						人工费	材料费	机械费	管理费	规费	利润	税金	风险金	其他

共_____页,本页小计:_____元

工程量清单报价　　合计:　　元　　　　　(结转至　报价汇总表)

投标人:(盖章)

法定代表人或委托代理人:(签字或盖章)

　　　年　　月　　日

1.4 施工措施项目清单计价表(见表7-4)

表7-4 施工措施项目清单计价表 （单位:元(人民币)）

序 号	项目名称	计算说明	金额

合计: 元	（结转至 报价汇总表）

投标人:(盖章)

　法定代表人或委托代理人:(签字或盖章)

　　年 月 日

1.5 综合单价分析表(见表7-5)

表7-5 综合单价分析表

专业工程名称:　　　　　　　　　　　　　　　　　　　　（单位:元(人民币)）

序号	项目编码	项目名称	计量单位	综合单价	单价分析								
					人工费	材料费	机械费	管理费	规费	利润	税金	风险金	其他

投标人:(盖章)

　法定代表人或委托代理人:(签字或盖章)

　　年 月 日

1.6 材料清单及材料差价报价表(见表7-6)

表7-6 材料清单及材料差价报价表 （单位:元(人民币)）

序号	材料名称及规格	单位	数量	预算价格中供应单价	市场供应单价	材料差价	材料差价合计	备注

共 页,本页小计 元
合 计 元
税 金

材料差价报价合计 元	（结转至 报价汇总表）

投标人:(盖章)

　法定代表人或委托代理人:(签字或盖章)

　　年 月 日

1.3 设备清单及报价表(见表 7-7)

表 7-7　设备清单及报价表

专业工程名称:　　　　　　　　　　　　　　　　　　　　　　　　(单位:人民币(元))

序号	设备名称	规格型号	单位	数量	出厂价	运杂费	合价	备注

共　　页,本页小计　　　　　元

合　计

税　金

设备价格(含运杂费)合计　　　　元　　　　　　　　(结转至　报价汇总表)

投标人:(盖章)

法定代表人或委托代理人:(签字或盖章)

年　　月　　日

2　采用工料单价形式的商务标编制

采用工料单价形式的,其主要内容为:①投标报价说明;②投标报价汇总表;③主要材料清单报价表;④设备清单报价表;⑤分部工程工料价格计算表;⑥分部工程费用计算表;⑦投标报价需要的其他资料。除②、③、④项与采用综合单价形式的相同、第⑦项无固定格式外,其余格式如下:

2.1　投标报价说明

(1)本报价依据本工程投标须知和合同文件的有关条款进行编制。

(2)分部工程工料价格计算表中所填入的工料单价和合价,为分部工程所涉及的全部项目的价格,是按照有关定额的人工、材料、机械消耗量标准及市场价格计算、确定的直接费。其他直接费、间接费、利润、税金和有关文件规定的调价、材料价差、设备价格、现场因素费用、施工条件措施费以及采用固定价格的工程所测算的风险金等按现行的计算方法计取,计入分部工程费用计算表中。

(3)本报价的币种为_____。

(4)投标人应将投标报价需要说明的事项,用文字书写并与投标报价表一并报送。

2.2 分部工程工料价格计算表(见表 7-8)

表 7-8 分部工程工料价格计算表

___(分部)___ 工程

序号	编号	项目名称	计量单位	工程量	工料单价(单位)				工料合价(单位)				备注
					单价	其中			合价	其中			
						人工费	材料费	机械费		人工费	材料费	机械费	
1	2	3	4	5	6	7	8	9	10	11	12	13	14

工料合价合计:___(币种、金额、单位)___,人工费合计:___(币种、金额、单位)___

投标人:(盖章)

法定代表人或委托代理人:(签字或盖章)

　　　年　　月　　日

2.3 分部工程费用计算表(见表 7-9)

表 7-9 分部工程费用计算表

___(分部)___ 工程

代码	序号	费用名称	单位	费率标准	金额	计算公式
A	一	直接工程费				
A1	1	直接费				
A11						
A12						
A13						
A2	2	其他直接费				
A21						
A22						
A3	3	现场经费				
A31						
B	二	间接费				
B1						
B2						
B3						
C	三	利润				
D	四	其他				
D1						
D2						
D3						
E	五	税金				
F	六	总计				A+B+C+D+E

工程量清单报价总额合计:___(币种、金额、单位)___

注:表内代码根据费用内容增删。

投标人:(盖章)

法定代表人或委托代理人:(签字或盖章)

　　年　　月　　日

第三节　技术标的编制

　　投标文件技术标部分主要包括:施工组织设计、项目组织机构配备情况、拟分包情况(略)。

1　施工组织设计

　　(1)投标人应编制施工组织设计,包括投标须知规定的施工组织设计的基本内容。编制的具体要求是:编制时应采用文字并结合图表形式说明编制依据、工程概况、施工部署、各分项工程的施工方法、拟投入的主要施工机械设备情况、劳动力计划等;结合招标工程特点提出切实可行的施工平面布置、工程质量、安全生产、文明施工、工程进度保障措施,技术组织措施,总包管理措施,同时应对关键工序、复杂环节重点提出相应的技术措施,如冬雨期施工措施、减少扰民噪音、降低环境污染技术措施、成本控制措施、地下管线及其他地上、地下设施的保护加固措施等。

　　(2)施工组织设计除采用文字表述外应附下列表格:①拟投入的主要施工机械设备一览表,见表7-10;②劳动力计划表,见表7-11;③临时用地表,见表7-12;④工程分包计划表,见表7-13;⑤主要材料进场计划表,见表7-14。

表 7-10　拟投入的主要施工机械设备一览表

　　(工程项目名称)　　　　工程

序号	机械/设备名称	型号规格	数量	国别/产地	制造年份	额定功率(kW)	进场日期	所在地

表 7-11　劳动力计划表

　　(工程项目名称)　　　　工程

序号	工种	按施工阶段投入劳动力情况				

表 7-12 临时用地表

___(工程项目名称)___ 工程

用途	面积(m²)	位置	需用时间

表 7-13 工程分包计划表

序号	分项工程名称	分包单位名称	分包资质	备注

表 7-14 主要材料进场计划表

序号	材料名称	单位	数量	进场时间	备注

(3)施工组织设计除采用文字表述外应附下列图：①基础、主体结构施工阶段总平面布置图；②装修阶段总平面布置图；③施工总进度计划网络图；④施工临时用水、用电及消防总平面布置图；⑤组织机构图。

2 项目组织机构配备情况

项目组织机构配备情况见表 7-15。

表 7-15 项目组织机构配备情况

名称	姓名	职务	职称	主要资历、经验及承担过的项目
一、总部 1.项目主管 2.其他人员 　　⋮				
二、现场 1.项目经理 2.技术负责人 3.项目副经理 4.质量工程师 5.安全工程师 6.材料管理 7.计划管理 8.测量工程师 9.结构工程师 10.电气工程师 11.造价工程师				

第八章　投标文件案例

第一节　×××群体公寓工程技术标投标文件

(一)法定代表人资格证明书

单位名称:<u>(投标人单位名称)</u>

地址:<u>(投标人单位地址)</u>

姓名:<u>(法定代表人)</u>　性别:_____　年龄:_____　职务:_____

系　<u>(投标人单位名称)</u>　法定代表人。为施工、竣工和保修　<u>(投标工程名称)</u>　的

工程,签署上述项目的投标文件、进行合同谈判、签署合同和处理与之有关的一切事务。

特此证明。

投标单位:(盖章)　　　　　　　　　　　上级主管部门:(盖章)

日期:____年____月____日　　　　　　日期:____年____月____日

身份证复印件

(二)授权委托书

本授权委托书声明:我__(法人代表姓名)__系(投标单位名称)的法定代表人,现授权委托__(投标单位名称)__的__(代理人姓名)__为我公司代理人,以本公司的名义参加__(招标单位名称)__的__(招标工程项目名称)__工程的投标活动。代理人在开标、评标、合同谈判过程中所签署的一切文件和处理与之有关的一切事务,我均予以承认。

代理人无转委托权。特此委托。

代理人:(姓名)   性别: 年龄:

单位:(代理人单位名称)   部门: 职务:

投标单位:(盖章)

法定代表人:(签字、盖章)

        年   月   日

(三)银行履约保函

致:_____

鉴于_____(下称"承包单位")已保证按__(发包人名称)__(下称"发包方")的×××工程合同(下称"合同")实施工程施工。

鉴于你方在上述合同中要求承包单位向你方提交下述金额的银行开具的保函,作为承包单位履行本合同责任的保证金;

本银行同意为承包单位出具本保函。

本银行在此代表承包单位向你方承担支付人民币_____元的责任,承包单位在履行合同中,由于资金、技术、质量或非不可抗力等原因给你方造成经济损失时,在你方及监理单位以书面形式提出要求得到上述金额内的任何付款时,本银行即予支付,不挑剔、不争辩、也不要求你方出具证明或说明背景、理由。

本银行放弃你方应先向承包单位要求赔偿上述金额然后再向本银行提出要求的权利。

本银行进一步同意在你方和承包单位之间的合同条件、合同项下的工程设计监理或合同发生变化、补充或修改后,本银行承担本保函的责任也不改变,有关上述变化、补充和修改也无须通知本银行。

本保函至工程竣工验收合格后一个月内有效。

银行名称:(盖章)

银行法定代表人：(签字或盖章)

地址：

邮政编码：

　　年　　月　　日

(四)工程施工公开招标工程量清单确认书

　　我(委托代理人姓名)作为(投标人单位名称)公司的授权委托人对贵单位的工程施工招标文件所附工程量清单及其相关的变更做出如下确认：

　　1.我公司通过参加投标预备会、勘察工程现场及充分研究招标文件、补充招标文件、施工图纸及所有与本次工程招标有关的资料，对招标文件所附工程量清单及补充文件所作出的调整的各项目工程量表示认可和接受。确认清单中所列各项工程量可满足招标文件和施工图纸所规定的各项技术要求和质量标准。

　　2.若我公司中标，在工程实施过程中将保证各项目工程量满足工程量清单和调整文件中各项目数量要求，施工质量达到招标文件、施工图纸规定的技术要求和质量标准。

　　3.若实际工程中各项目发生工程量大于工程量清单所列工程量(设计变更及甲方要求除外)，我公司不再要求建设单位增加任何费用；若出现减项，则按部分工程量全部扣除。

　　4.我公司承认建设单位拥有本工程招标过程中关于工程量清单内容的唯一解释权。

投标单位(公章)：(投标人单位名称)

法定代表人(签字)：

委托代理人(签字)：

日　　　　期：

(五)项目管理控制目标

1　质量目标

　　(1)招标文件要求质量目标为合格；创优目标为创天津市优质工程(海河杯)；

　　(2)严格实施新颁标准《建筑工程施工质量验收统一标准》(GB50300—2001)及其系列规范，确保"一次验收合格"。

2　工期目标

　　招标文件要求：2007年3月16日计划开工，2007年11月30日，招标文件要求总工期260日历天。

我单位投标工期为260日历天;2007年3月16日计划开工,2007年11月30日计划竣工,遵循总工期260天的承诺,即:工程开工后260个日历天完成全部招标范围内(含业主指定分包项目)的工程项目。若以2007年3月16日为开工日期,则各控制点时间为:

(1)2007.05.20:全部栋号到达±0.000(即基础结构施工完毕);

(2)2007.06.19:全部栋号主体结构封顶;

(3)2007.10.1:具备家具进场安装条件;

(4)2007.11.30:竣工验收。

3 安全目标

(1)杜绝重伤、死亡事故;

(2)一般事故频率控制在3‰以内。

4 经济目标

(1)降低成本率达到3.1%;

(2)科技进步效益率达到2.0%。

5 其他目标

(1)创立天津市安全文明施工工地;

(2)创立企业信息化施工示范工程;

(3)建立CI战略企业文化标准化施工工地。

(六)施工组织设计

1 项目经理简历表(见表8-1)

表8-1 项目经理简历表

姓名		性别		年龄	
职务		职称		学历	
参加工作时间			从事项目经理年限		
已 完 工 程 项 目 情 况					
建设单位	项目名称		建设规模	开、竣工日期	工程质量

2 主要施工管理人员表(见表 8-2)

表 8-2 主要施工管理人员表

名称	姓名	职务	职称	主要资历、经验及承担过的项目
一、总部				
1.项目主管				
2.其他人员				
…				
二、现场				
1.项目经理				
2.项目副经理				
3.质量工程师				
4.材料管理				
5.计划管理				
6.安全管理				
7.测量工程师				
…				

3 主要施工机械设备表(见表 8-3)

表 8-3 主要施工机械设备表

序号	机械或设备名称	型号规格	数量	国别产地	制造年份	额定功率(kW)	生产能力	所在地

4 项目拟分包情况表(见表 8-4)

表 8-4 项目拟分包情况表

分包项目	主要内容	估算价格	分包单位名称、地址	做过同类工程情况

5 劳动力计划表(见表 8-5)

投标单位应按所列格式提交包括分包人在内的估计的劳动力计划表。本计划是以每班 8 小时工作制为基础的。

表8-5　劳动力计划表　　　　　　　　　　　　　　　　　（单位:人）

工种、级别	按工程施工阶段投入劳动力情况					

6　计划开、竣工日期和施工进度表(无统一格式,由投标方自制)。

　　投标单位应提交初步的施工进度表,说明按招标文件要求的工期进行施工的各个关键日期。中标的投标单位还要按合同条件的有关条款的要求提交详细的施工进度计划。

　　初步施工进度表采用 Project 软件完成,说明计划开工日期和各分项工程各阶段的完工日期和分包合同签订的日期。此处施工进度表略。

　　施工进度计划应与施工方案或施工组织设计相适应。

7　临时设施布置及临时用地表

　　(1)临时设施布置。投标单位应提交一份施工现场临时设施布置图表并附文字说明,说明临时设施、加工场地、现场办公室、设备及仓储、供电、供水、卫生、生活等设施的情况和布置(费用含在报价中)。

　　(2)临时用地表,临时用地表见表8-6。

表8-6　临时用地表

用　途	面　积(m^2)	位　置	需用时间
合　计			

注:①投标单位应逐项填写本表,指出全部临时设施用地面积以及详细用途。
　　②若本表不够,可加附页。

(七)投标文件

1　编制依据

1.1　招标文件及答疑

　　×××工程公开招标文件《津开招公字(2006—5)》。

　　×××工程招标答疑文件。

1.2　施工图纸

　　×××设计院设计的×××工程施工图纸。

1.3 主要规范、规程

类 别	名 称	编 号
国 家	建设工程项目管理规范	GB/T50326—2001
	工程测量规范	GB/T50026—93
	建筑地基基础工程施工质量验收规范	GB50202—2002
	地下防水工程质量验收规范	GB50208—2002
	地下防水工程技术规范	GB50108—2001
	混凝土结构工程施工质量验收规范	GB50204—2002
	砌体工程施工质量验收规范	GB50203—2002
	建筑地基基础设计规范	GB50007—2002
	砌体结构设计规范	GB50003—2001
	屋面工程质量验收规范	GB50207—2002
	建筑地面工程施工质量验收规范	GB50209—2002
	建筑装饰工程质量验收规范	GB502010—2002
	住宅装饰装修工程施工规范	GB50327—2001
	民用建筑工程室内环境污染控制规范	GB50325—2001
	通风与空调工程施工质量验收规范	GB50243—2002
	建筑给排水及采暖工程施工质量验收规范	GB50242—2002
	建筑电气工程施工质量验收规范	GB50303—2002
	电气装置安装工程低压电器施工及验收规范	GB50254—96
	混凝土外加剂应用技术规范	GBJ119—88
	建筑与建筑群综合布线系统工程设计规范	GB/T50311—2000
	建筑与建筑群综合布线系统工程验收规范	GB/T50312—2000
	建设工程文件归档整理规范	GB/T50328—2001
行 业	工程网络计划技术规程	JGJ121—99
	建筑变形测量规程	JGJ/T8—97
	普通混凝土配合比设计规程	JGJ55—2000
	砌筑砂浆配合比设计规程	JGJ/T98—2000
	钢筋机械连接通用技术规程	JGJ107—96
	混凝土泵送施工技术规程	JGJ/T10—95
	钢筋焊接及验收规范	JGJ18—2003
	高层建筑混凝土结构技术规程	JGJ3—2002
	建筑工程冬期施工规程	JGJ104—97
	大模板多层住宅结构设计与施工规程	JGJ20—84
	建筑机械使用安全技术规程	JGJ33—2001
	建筑施工安全检查标准	JGJ59—99
	建筑施工高处作业安全技术规范	JGJ80—91
	建筑玻璃应用技术规程	JGJ113—97
	建筑施工扣件式钢管脚手架安全技术规范	JGJ130—2001
	建筑排水硬聚氯乙烯管道工程技术规范	CJJ/T29—98
	建筑给水硬聚氯乙烯管道设计与施工验收规程	CECS41:92

1.4 主要标准

类 别	名　称	编　号
国　家	混凝土强度检验评定标准	GBJ107—87
	室内装饰装修材料内墙涂料中有害物质限量	GB18582—2001
	建筑工程施工质量验收统一标准	GB50300—2001
	室内装饰装修材料胶粘剂中有害物质限量	GB18583—2001
	室内装饰装修材料混凝土外加剂释放氨的限量	GB18588—2001
	硅酸盐水泥、普通硅酸盐水泥	GB175—1999
	钢筋混凝土用热轧带肋钢筋	GB1499—1988
	钢筋混凝土用热轧光圆钢筋	GB13013—91
	塑性体改性沥青防水卷材	GB18243—2000
	弹性体改性沥青防水卷材	GB18242—2000
行　业	建筑工程饰面砖粘贴强度检验标准	JGJ110—97
	聚氨酯防水涂料	JC/T500—1992(1996)
	混凝土碱含量限值标准	CECS53:93

1.5 主要图集

类 别	名　称	编　号
国　家	混凝土结构施工图平面整体表示法制图规则和构造详图	03G101
	建筑物抗震构造详图	97G329
	砌体填充墙门窗过梁	京92G21
	内装修	88J系列图集
	通风道	02QB9
	外墙变形缝	88J2
地　区	工程做法(2000版)	88J1—1
	工程做法(2001版)	88J1—X1
	墙身－外墙保温	88J2—X8(现行88J2—4)
	塑钢门窗	88J13—1
	建筑设备施工安装图集	91SB1～91SB9
	建筑设备施工安装图集综合本(2000版)	91SB1—X1
	屋面	88JX4—2
	室外工程	88J9
	楼梯	88J7
	通风道	01QB8
	外装修	88J3
	防护门	JSJT—72
	平开挡门	JSJT—150
	防火木门	91SJ2
	木门	88J1X—5

类 别	名 称	编 号
地 方	框架结构填充墙空心砌块构造图集	88J2—2(2005)
	建筑电气通用图集	92DQ5—1(2005)
	《新建集中供暖住宅分户热计算设计和施工试用图集》	京 01SSB1
图 集	华北标建筑设备施工安装通用图集《暖气工程》	91SB1
	华北标建筑设备施工安装通用图集《卫生工程》	91SB2
	华北标建筑设备施工安装通用图集《给水工程》	91SB3
	华北标建筑设备施工安装通用图集《排水工程》	91SB4
	华北标建筑设备施工安装通用图集《通风与空调工程》	91SB6
	华北标建筑设备施工安装通用图集《续集 2000 版》	91SB
	给水、排水标准图集	S1(上、下册)
	新建集中供暖住宅分户热计量设计和施工试用图集	京 01SSB1
	建筑设备施工安装通用图集	91SB
规 程 、 规 范	建筑给排水及采暖工程施工质量验收规范	GB50242—2002
	建筑排水用硬聚氯乙烯螺旋管管道工程设计、施工及验收规程	CECS94:97
	通风与空调工程施工质量验收规范	GB50243—2002
	建筑安装工程资料管理规程	DBJ01—51—2000
	建筑安装分项工程施工工艺规程(第三分册)	DBJ/T01—26—2003
标准	建筑工程施工质量验收统一标准	GB50300—2001

1.6 主要法规

类 别	名 称	编 号
国 家	中华人民共和国建筑法	第 91 号主席令
	建设工程质量管理条例	第 279 号国务院令
	中华人民共和国消防法	第 4 号主席令
	房屋建筑工程和市政基础设施工程竣工验收暂行规定	建(2000)142 号
	房屋建筑工程和市政基础设施工程竣工验收备案管理暂行办法	第 78 号建设部令
	房屋建筑工程质量保修办法	第 80 号建设部令
	商品住宅实行质量保证书和住宅使用说明书制度的规定	建房(1998)102 号
	中华人民共和国合同法	第 15 号主席令
	中华人民共和国劳动法	第 28 号主席令
	中华人民共和国招标法	第 21 号主席令
	中华人民共和国噪声污染防治法	第 77 号主席令
	中华人民共和国大气污染防治法	第 32 号主席令
	中华人民共和国安全生产法	第 70 号主席令
	中华人民共和国水污染防治法	第 66 号主席令
地 方	转发建设部《房屋建筑工程和市政基础设施工程竣工验收备案管理暂行办法》的通知	
	关于印发《天津市建设工程质量监督工作暂行规定》的通知	
	关于印发《天津市工程竣工验收备案暂行规定》的通知	
	天津市建设工程施工现场消防安全管理规定	

2 工程概况

2.1 工程概况

序号	项目	内容
1	工程名称	
2	工程地址	
3	建设单位	
4	设计单位	
5	承包方式	
6	资金来源	
7	质量目标	
8	工期目标	

2.2 建筑概况

序号	项目	×××工程名称							
1	建筑面积	总建筑面积 _____ m²							
		公寓面积 _____ m²			配套公建面积 _____ m²				
		1#楼	2#楼	3#楼	4#楼	5#楼	6#楼	7#楼	配套公建
		_____ m²	_____ m²	_____ m²	_____ m²	_____ m²	_____ m²	_____ m²	_____ m²
2	建筑层数								
3	檐口高度								
4	耐火等级								
5	人防等级								
6	防水等级								
7	外墙材料	250厚轻集料混凝土空心砌块,外墙用挤塑聚苯板做外保温,大部分外墙涂料为平涂高弹涂料							
8	内墙材料	150、200厚轻集料混凝土空心砌块							
9	室内装修	顶棚工程	PVC成品板吊顶、矿棉板吊顶、板底喷涂顶棚、板底抹灰顶棚、板底挤塑板保温顶棚						
		地面工程	水泥砂浆地面、防滑地砖地面、水磨石楼面						
		内墙装修	混合砂浆墙面、水泥砂浆墙面、瓷砖墙面						
10	防水工程	屋 面	70厚挤塑聚苯乙烯泡沫塑料板+水泥砂浆找平层(砂浆中掺聚丙烯锦纶纤维)+4厚高聚物改性沥青防水卷材一层+彩砂保护层						
		厨卫间	1.5厚聚氨酯防水涂料,面上撒黄砂						
		地下室	1.5厚氯化聚乙烯橡胶共混防水卷材+1.5厚聚氨酯涂膜防水层						

2.3 结构概况

序号	项目		内 容				
1	结构形式	基础结构形式	独立基础				
		主体结构形式	钢筋混凝土框架结构				
		屋盖结构形式	现浇钢筋混凝土平面屋盖楼板				
2	土质、水位	土质情况	粉质黏土、淤泥质黏土、粉土				
		地下水埋深	1.8m				
		地下水水质	对混凝土结构有弱腐蚀性,对混凝土中的钢筋有弱腐蚀性				
3	场地类别	Ⅲ类,属于非液化场地					
4	混凝土强度等级（地下室抗渗混凝土S6）		垫层	承台、基础梁	柱	梁、板	楼梯	圈梁、过梁及构造柱
		零层	C15	C30	C30	C30	C25	C20
		首层～三层	C15	C30	C30	C30	C25	C20
		三层以上	C15	C30	C25	C25	C25	C20
		配套公建零～二层	C15	C30	C30	C30	C30	C20
		配套公建三层	C15	C30	C25	C25	C25	C20
5	设防烈度	7度					
6	抗震等级	三级					
7	钢筋类别	HRB235	一级钢				
		HRB335	二级钢				
		HRB400	三级钢				
8	钢筋接头形式	钢筋直径大于16mm时采用等强直螺纹连接,其他的采用搭接绑扎					
9	结构混凝土预防碱集料反应管理类别及有害物质环境质量要求	±0.000以下混凝土工程属于Ⅲ类,地上部分为Ⅰ类					
10	建筑沉降观测	沉降观测委托专业公司进行					
11	二次维护结构	外墙:250厚轻集料混凝土空心砌块;内墙:150、200厚轻集料混凝土空心砌块					

2.4 安装概况

序号	分部分项	分部分项工程简介及工作内容
1	给水、热水系统	生活供水二层及以下采用市政水压供水,二层以上部分采用加压供水,公寓内采用电热水器供给淋浴热水
2	排水系统	树干式污废合流制排水,重力自流、压力排水系统
3	中水系统	建筑二层以下采用市政中水水压供水,二层以上采用加压供水,加压设备设于综合楼地下的中水泵房内
4	消防系统	消防泵、水泵结合器、自动喷洒灭火系统、消火栓系统
5	通风系统	通风、机械排风、机械排烟系统
6	采暖系统	采用低温热水采暖系统,供、回水温度为80℃和60℃,热源由小区换热站提供。散热器为铸铁型,管材选用焊接钢管。保温材料为橡塑,均为非燃性材料
7	照明系统	供电负荷二级,一般照明、应急照明及疏散指示照明
8	动力系统	商业配套楼地下一层设消防泵房、热交换站、生活泵房,各楼屋顶设点体机房
9	弱电系统	电话通讯、有线电视、消防报警联动控制、公共广播及闭路监控系统
10	防雷接地	配电系统采用TN-C-S保护系统,防雷等级三级,接地极接地电阻不大于1Ω

2.5 招标范围

本工程涉及的工程范围为招标文件及图纸所示的全部工作内容。其中 A 标建筑面积约_____ m²(1#、2#、7#楼及商业配套楼);B 标建筑面积约_____ m²(3#、4#、5#、6#楼),包括基础、主体、装饰、给排水、强电等全部工作内容及弱电、电梯及家具等专业施工的配合协调。

3 施工部署

3.1 工程施工组织的指导思想

(1)按照目标决定组织的原则,精心选配参与施工的各组成人员;

(2)建立精干、高效和信息畅通的组织机构;

(3)围绕工程特点,采用先进而成熟的施工工艺、技术和设备,运用现代化的管理手段和方法,以质量管理为中心,以安全施工为保障,以 GB/T19001、GB/T24001、GB/T28001 等为手段,合理部署、科学施工,狠抓过程精品、CI 形象,确保项目各控制目标的实现。

(4)工程施工主要以土建为主,安装工程处于配合地位,由于主体施工工作量大,交叉作业多,必须采取强有力的抢工措施,以保证工期。

(5)根据上述原则和业主的有关要求、施工准备图纸、国家现行规范、标准以及天津市的有关规定编制本施工组织总设计。

3.2 特点(特殊性)、难点及重点分部分项工程的确定

根据上述分析和部署,对照一般工程的特点以及我单位承接类似工程的经验,确定本工程的特点(特殊性)、难点和重点,并在施工方法、工艺、设备选择和人员配备方面给予重点考虑。

3.2.1 本工程具有的特点

以下分项工程是对于其他工程而言所具有特殊性的工程:

(1)本工程是开发区重点工程,工期较紧、质量标准高;

(2)工程栋号多,群楼施工;

(3)有地下室,地下水位高,土方开挖困难。

3.2.2 难点分项工程

相对而言,以下分项工程是本工程的难点分项工程:

(1)平面定位、轴线控制;

(2)地下室施工;

(3)围护结构施工。

3.2.3 重点分项工程

从保证工程质量和进度等角度出发,将以下分项工程作为重点分项工程或重点工作认真对待:

(1)钢筋工程;

(2)混凝土工程;

(3)电气设备安装等分项工程;

(4)地下室底板防水、外墙防水及屋面、卫生间防水工程;

(5)地下降水及护坡工程。

3.2.4 工程施工(管理)中应体现的特点

(1)从总体到细部全过程控制,创质量精品的特点;

(2)施工速度快的特点;

(3)新技术、新工艺运用多的特点;

(4)信息化等现代化管理程度高的特点等。

3.3 施工方案

3.3.1 组织流水施工的原则

(1)每个施工段中各楼层、各主要工序组织流水施工;

(2)在保持各施工段相对独立的前提下,统一调动整个现场的操作工人,充分利用人力资源,避免出现窝工现象;

(3)在保持各施工段配备机械设备相对独立性的条件下,统一调动(使用)现场各主要机械、设备及三大工具,充分利用物质资源;

(4)钢筋、水电预留管线等各种构、配件的加工制作与现场施工同步,并确保现场施工进度的需求;

(5)对业主选定的指定分包项目,其质量、工期等纳入总包计划管理范畴。

3.3.2 施工段、流水段、工作段划分及施工流向

(1)施工的组织原则。根据本工程的特点,为了优质高速地完成本工程的施工任务,我们将充分利用有限的时间和空间,拟采用"总体按照先地下后地上;先主体结构后砌体粗装修;内外精装饰同步进行;以主体施工为先导,各分部分项工程紧随其后,平面分段、立面分层;局部视具体情况,科学地组织交叉作业"的施工程序。具体体现为:

①根据实际情况,先施工商业配套楼地下室。

②将本工程 1#、2#、7# 楼每层分为 4 个施工段,商业配套楼每层分为 3 个施工段,3#、4#、6# 楼每层分为 3 个施工段,5# 楼每层分为 2 个施工段;

③装修竖向按照楼层进行划分,1~3 层为一段,4~6 层为一段;

④砌筑工程在主体结构完成后,及时插入;

⑤商业配套楼地下室外墙防水在地下室完成之后进行;

⑥安装预留、预埋随主体施工同步进行。

基础和主体结构施工期间,为了便于组织流水施工,以及工具、设备等周转料具的调配使用,依照流水施工的原理去组织施工。

(2)施工流水。1#、2#、7# 楼在基础(主体)结构施工时,按照变形缝将其分成 4 个施工段,3#、4#、6# 楼分成 3 个施工段,5# 楼分成 2 个施工段,商业配套楼分成 3 个施工段,详见图 8-1。

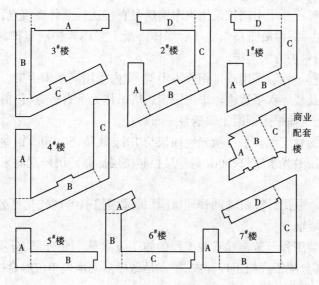

图 8-1 施工流水段划分示意图

3.3.3 施工顺序

进场后,即进行施工准备,然后进行土方开挖施工;结构工程从 A 段→B 段→C 段→D 段流水施工;每一施工段按先下后上,先墙柱后梁板的顺序施工。砌筑工程在主体结构主体封顶后插入;内装修在主体二次结构完成后进行;安装工程随结构施工同步进行,安装阶段应与土建装修做好协调配合。

(1)地下部分(商业配套楼)。测量放线→降水井及支护结构施工→土方开挖→破桩

头→基槽清理→验槽→混凝土垫层→底板四周砌筑砖侧模→底板防水及保护层→底板钢筋绑扎→墙、柱钢筋定位,安装止水钢板→支导墙吊模→浇筑底板、导墙混凝土→墙柱放线→地下室内外墙、柱钢筋绑扎→地下室墙、柱混凝土浇筑→顶板模板支设→顶板钢筋绑扎→顶板混凝土浇筑→地下室外墙防水→回填土→地下室填充墙砌筑→基础结构验收。

(2)主体结构。放线→墙、柱钢筋焊接、绑扎→水电预留、预埋→墙柱模板→墙柱混凝土→拆模养护→标高放线→梁板模板→梁板钢筋绑扎→水电预留、预埋→梁板混凝土浇筑→养护→下一层结构……→主体封顶→主体结构验收。

3.3.4 主要施工方法的确定

土建工程作为量大面广的关键工序,必须充分利用机械化作业,提高劳动生产率,减少人员投入;安装工程应紧密配合土建,同步跟进。

(1)钢筋工程主要包括:①Φ12及以下钢筋均采用绑扎接头;对于水平钢筋Φ14~Φ25,加工棚内采用闪光对焊、现场采用绑扎;Φ25以上水平钢筋连接均采用等强度滚轧直螺纹连接。②Φ16以下竖向钢筋采用绑扎接头,Φ16及以上竖向钢筋采用直螺纹套筒连接。

(2)模板工程。有以下情况:①地下室墙体模板采用竹胶模板,止水对拉螺杆+钢管加固;②基础底板外侧模采用砖砌侧模,并抹10厚1:3水泥砂浆;③电梯井模板采用铰接筒模;④楼板模板采用早拆(快拆)模板、支撑体系;⑤柱模采用定型钢模板。

(3)混凝土工程。混凝土浇筑采用汽车输送泵直接送料至各浇筑点;全部采用商品混凝土、环保振动棒振捣;混凝土浇筑完毕后墙体混凝土采用养护液养护,楼板混凝土采用洒水+塑料薄膜的养护方法进行。

(4)脚手架工程。外墙采用双排钢管脚手架,室内采用满堂脚手架。

(5)垂直运输及楼层水平运输。采用固定式塔吊作为垂直运输(包括施工层面的水平运输),其中混凝土运输采用混凝土输送泵+布料杆。

(6)建筑物的测量定位。采用激光经纬仪与10kg线坠,50、30m钢卷尺综合测控技术控制平面轴线,运用激光水准仪、30m钢卷尺控制楼层标高。沉降观测采用高精度水准仪S1+铟钢尺。

(7)现场办公。采用计算机辅助管理、计算机远程控制等现代化办公技术,以及无线对讲机综合指挥系统。

(8)装饰及安装工程。装饰和安装工程的施工方案见主要分部、分项工程施工方法。在此阶段或该分部分项工程施工过程中,重点是做好多元承包单位综合协调技术。

3.3.5 主要机械、设备的确定

(1)钢筋加工机械。包括常规切割机、弯曲机、调直机、对焊机等。

(2)混凝土施工机械。结构施工期间采用汽车输送泵直接送料至各浇筑点;砌筑及装修施工期间选用350型砂浆搅拌机4台。

(3)垂直及水平运输机械。选用4台C6014($R=60$m)自升塔式起重机和8部龙门架。

塔吊基础配筋详细见图8-2~图8-6所示。

(4)现代化办公设备。配备5台电脑(P4、带传真上网功能),复印机1台(可以复印

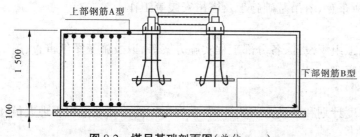

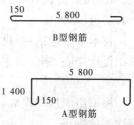

图 8-2 塔吊基础剖面图(单位:mm)

图 8-3 A、B 型钢筋大样图
(单位:mm)

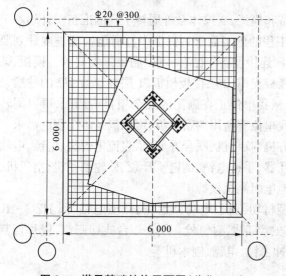

图 8-4 塔吊基础结构平面图(单位:mm)

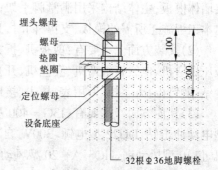

图 8-5 预埋地脚螺栓大样图(单位:mm)

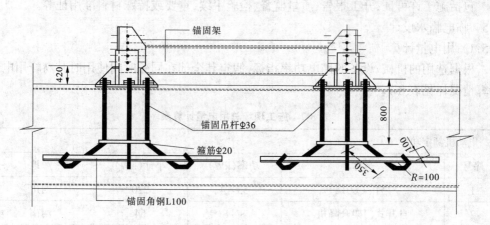

图 8-6 预埋地脚螺栓示意图(单位:mm)

A3 图纸),无线对讲机 20 部。

(5)其他(包括安装机械)。

3.4 准备工作

3.4.1 现场准备

按照进场通知要求立即进驻施工现场,并进行包括:现场(加工场)施工通道布置与建造、安全维护隔离、临时设施布置、塔吊基础施工及塔吊安装等工作。

3.4.2 技术准备

技术准备包括：报批施工组织设计、各分部工程实施方案等，以及施工图纸审查、施工组织设计交底、施工技术交底等。

3.4.3 人员准备

根据组织机构设立、进度计划和劳动力需要计划，根据工程需要陆续组织管理人员和操作人员进场。

3.4.4 机械、设备及周转工具的准备

(1)土建方面。包括塔吊等施工设备和模板、支撑体系等周转工具的准备。计划本工程需用 4 台附着式 C6014 塔吊，以满足工程的施工需求。保证中标后能够按进度计划要求进现场使用。混凝土输送泵、钢筋加工/连接设备等已有，可以满足进度要求。模板、架料(支撑)等周转工具：每栋楼配备 3 层楼板支撑、2 层楼板模板、1 层柱总数 1/2 的柱模、1 层墙体模板；主体结构采用满堂脚手架；从我单位正在施工的几个项目中调配，可以周转出本工程施工所需的模板、支撑，同时，我单位有备用的新模板，可以满足本工程的需求。

(2)安装方面。主要有：剪板机、折方机、咬口机、联合冲剪机、直流电焊机、电锤、电动液压煨弯机、电线管煨弯机、套丝机、开孔器、手持电钻、倒链千斤顶、砂轮切割机、空压机、台钻、射钉枪、人字梯、万用表、摇表、接地电阻测试仪等。

(3)其他方面。主要有：J3G－400 型材切割机、电动圆盘锯、微型电钻、回 JIZC－10 型电动冲击钻、DH22 型电锤、300W 自攻螺钉钻、射钉枪、手提式/台式切割机、瓷片切割机、JT10 型风动锯、HQ－A－20 型风动冲击锤、电锯、刨木机等。

3.4.5 各种施工许可手续的办理

包括施工许可证，开工报告，质量监督、检验手续，重要或特殊材料准用证等。

3.5 临电临水设计

3.5.1 用电量计算

根据选用的机械、设备的用电功率指标，假定其全部在同一时间使用时其高峰用电量计算情况详见表 8-7。

表 8-7　施工现场总用电量计算表

一、电动机额定功率				
序号	名称		功率(kW)	小计(kW)	产地
1	塔吊 C6014		55×4	220	四川
2	自升式门架升降机		8×8	64	河南
3	钢筋机械	调直机	5.5×1	5.5	四川
		切断机	2.2×1	2.2	四川
		弯曲机	3×1	3	四川
		卷扬机	7×1	7	四川

一、电动机额定功率

序号	名称		功率(kW)	小计(kW)	产地
4	木工机械	圆锯	3×1	3	河北
		压刨机	4×1	4	河北
5	混凝土	插入式振动器	1.1×4	4.4	河北
6	机械	平板振动器	1.1×1	1.1	河北
7	潜水泵		5×10	50	北京
小计($\sum P_1$)				364.2	

二、电焊机额定容量

序号	名称	功率(kVA)	小计(kVA)	厂家
1	对焊机	2×50	100	江苏
2	交流电焊机	4×38.0	152	湖南
小计($\sum P_2$)			252	

三、照明用电量

1	动力用电量×10%($\sum P_3$)	61.6

四、总用电量(按需要系数法计算)

取 $k_1 = 0.7, k_2 = 0.8, k_3 = 0.9, \mathrm{tg}\varphi = 0.88$

有功功率 $P_z = k_1 \sum P_1 + k_3 \sum P_3 = 0.7 \times 364.2 + 0.9 \times 61.6 = 310.38(\text{kVA})$

总无功功率 $Q_z = P_z \mathrm{tg}\varphi = 310.38 \times 0.88 = 273.13(\text{kVA})$

视在功率 $S_{1-3} = \sqrt{P_z^2 + Q_z^2} = \sqrt{310.38^2 + 273.13^2} = 413.44(\text{kVA})$

总视在功率 $S_z = S_{1-3} + k_2 \sum P_2 = 413.44 + 0.8 \times 252 = 615.04(\text{kVA})$

从计算结果看,现场主要设备同时使用时的高峰用电量为:615.04 KVA,业主提供的 2 台 315 kVA 的临时变压器,在正常情况下基本能满足施工现场的用电要求。

3.5.2 用水量计算

根据项目的工程量情况和人员数量,计算确定现场的总用水量,并核算业主提供的水源是否满足需求。

(1)施工用水量。按日养护混凝土最大时 350m³,冲洗模板最大时 1 200m²,砌筑墙体最大时 60m³(Q_1)考虑;未预计施工用水系数 $K_1 = 1.05$,用水不均衡系数 $K_2 = 1.5$;用水定额 N_1:养护混凝土取 400L/m³,冲洗模板 5L/m²,砌筑墙体取 250L/m³。

$$q_1 = \frac{K_1 \sum Q_1 N_1 \times K_2}{8 \times 3\ 600}$$

$$= \frac{1.05 \times (350 \times 400 + 1\ 200 \times 5 + 60 \times 250) \times 1.5}{8 \times 3\ 600}$$

$$= 8.80(\text{L/s})$$

(2)施工现场生活用水量。施工高峰人数 P_1 取 1 000 人；生活用水定额 N_2 取 40 L/（人·日）；用水不均衡系数 $K_3 = 1.4$；每天工作班 t 取 2。

$$q_3 = \frac{P_1 N_3 K_4}{t \times 8 \times 3\,600} = \frac{1\,000 \times 40 \times 1.4}{2 \times 8 \times 3\,600} = 0.97(\text{L/s})$$

(3)消防用水。由于现场面积远小于 25hm^2 的规定，消防用水 q_3 取 10 L/s。

(4)总用水量计算。$q_1 + q_2 = 8.80 + 0.97 = 9.77 < q_3 = 10$，取总用水量 $Q = q_3 = 10(\text{L/s})$。

(5)供水管径选择：

施工用水流速 v 取 2.5m/s。

供水管径

$$D = \sqrt{\frac{4Q}{1\,000 \pi v}} = \sqrt{\frac{4 \times 10}{3.14 \times 2.5 \times 1\,000}} = 71.4(\text{mm})$$

选 $D = 100$mm 水管。

按此用水量计算，需供水管管径为 100mm，现已提供的供水管为 DN100，能够满足要求。并在混凝土过程中采用吸尘器清理、洒水养护。

4 主要分部、分项工程施工方法

主要针对工程难点、特点、重点分析中列出的各分部、分项工程和工序，从技术和组织等方面简要地明确其施工方法，具体操作程序、要点和要求等，在实施工作中编写相应的工艺标准（或技术交底）作为指导依据。

5 质量保证体系及措施

5.1 建立质量保证体系

(1)以合同为质量管理制约手段，推行 GB/T19000－ISO9001 质量标准，强化质量管理职能，建立以项目经理为领导，总工程师中间控制，各职能部门管理监督，各专业施工队具体操作的项目质量管理保证体系，见图 8-7，形成从项目经理→各施工段→各专业施工队（包括指定分包队）的质量管理控制网络。

(2)坚持"质量第一，预防为主"的质量控制方针和"计划、执行、检查、处理"的质量控制循环工作方法，不断改进过程质量控制，重点抓好执行（施工）和监督（检查）两大质量控制线，见图 8-8。

(3)制定项目质量管理制度、奖罚制度和质量岗位责任制，明确分工职责，落实质量控制责任，各行其职。项目经理对项目质量控制负责，过程质量控制由每一道工序和岗位的责任人负责。

(4)做好"人、机械、材料、方法、环境"五大控制，推行质量样板制。

(5)严格质量检查验收制度，每道工序必须按作业班组自检、互检、交接检→项目质检员检查→监理工程师检查的程序进行质量验收，验收不合格，不能进入下道工序施工，加强过程质量控制，将质量问题消灭在过程中。

(6)成立各级 QC 小组，实行全面质量管理，从施工准备到工程竣工，从材料采购到半成品与成品保护，从工程质量的检查与验收到工程回访与保修，对工程实施全过程的质量监督与控制。

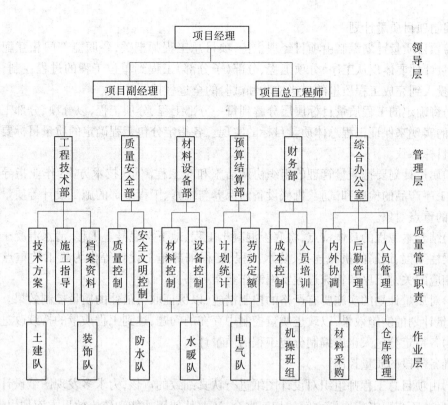

图 8-7　质量保证体系组织结构图

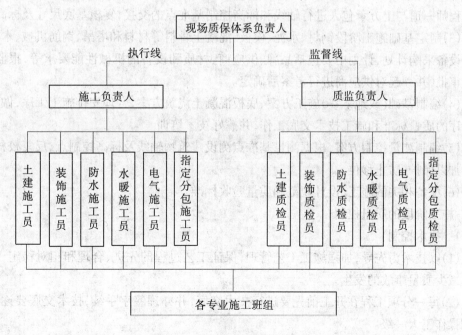

图 8-8　两大质量控制线示意图

5.2 编制项目质量计划

(1)项目质量计划编制由项目经理主持,项目总工程师把关,各职能部门相互配合编写。质量计划要体现从工序、分项工程、分部(子分部)工程到单位工程的过程控制,体现从资源投入到完成工程质量的最终检验和试验的全过程控制。

(2)将确定的工程质量目标层层分解到每一分部工程、分项工程,以分项、分部工程质量目标的实现来保证工程总体质量目标的实现。各指定分包工程确定的质量目标要与总体质量目标一致。

(3)质量计划要把质量管理的组织协调措施和对工程测量、技术方案(作业指导书)、材料及工序产品的检验和试验、机械设备的保养与维修、工程细部的施工设计等质量控制为编制的重点对象。

(4)结合本工程的具体特点,将底板混凝土工程、地下室混凝土工程、清水混凝土楼板工程、梁柱工程、钢筋的机械连接、防水工程、工程细部施工设计等作为施工的重点和难点,对相应的关键工序和特殊过程要编制作业指导书。

(5)对质量计划的实施要有严格的控制措施,以保证取得最佳的质量控制效果。定期验证质量计划的实施效果,以改进质量控制中存在的问题,达到工程质量的持续改进。

(6)各指定分包人也应编制分包工程的质量计划。

5.3 准备阶段的质量控制

(1)由项目总工程师组织对设计图纸进行认真细致的审核,力求多发现图纸设计中存在的问题。不仅要考虑图纸之间的相互吻合,还要从使用功能和装饰效果方面加以考虑。

(2)查阅地质勘探报告,察看现场,对基坑开挖、基底土质等情况进行深入了解。和监理工程师一道与土方承包人进行轴线和标高控制基准点的交接,复核基底尺寸及标高。

(3)制定基础施工阶段钢材、水泥、模板、混凝土骨料等材料和塔吊、钢筋机械、木工机械等设备采购计划,计划中要包括品牌、供应商、材质和设备的机械性能要求等,报监理、业主审批,并一起对供应商进行考察后确定。

(4)编制基础(或地下室)施工方案、底板混凝土浇筑方案,合理安排施工工序,做好每道工序的质量标准和施工技术交底工作,并搞好技术培训。

(5)编制测量控制方案,根据测量基准点测设建筑物轴线及标高控制点,反复校核后,妥善加以保护,防止移位。

(6)配备相关的施工、设计规范和质量验收标准。

5.4 施工阶段的质量控制

5.4.1 技术控制

(1)以技术为先导,加强施工工艺管理,保证工艺过程的先进、合理和相对稳定,以预防和减少质量事故的发生。

(2)每一分项工程在开工前先要进行技术交底,并办理签字手续,技术交底要逐级落实到操作工人一级。

(3)在施工过程中,业主和监理工程师提出的有关施工方案、技术措施及设计变更的要求,在执行前向执行人员进行书面技术交底。

5.4.2　工程测量控制

(1)配备具有相应资格证书和足够工程测量经验的测量工程师或测量员,配备先进的测量仪器,并经过监理工程师的审批。

(2)测量工具在使用前和使用过程中,要按要求进行鉴定,以保证测量的准确性和精度。

(3)本工程为多层建筑,采用"内控法"结合"外控法"的测量控制方法。每座楼均应设置测量控制点,并相互校核,确保测量准确。每层均要做好测量记录,并归档保存。

(4)所有定位点和水准点的位置应报经监理工程师审批,并为指定分包人或其他承包人提供基准定位线和定位点。

5.4.3　材料质量控制

(1)在合格供应商名册中按计划招标采购材料、半成品和构配件。

(2)严格控制进场原材料的质量,对钢材、水泥、混凝土骨料、防水材料等除必须有合格证外,尚需抽样进行复检;业主提供的材料、半成品等也应按规定进行检验和验收,严禁不合格材料用于工程。

(3)材料的搬运和储存应符合要求,入库、出库均应建立台账。并对入场的材料、半成品、构配件进行标识,材料在使用前均应报监理工程师审批。

(4)对需要提供样品的材料或半成品,样品经监理工程师认可后,按要求进行标识,并作为大批材料或半成品进场验收的依据。

(5)材料的使用情况应做好记录,使材料使用具有追溯性。

5.4.4　机械设备的质量控制

(1)合理配备施工机械,使施工机械满足施工要求。

(2)搞好施工机械的维修保养,使之处于良好的工作状态,并做好标识。

(3)机械设备操作人员应熟练掌握机械的操作规程,并持证上岗。

5.4.5　计量控制

(1)根据工程所需配齐所有计量器具;

(2)国家规定强制鉴定的计量器具必须100%按时送检,同时做好平时的抽检工作。计量过程中必须使用鉴定合格的计量器具,无鉴定合格证、超过鉴定周期或检验不合格的计量器具严禁使用。

5.4.6　工序质量控制

(1)施工作业人员必须经过考核合格后持证上岗。施工管理人员和作业人员必须按操作规程、作业指导书和技术交底文件进行施工。

(2)推行质量样板制度,在主体结构施工阶段应提供以下主要工序的工艺质量样板:①典型的钢筋绑扎,包括各类连接方式;②典型模板,包括支撑和拉结方式;③典型的清水混凝土墙面;④典型的混凝土构件浇筑成型后的表面;⑤典型的砌体;⑥在装修阶段,影响装修质量的每道工序均应提供样板,典型房间的各类装修和装备工作工艺质量均应提供样板间,以确定房间的整体装饰效果。安装工程也应提供样板。

(3)加强施工过程中的跟踪检查,发现质量问题及时处理,并在每天上、下午的下班前,对刚作业的工程各组织检查一次。

(4)工序的检验和试验应符合过程检验和试验的规定,对查出的质量缺陷应按不合格控制程序进行处置。

(5)隐蔽工程做好隐蔽预检记录,专业质检员做好复检工作,然后再报请监理或质监站验收。

(6)主要分项工程(包括土方、模板、钢筋、混凝土与砌筑工程)的质量控制程序详见图8-9~图8-13。

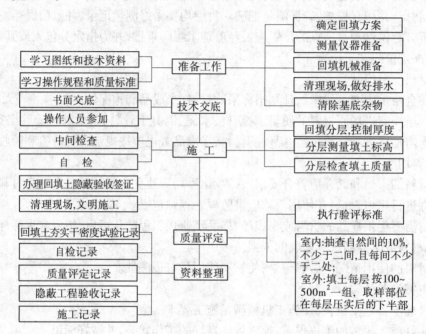

图 8-9 土方回填工程质量控制程序

5.4.7 特殊过程质量控制

(1)对在项目质量计划中界定的特殊过程,应设置工序质量控制点进行控制,并编制专门的作业指导书和质量预防措施,经项目总工程师批准后执行。

(2)对于质量容易波动、容易产生质量通病或对工程质量影响比较大的部位和环节加强预检、中间检和技术复核工作。

5.4.8 工程变更控制

严格执行工程变更程序,工程变更经有关单位批准后方可实施。工程变更的内容应在相关的施工图纸上及时标识清楚。

5.4.9 成品保护

(1)各工序成品采取有效措施妥善保护,下道工序的操作者即为上道工序的成品保护者,后续工序不得以任何借口损坏前一道工序的产品。

(2)施工专业队伍多,穿插施工量大、面广,不仅要保护好自己的成品不受他人破坏,还要防止破坏他人的成品。

(3)指定分包人和其他承包人的施工成品保护在未移交给总承包人之前,由其自己负责。

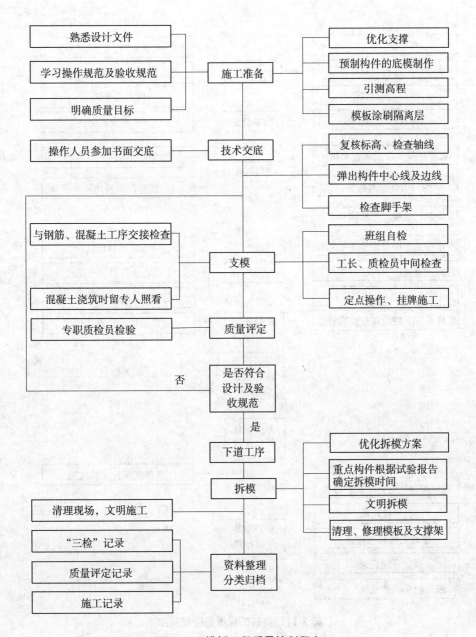

图 8-10　模板工程质量控制程序

5.4.10　收集整理施工资料

　　及时准备、收集、整理施工原始资料,并做好归档工作,为整个工程积累原始的、真实的质量档案,使资料的整理与施工进度同步,并能如实反映各部位的工程质量。

5.5　竣工验收阶段的质量控制

　　(1)单位工程竣工后,项目总工程师应组织有关专业技术人员按最终检验和试验的规定,根据合同要求对工程质量进行全面验证。在最终检验和试验合格后,对建筑产品采取防护措施。

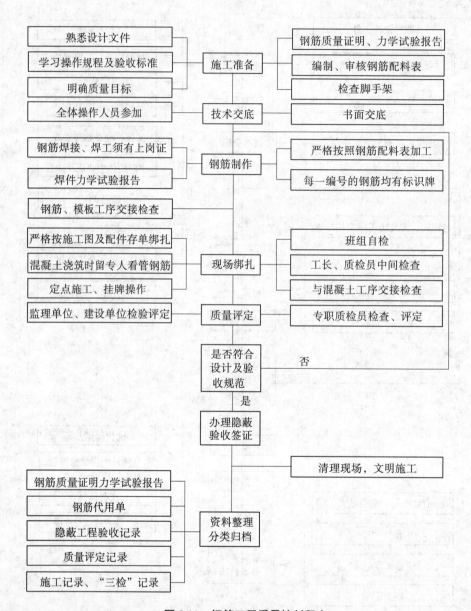

图 8-11　钢筋工程质量控制程序

(2)对指定分包工程全面验证合格后,移交完整的资料给总承包人。

(3)按编制竣工资料的要求收集、整理质量记录,并按合同要求编制工程竣工文件,并做好工程移交准备。

(4)编制质量保修书和产品使用说明书。在工程竣工后或投入使用前,组织相关的专业技术人员和有关设备设施的厂家技术人员对业主的物业管理人员进行机电设备、设施、楼宇自控系统等的操作和维护的培训,并提供相应的维修手册和操作说明。

(5)工程交付后,项目经理部应编制符合文明施工和环境保护的撤场计划。

(6)整理好竣工资料,包括图片资料和声像资料。

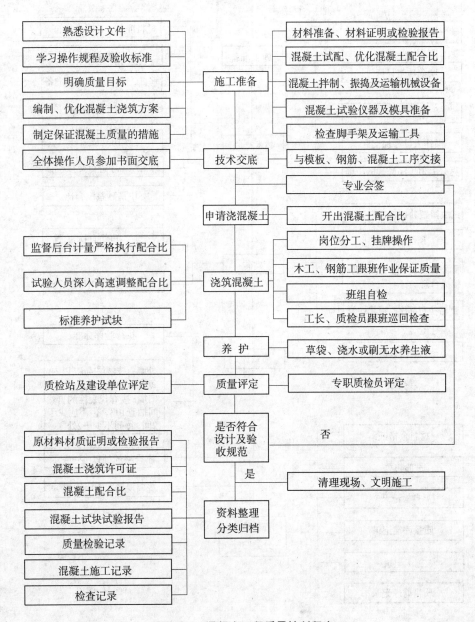

图 8-12　混凝土工程质量控制程序

5.6　质量持续改进

分析、评价质量管理现状,识别质量持续改进区域,确定改进目标,实施选定的解决方法。质量持续改进应按全面质量管理的方法进行。

5.6.1　不合格控制

(1)控制不合格物资进入施工现场,将检验中发现的不合格物资全部清退出场。

(2)严禁不合格工序未经处理而转入下道工序。对验证中发现的不合格产品和过程,应按规定进行鉴定、标识、记录、评价、隔离和处理。对返修或返工后的产品应集中进行检

图 8-13 砌筑工程质量控制程序

验和试验,并保存记录。

5.6.2 纠正措施控制

(1)对业主、监理工程师、设计人、质量监督部门提出的质量问题,应分析原因,制定纠正措施。

(2)对已发生或潜在的不合格信息,应分析并记录结果。

(3)对检查发现的工程质量问题和不合格报告提及的问题,应由项目技术负责人组织有关人员判定不合格程度,制定纠正措施。

(4)对纠正措施的实施效果进行验证,并定期评价纠正措施的有效性。

5.6.3 预防措施控制

(1)定期召开质量分析会,对影响工程质量的潜在原因,采取预防措施。

(2)对可能出现的不合格现象,应制定防止再发生的措施并组织实施。

(3)对质量通病应采取预防措施;对潜在的严重不合格现象,应实施预防措施控制程序。

(4)对预防措施的实施效果进行验证,并定期评价预防措施的有效性。

5.7 工程回访与保修

5.7.1 工程回访

工程完工后,将由管生产的领导或总工程师组织回访,交工六个月后进行第一次质量回访,交工一年后进行第二次工程质量回访,征询用户意见,并做好回访保修登记。

5.7.2 工程保修

(1)工程技术部门根据回访中发现的质量问题,凡属于总承包在施工过程中造成的,应制订切实可行的纠正措施,交由参加施工的项目部组织人员按期实施。实施完毕后由专职质检员进行检验,合格后交业主签认;将实施的全过程认真做好记录,并将记录交质检部门备案,以便于总结经验,在今后的工作中避免同类问题的发生。

(2)凡不属于总承包造成的问题,而发包方要求维修的,总承包方协助解决,费用由发包方承担。

5.8 质量计划的检查、验证

项目经理部对项目质量计划执行情况组织检查、内部审核和考核评价,验证实施效果。依据考核中出现的问题、缺陷或不合格现象,召开有关专业人员参加的质量分析会,并制定整改措施。

6 安全施工措施

6.1 建立安全生产保证体系

(1)成立以项目经理为组长的安全生产领导小组。项目设专职安全员,负责日常的安全生产工作。各专业队、生产班组设兼职安全员,负责落实各项安全技术措施。各职能部门在各自相应的业务范围内,对安全生产负责,使安全生产在纵向上从项目经理到作业班组、工人,在横向上从各施工队长到各业务部门都参与安全生产管理工作,使施工得以安全顺利地进行。

(2)建立安全生产责任制,把安全责任目标分解到岗,落实到人。明确项目经理、安全员、施工队长、作业班组长、操作工人以及指定分包人的安全职责,项目经理对项目安全生产负总责,各分包人对各自施工现场的安全负责。

(3)认真贯彻"安全第一,预防为主"的方针,建立健全各项安全管理制度,包括安全生产责任制度、安全生产教育制度、安全生产检查制度、安全生产奖惩制度、安全生产例会制度、伤亡事故管理制度、劳保用品管理制度、安全技术措施计划管理制度、特殊作业安全管理制度、交通安全管理制度、防火安全管理制度、施工用电管理制度、施工机具管理制度等。

(4)实行两级安全技术交底,即项目工程技术人员对各专业工长、班组长进行安全技术交底,专业工长、班组长对作业工人进行安全生产实施措施交底。

6.2 编制安全保证计划

(1)各项安全管理方案、安全保证计划在开工前编制,经项目经理批准后实施。

(2)安全保证计划内容包括:工程概况、控制程序、控制目标、组织结构、职责权限、规章制度、资源配置、安全措施、检查评价、奖惩制度。

(3)项目经理部应根据项目施工安全目标的要求配置必要的资源,确保施工安全,保证目标实现。

(4)根据工程特点、施工方法、施工程序、安全法规和标准的要求,采取可靠的技术措施,消除安全隐患,保证施工安全。

(5)对塔吊、脚手架、模板支设、施工用电等专业性强的施工项目,应编制专项安全施工组织设计,并采取安全技术措施。

(6)对防触电、防雷击、防坍塌、防物体打击、防机械伤害、防高空坠落、防交通事故、防火、防毒、防洪、防尘、防暑、防寒等应有专门的安全技术措施。

6.3 安全保证计划实施

6.3.1 安全教育

(1)按有关规定做好新工人及特殊工种、新操作法、新操作岗位、从事尘毒危害作业工人、各级管理人员的安全教育工作;

(2)重点做好施工队和作业班组的安全教育工作;

(3)安全教育主要包括:安全思想教育、安全知识教育、安全法制教育、安全法律教育等。

6.3.2 安全检查

(1)安全检查的形式和内容包括:定期安全检查、季节性安全检查、临时性安全检查、专业性安全检查、群众性安全检查及安全管理检查。

(2)安全检查的方法包括:对安全生产制度、安全教育、安全技术及安全业务工作的检查。

(3)对班组的安全检查包括:作业前检查、作业中检查和作业后检查。

6.3.3 安全技术措施

(1)各分部、分项工程施工前,应对施工队负责人、班组长有针对性地进行全面、详细的安全技术交底,双方保存签字确认的安全技术交底记录。

(2)全体职工必须熟悉本工种安全技术操作规程,掌握本工种操作技能,对变换工种的工人实施新工种的安全技术教育,并及时做好记录。

(3)对操作人员的安全要求是:没有安全技术措施、不经安全交底的不准作业;没有有效的安全措施的不准作业;发现事故隐患未及时排除的不准作业;不按规定使用安全劳动保护用品的不准作业;非特殊作业人员不准从事特种作业;机械、电器设备安全防护装置不齐全的不准作业;对机械、设备、工具的性能不熟悉的不准作业;新工人不经培训,或培训考试不合格者不准上岗作业。

(4)下列情况职工有拒绝权:安排施工生产任务时,不安排安全生产措施;现场条件发生变化,安全措施跟不上;设备安全保护装置不安全;管理人员违章指挥等,这些情况下,作业人员有权拒绝上岗操作。

6.3.4 安全管理措施

(1)在主入口设置安全生产宣传牌、安全生产倒计时牌,主要施工部位、作业点、危险区域以及主要通道口都应设有醒目的、有针对性的安全宣传标语或安全警告牌。

(2)对全体职工进行安全生产三级教育,考核合格后方可进场。

(3)各特种作业人员都要按要求培训,经考试合格后持证上岗,操作证不超期,名册齐全,真实无误。

(4)对大型施工机械以及脚手架等重要防护设施报有关部门验收,合格后挂牌使用。

(5)按规定对事故进行报告处理,事故档案齐全,并认真做到"三不放过"。

(6)进入施工现场的人员一律戴安全帽,系好帽带。

(7)施工现场严禁吸烟,严禁随地大小便。

(8)严禁穿拖鞋、高跟鞋进入施工现场,严禁酒后作业。

(9)严禁打架斗殴现象的发生。

6.3.5 安全防护措施

(1)塔吊、施工电梯在拆除时须编制详细的拆除方案,拆除方案经项目技术负责人审批后,在专职安全员的看护下方可拆除。

(2)脚手架工程是施工中的主要安全防护对象,在施工前编制详细的专项施工方案,外脚手架采用双排钢管架,经过荷载计算后,编制专项施工方案,由具备资质的专业队伍搭设、操作、维护。外脚手架周边采用密目安全网进行全封闭防护,每一操作层满铺木跳板,设踢脚板、防滑条和防护栏杆。

(3)攀登作业应搭设符合安全规定的梯子,高空作业处应有牢靠的立足处,并视情况配置防护网、栏杆或其他安全设施。

(4)各工种尽量避免立体交叉作业,不准在同一垂直方向操作,下层作业的位置必须处于上层作业高度可能坠落的半径范围之外,并设置安全防护棚。

(5)直径或边长在 200~1 500 mm 范围内的,可用废钢筋制成网片盖子或用竹篱笆防护;洞口在 1 500 mm 以上时,四周应设防护栏杆,洞口下张拉小眼安全网防护。

(6)人员进出的通道口、临近建筑物的操作棚,均应搭设安全防护棚,棚顶采用双层顶棚满铺木板。

(7)基坑四周、楼梯口、电梯井口、楼层临边装设临时防护栏杆,长度大于 2m 时,设置立柱。临时护栏涂红白安全色标。

(8)对于周边建筑物,邻近的管线、构筑物等须认真做好变形观测,及时做好安全防护措施,及时排清流入基坑的积水。如果变形位移过大,基坑出现滑坡失稳现象则应采取积极有效的应急措施。

(9)安全帽、安全网、安全带等防护用品,须经有关部门按国家标准检验合格后使用,不使用缺衬、缺带及破损的安全帽,并且正确使用,扣好帽带。

(10)高空作业人员必须系挂安全带,高挂低用,不将绳打结使用,作业人员须穿防滑鞋,扣紧袖口和裤脚管。

6.3.6 防火管理措施

加强施工的防火管理,杜绝火灾事故的发生是干好该工程的关键环节。在施工前必须制定切实可行的防火管理措施。

(1)施工现场必须按照"谁主管,谁负责"的原则。确定党政主要领导干部负责保卫工作。工程实行总承包单位负责的保卫工作责任制,建立保卫工作领导小组,与分包单位签订保卫工作责任书。各分包单位应接受总承包单位的统一领导和监督检查。

(2)加强施工现场的治安、消防管理,建立治安、消防教育制度。对职工进行治安、消防培训,做到未经培训不得上岗。

(3)施工现场实行区域管理,施工区与生活区要有严格明确的划分。

(4)建立门卫管理制度,工人进出场应进行登记,工人退场自觉接受检查。施工现场要建立门卫和巡逻护场制度,护场守卫人员要佩戴执勤标志。

(5)更衣室、财会室及职工宿舍等易发案部位要指定专人管理,制定防范措施,防止发生盗窃案件。严禁赌博、酗酒、传播淫秽物品和打架斗殴。

(6)做好成品保卫工作,制定具体措施;严防被盗、破坏和治安灾害事故的发生。

(7)杜绝火灾事故的发生是干好该工程的关键环节。在施工前必须制定切实可行的防火管理措施。施工平面布置、施工方法和施工技术必须符合消防安全要求。

(8)严格执行《天津市建设工程施工现场保卫消防标准》的规定,建立健全防火责任制,职责明确,防火安全制度、安全器材齐全。

(9)建立动用明火审批制度,按规定划分级别,审批手续完善,并有监护措施。在施工生产中需动用明火的,必须先向本单位防火部门领导请示,到防火部门办理《批准用火证》,再在指定位置指派专人负责看守和准备相应的防火措施的前提下方可用火。

(10)重点防范部位及消防器材标识明确醒目,防火奖惩、火灾事故、消防器材管理记录齐全。

(11)木工间、油漆间等按每 $25m^2$ 设一只种类合适的灭火器,油库、危险品仓库应配备足够数量、种类合适的灭火器,同时设置砂箱。

(12)宿舍、办公室等设常规消防器材,一般每 $100m^2$ 配备 2 只 $10m^3$ 灭火器,同时设置砂箱。

(13)消防器材设施完好有效,消防通道周围不堆放物品,有专人负责维护管理。

(14)氧气与乙炔瓶的工作距离不小于 5m。割、焊作业点距离危险品不小于 10m,与易燃易爆品的距离不小于 30m,氧气、乙炔瓶上应装有减压阀、各回火装置及压力表等。

(15)现场应有临时消防车道,通道宽度不小于 3.5m。严禁占用场内通道堆放材料,确保临时消防车道畅通。

(16)在建筑物的四周铺设消防干管及临时消防竖管。消火栓处昼夜设有明显标志,配备足够水龙带,周围 3m 以内不得堆放物品。消防竖管施工楼层每层设消防口,配备足够的水龙带,消防用水设专用管线,并保证足够的水压。

(17)消防泵的专用配电线路引自施工现场总短路器的上端,保证连续不间断供电。

6.3.7 施工用电管理

(1)编制临时用电专项施工方案,用来指导临时用电设施布局和线路敷设,明确所采用的安全措施,并作为现场临时用电档案的主要资料之一。

(2)施工现场临时用电工程必须采用 TN-S 系统,设置专用的保护零线,使用五芯电缆配电系统,采用"三级配电,两级保护",同时开关箱必须装设漏电保护器,实行"一机、一闸、一箱、一漏电保护"。

(3)总配电箱、分电箱、现场照明、线路敷设等必须符合国家标准的规定。

(4)各类施工机械、电动机具必须要有良好的接地保护装置,皮线无破损,操作应按规定进行。

(5)集体宿舍严禁乱拉电线,乱用电炉和取暖设备。

(6)安排专人负责场区内所有供电设备、系统的正常运行、管理、维护、维修、保养,保证 24 小时正常运行,出现故障,立即抢修排除。负责本专业工程设备的安装调试等技术资料的收集工作,配合专业设备厂家对后续物业单位进行设备移交及验收工作。

6.3.8 机械设备安全使用措施

场区内给排水、供电、升降机等的设备运行维护,严格遵守国家相关专业设备管理、运行等方面的法规、规范及安全规程。工作要求如下:

(1)施工现场使用的机械设备必须实行安装、使用全过程管理。编制机械设备操作、保养规程。

(2)机械设备保证专机专人、持证上岗,严格落实岗位责任制,并严格执行清洁、润滑、紧固、调整、防腐的"十字作业法"。

(3)塔吊必须编制安装、拆除方案,安装、拆除必须符合国家标准及原厂使用规定,并办理验收手续。经检验合格后方可使用。使用中定期进行检测。

(4)塔基(原材、混凝土复试报告)资料齐全。

(5)进行塔吊作业时编制作业方案,并保证处于低位的塔吊起重机臂架端部与相邻塔式起重机塔身之间有 2m 距离。配备固定的信号指挥和相对固定的挂钩人员。

(6)严格执行"十不吊"的原则。

(7)外用施工升降机的安装与拆除必须由相应资质的企业进行,认真执行安全技术交底和安装工艺要求。外用电梯的传动装置、上下极限限位、门联锁装置必须齐全、灵敏、有效,限速器符合规范要求,并在安装后进行吊笼的防坠落试验。外用电梯司机必须持证上岗。

(8)设置水暖、电气、升降机设备运行专职管理人员各两名。

(9)施工现场的木工、钢筋、混凝土、卷扬机械、空气压缩机等各种机械必须搭设防砸、防雨的操作棚。

(10)圆盘锯的锯盘及传动部位安装防护罩,并设置保险档、分料器。

(11)进入施工现场的车辆必须有专人指挥,并签订施工现场进出车辆安全协议。

6.3.9 消防保卫措施

派专人负责施工现场、办公区域、生活区域的安全防护工作,共 5 人,现场 4 人,办公生活区 1 人。按安全生产管理协议的约定进行管理。工作要求如下:

(1)依据《建设工程安全生产管理条例》、开发区建管站颁布的《一办法三手册》、《安全生产管理协议》及按本施工组织设计相关章节制订安全防范措施及安全操作规程,并督促落实。

(2)现场办公和生活区域内安全防护,包括区域内变压器、配电箱柜、燃油或燃气锅炉、厨房煤气用具等的安全使用,对管辖设备严格做到"三干净"(设备干净、机房干净、工作场地干净)、"四不漏"(不漏电、不漏油、不漏水、不漏气)、"五良好"(使用性能良好、密封良好、润滑良好、坚固良好、调整良好),厨房设备除满足消防要求外,还应符合环保要求。

(3)现场办公和生活区域内消防设施管理,保证灭火器等消防器械完好率为100%。

6.4 安全生产动态管理

(1)项目安全员做日常安全检查,项目部每天进行一次现场安全巡视检查,发现违章作业和不安全隐患及时纠正,并下发安全隐患通知单,要求指派专人及时整改。

(2)项目部每周组织一次安全大检查,并召开安全生产例会,对安全检查情况进行讲评,布置下周安全工作任务。

(3)项目部定期对安全控制计划的执行情况进行检查、考核和评价,对施工中人的不安全行为、物的不安全状态、作业环境的不安全因素和管理缺陷进行原因分析,并制定相应的整改防范措施,以提高安全控制能力。

(4)项目安全员对纠正和预防措施的实施过程和实施效果应进行跟踪检查,保存验证记录。

(5)建立健全安全资料管理,使安全工作有章可循,有准确的文字和数字档案,有据可查。

6.5 急性传染病的应急措施

为保证施工现场全体员工的安全,保证全体职工的身体健康,必须坚持"预防措施"、"思想教育"两手抓,做到预防传染病与施工生产两不误。主要措施如下:

(1)按照当地主管部门要求,落实防控传染病的相关措施,对施工现场进行封闭式管理。

(2)在现场建立测温室、观察室和隔离室,坚持"早预防、早发现、早隔离、早治疗"的措施。

(3)对施工现场、生活区、办公区消毒,每天由专人负责定时清理消毒。

(4)做好思想宣传教育工作,通过聘请医护人员讲解、发放宣传材料等形式,使得施工人员了解急性传染病,正确认识急性传染病,坚定战胜急性传染病的信心,稳定施工人员思想情绪,在防治急性传染病的同时,精心组织施工生产,确保实现"工地不停工,工地零'传染'"的任务,保证施工生产的顺利进行。

7 环境保护措施

7.1 环境保护措施

根据《环境管理系列标准》(GB/T24000—ISO14001)的要求建立项目环境监控体系,不断听取临近单位、社会公众的意见和反映,采取整改措施,切实搞好周边的环境保护。

7.1.1 防止扰民措施

(1)施工期间,做好各项协调工作,尽一切可能不影响附近居民的正常工作、生活秩序。

(2)对产生噪音、振动的施工机械,采取控制措施,努力减轻噪声扰民。

(3)按照天津市的要求办理夜间施工许可证,并和附近居民经常沟通,按天津市有关规定对其进行经济补偿。

(4)实行"门前三包",保持周围环境的清洁卫生。

(5)出场车辆应进行冲洗,防止车轮带泥出场。

7.1.2 防止扬尘措施

(1)施工现场四周设置砖围墙,与周围行人及其他工作人员分开。

(2)建筑物采取全封闭防护施工,以减小扬尘。

(3)施工用土方和外运土方用彩条布覆盖。

(4)工地入口设置沉淀池,运输车辆驶出施工现场时要将轮胎冲洗干净。

(5)水泥、石灰等建筑材料在库房内保存。

(6)禁止凌空抛洒垃圾。

(7)施工现场道路全部硬化,保持场地内部清洁,防止车辆污染道路和尘土污染。

(8)不得在施工现场及其周围焚烧沥青、油漆等会产生有毒、有害烟尘和恶臭气体的物质。

(9)楼层建筑垃圾实行"袋装化",用塔吊运输至建筑物外,或用封闭通道运输至建筑物外,严禁从楼层直接向下倾倒。

(10)施工现场垃圾、渣土及时清理出现场。

(11)四级以上风力时,严禁装卸垃圾及含有粉尘的东西。

(12)土方及建筑垃圾装运时,应洒水湿润,防止扬尘;运输时应覆盖严密,防止洒落、飞扬,土方及建筑垃圾按城管要求弃于指定地点。

7.1.3 防止水污染措施

(1)施工现场排水畅通,严禁污水流溢至场外。

(2)泥浆水必须经过沉淀池沉淀后,才能排入市政雨水管网;粪便污水必须经过化粪池处理后,才能排入市政污水管网。

(3)现场临时食堂设置简易污水桶,定期排出。

(4)外加剂要妥善保管、库内存放。

7.1.4 防止噪声污染措施

(1)尽量采用环保型设备,对个别噪声较大的机械设备尽量不同时开启或尽量避开夜间和午休时间,尽可能地将噪声污染控制在国家规定规范之内。

(2)严格控制作业时间,晚10:00到次日早6:00之间停止作业,确因特殊情况必须昼夜施工时,尽量采取措施降低噪音。

(3)钢筋加工、木材加工一律在作业棚内进行,作业棚搭成封闭式,以起到隔声的效果。

(4)采用环保型振动棒,以减小混凝土振捣噪声、控制人为噪声,现场不得高声喊叫,无故敲打模板,乱吹口哨。

7.2 文明施工措施

严格按照建设部颁布的施工现场管理条例及天津市有关规定进行文明现场管理。按照现代工业生产的客观要求,在施工现场保持良好的生产环境和施工秩序,达到提高劳动效率、安全生产和保证质量的目的;培养尊重科学、遵守纪律、服从集体的大生产意识,提高企业的整体素质,用高水准的施工现场来提高企业的知名度,树立企业的形象,增强企业的竞争能力,确保文明施工,创安全文明工地。

7.2.1　建立文明施工保证体系

(1)成立以项目经理为组长,技术负责人、工长等管理人员为成员的现场文明施工管理小组,委派专人负责文明现场管理。

(2)建立文明施工岗位责任制,按分区、划片原则进行施工现场管理,项目经理部负责施工现场场容文明形象管理的总体策划和部署,各专业队伍和指定分包队伍对各自工作区域的现场管理负责,服从项目经理部文明施工管理。

(3)建立文明施工管理制度,严格执行检查制度和奖罚制度,把文明施工管理和经济利益挂钩,一同检查与复核。

(4)坚持文明施工例会制度,对检查情况进行讲评,分析文明施工现状,针对实际存在的问题,制定改进措施。

7.2.2　健全管理资料

(1)备齐上级文明施工标准、规定、法律等资料。

(2)文明施工自检资料应填写完整,内容符合要求,签字手续齐全。

(3)要有文明施工活动情况记录。

(4)开展竞赛,加强文明施工教育培训工作。在现场各专业之间开展文明施工竞赛活动,将其与检查、考核、奖惩相结合,竞赛评比结果张榜公布于众,对工人进行岗位文明施工教育。

7.2.3　现场管理措施

(1)施工平面图管理。①施工平面图设计要做到科学合理化,根据不同施工阶段的需要,设计阶段性施工平面图;②严格按监理审批后的施工平面图划定的位置布置现场办公、生活、生产临时设施,布置施工道路、材料堆场和机械设备等。

(2)形象宣传管理。①围墙做到美化,门头做到亮化,并做好企业形象宣传。②在现场主要入口处,按规定设置"五牌二图",即工程概况牌,安全纪律牌,防火须知牌,安全无重大事故计时牌,安全生产、文明施工牌,施工平面布置图,项目组织机构图。同时,设置不锈钢工程名称牌、导向牌,设置施工宣传栏、报刊栏。③在主入口设置旗台,挂国旗和企业旗帜;围墙上插彩旗。④办公设施统一配置,按企业形象和文化要求布置。⑤职工统一着装,佩带胸卡;加强职工文明施工教育,做到形体整洁、礼貌待人。

(3)场容管理。①施工场地全部硬化,四周设明沟,排地表雨水,使场地不积水。②施工道路、出入口禁止堆放材料,禁止布置施工机械,以保证场区交通畅通。

(4)材料设备管理。①钢管、模板等架料分规格码放整齐,钢筋架高堆放并标识清楚,砂等松散材料四周应砌筑挡墙。②库房、工具房设置料架,物品摆放整齐,并进行标识。

(5)作业面管理。①作业面的材料应分类集中堆放,施工工具在下班时交还库房保存。②作业面的垃圾及时清理,做到自产自清、日产日清、工完场清。

(6)卫生管理。①设专人负责打扫场区的清洁卫生。施工楼层设垃圾箱,现场设垃圾池,施工垃圾、生活垃圾分别堆放,并及时清运出现场。②宿舍实行轮流值班、打扫、清洁卫生,餐具集中放置。③食堂建立卫生管理制度,卫生设施齐全,符合卫生防疫要求。污水排放要符合市政和环保要求。④设水冲式厕所,污水经化粪池处理后,排入市政排污管网。

(7)门卫管理。①建立门卫管理制度,工人进出场应进行登记,工人退场自觉接受检查。②加强保卫工作,防止偷盗事件发生。

(8)保洁及日常管理。场区内实行封闭式管理,实行标准化清扫保洁。施工现场及施工部位操作面上的清理人员不少于10人,所有清洁人员20人以上。工作要求如下:①施工现场设两个标准生活垃圾箱,建筑垃圾每日清理;场区道路两侧、办公区域、生活区域、保障区域内设置塑料袋装封闭垃圾筒,每半天清理一次,场区内全部垃圾做到日产日清;场区道路、办公区域、生活区域及材料运输车出入口外的市政道路应每天安排保洁人员清扫两遍;②公共场区保持清洁,不随意堆放杂物和占用场区,场区无乱设摊点、广告牌、乱贴、乱画现象;③会议室每天打扫一遍,食堂每餐后打扫一遍(厨房卫生由使用单位自行负责,但应符合卫生检疫要求),卫生间每天打扫两遍、消毒一次,保证无蚊蝇滋生。④民工宿舍每天打扫一次,每月消毒一次。围墙以内无卫生死角。

(9)绿化管理。①为美化及绿化现场,在现场主道路两侧设2.5 m宽绿化带;施工办公区及业主办公区设两个花坛,内设绿篱及花草。②定期对物业管理区域内的绿地、花木等进行养护、浇水、剪枝、除虫。③保护场区绿化设施无破坏、践踏及随意占用现象。

8 施工进度计划及工期保证措施

8.1 工程总控制计划

8.1.1 控制目标的分析及确定

由于工程量较大,加上商业配套楼有地下室,确定工期目标为260个日历天。计划开工日期为2007年3月16日,计划竣工日期为2007年11月30日。

8.1.2 总控制进度计划的制定

根据先总体、后局部,先控制、后详细分界的原则,经过对工期目标、开工时间的分析,以基础、主体等为关键线路,采用计算机辅助管理的方法进行模拟、计算和调整后得到本工程的总控制进度计划。

在该控制计划的指导下,进一步确定各主要线路(关键线路),尤其是基础和主体施工阶段的细部实施计划,以保证控制计划的实现。

8.2 进度计划保证

中标后正式动工前的准备工作包括必要的内业准备和必须的外业准备两个方面,所有准备工作要求在6天内完成。

8.2.1 必要的内业准备

(1)准备工作内容。正式动工前,必要的内业准备工作包括:①应向监理工程师提交一份适合于整个工程的施工组织设计或项目质量保证计划和主要工序施工方案,经批准后组织实施;②通用合同条件规定:收到中标通知书后,按监理工程师同意的格式和详细程度提交一份完整的工程进度计划,在获得批准后遵照实施;③图纸会审工作、各专业(分项)工程的技术交底工作等。

(2)准备工作进度计划。工程开工时千头万绪,涉及到的事情较多,而且开始时人员较少,因此要高水准地按期完成上述工作内容会有一定的困难,同时也没有必要在该时间内全部完成上述工作,可以采用以下分部实施的方法:①方案Ⅰ及审批,包括基础施工阶段平面布置方案、塔吊基础方案、临时设施建筑/结构施工图等;进场后 2 天内完成。②整个工程的施工组织设计或项目实施计划,作为方案Ⅱ,按照通用条件规定的时间完成。③土方开挖及支护施工方案,在进场后 10 天内完成。④基础结构施工图图纸会审工作在进场后 6 天内完成,以便为基础结构施工奠定基础。

8.2.2 必须的外业准备

(1)准备工作内容。正式动工前,必须的外业准备工作包括:①现场围墙、库房、钢筋/木工加工棚、厕所等生活和生产临时设施的搭设工作;②机具、材料等的准备工作。

(2)准备工作进度计划。①方案Ⅰ批准后 7 天内完成,以便于管理人员尽快进场以及提供给工地例会使用;②临时设施陆续搭设,保证基础结构施工时的材料加工及职工住宿使用。

8.3 基础结构施工进度控制计划

8.3.1 主要工作内容划分

此阶段,有关平面准备工作,比如临时设施的搭设等仍然继续进行;安装的预埋预下工作适时插入。基础结构部分 2 个施工区。从下往上划分为降水、挖土及围护,垫层施工,基础底板,地下室结构 4 个部分。4 个部分的计划控制工期分别为:降水、围护、挖土 30 天,垫层防水及基础底板 15 天,地下室结构 25 天。其工作内容包括:

(1)基础底板部分:①垫层施工;②砌筑砖模;③防水工程;④钢筋工程;⑤混凝土工程等。

(2)地下室结构部分:①外墙、电梯井、柱、梁、顶板钢筋;②外墙、电梯井、柱、顶板梁、板模板;③外墙、电梯井、柱、顶板梁、板混凝土。

8.3.2 进度控制计划

根据准备工作基本具备条件的完成时间,以基础结构施工为关键路线,基坑围护结构和降水井施工可以于 2007 年 3 月 21 日开始。以基础底板混凝土浇筑能够连续进行为条件相继投入,地下室构件施工实施流水施工,其主要项目的工作内容及时间控制为:①基础底板——待防水保护层具有上人强度时开始进行,时间共 15 天;②地下室结构——限制施工时间为 25 天。

按此时间规划,用 CPM 法进行分析,其施工工期为 40 天,能够满足控制计划的要求,据此,本工程基础结构施工将于 2007 年 5 月 20 日全部达到±0.000。

8.4 主体结构施工进度控制计划

当地下室结构完成后,进入主体施工阶段。首层每段工期控制为 14 天,二层工期 10 天,二层以上工期 7 天,其余各层各段的工期控制为 7 天。

8.4.1 主体结构施工进度计划

根据主体结构工程量,其各层的计划工期为:2 层以上每层楼的主体结构控制时间为 7 天。

8.4.2 工作内容

每层的工作内容是:

涉及构件——竖向构件为柱;水平构件为梁、板结构;

工作内容——钢筋、模板和混凝土。

8.5 主要分部(项)工程节点工期

主要分部(项)工程节点工期见表 8-8。

表 8-8　主要分部(项)工程节点工期

序号	工作内容	标段/楼号		开始日期 (年－月－日)	完成日期 (年－月－日)	持续时间(d)
1	基础结构工期 (含土方开挖)	A标段	1#、2#、7#楼	2007－04－11	2007－05－05	25
			商业配套楼	2007－04－01	2007－05－20	50
		B标段	6#、5#楼	2007－03－25	2007－04－13	20
			3#、4#楼	2007－03－30	2007－04－28	30
2	主体结构工期	A标段	1#、2#、7#楼	2007－05－06	2007－06－19	45
			商业配套楼	2007－05－21	2007－06－19	30
		B标段	6#、5#楼	2007－04－19	2007－06－07	50
			3#、4#楼	2007－04－29	2007－06－17	50
3	二次结构、 抹灰工期	A标段	1#、2#、7#楼	2007－06－20	2007－08－18	60
			商业配套楼	2007－06－20	2007－08－03	45
		B标段	6#、5#楼	2007－06－08	2007－08－11	65
			3#、4#楼	2007－06－18	2007－08－21	65
4	地下室外墙 防水	商业配套楼		2007－06－10	2007－06－29	20
5	屋面防水	A标段	1#、2#、7#楼	2007－07－10	2007－07－19	10
			商业配套楼	2007－07－05	2007－07－14	10
		B标段	6#、5#楼	2007－06－28	2007－07－09	12
			3#、4#楼	2007－07－08	2007－07－19	12
6	卫生间防水	A标段	1#、2#、7#楼	2007－08－19	2007－09－27	40
			商业配套楼	2007－08－14	2007－09－12	30
		B标段	6#、5#楼	2007－08－12	2007－09－20	40
			3#、4#楼	2007－08－22	2007－09－30	40
7	外墙外保温	A标段	1#、2#、7#楼	2007－06－20	2007－07－29	40
			商业配套楼	2007－07－05	2007－08－13	40
		B标段	6#、5#楼	2007－06－08	2007－07－17	40
			3#、4#楼	2007－06－18	2007－07－27	40
8	外装修工期	A标段	1#、2#、7#楼	2007－08－19	2007－11－16	90
			商业配套楼	2007－08－04	2007－11－01	90
		B标段	6#、5#楼	2007－08－09	2007－11－06	90
			3#、4#楼	2007－08－19	2007－11－16	90
9	内装修工期	A标段	1#、2#、7#楼	2007－07－20	2007－11－24	128
			商业配套楼	2007－08－24	2007－11－21	90
		B标段	6#、5#楼	2007－07－10	2007－11－16	130
			3#、4#楼	2007－07－20	2007－11－24	128

收尾验收工期 6 天,施工时间 2007 年 11 月 25 日~2007 年 11 月 30 日。

8.6　确保进度目标实现的措施

8.6.1　组织保障措施

(1)明确各级进度控制人员,严格网络计划管理,施工中采用四级网络计划进行工期控制:①第一级网络为总进度计划;②第二级网络为月施工计划,开工后编制详细的网络计划;③第三级网络为周作业计划,按二级网络要求进行细化,作为总承包单位的项目经理部应编制到这一级网络计划,以结合例会制度控制实施;④第四级网络为日作业计划,各施工队以及各指定分包单位在第三级网络的基础上编制的进一步细化安排,标明每日应达到的形象进度,并报总承包单位业务部门批准后实施。

(2)设立工程协调机构,负责与业主/监理工程师的联络、沟通,协调各专业施工队、各单项工程施工之间的工作。

(3)建立周生产例会制度(或定期生产碰头会)以及时解决工程施工中出现的问题,并部署下周施工生产。

8.6.2 合同保障措施

(1)引进竞争机制,选用高素质的各内部施工队伍,严格合同管理力度,确保工程进度和质量要求。

(2)在内部责任合同和指定分包合同中,均明确进度和各自的进度控制责任和权利。

(3)在布置任务时做到明确任务的同时明确完成时间。

8.6.3 经济保障措施

(1)将进度快慢与经济效益挂钩,对各责任单位明确完成任务的不同时间要求所对应的不同经济收入。

(2)对于关键线路上的工序,凡提前者给予经济奖励。

(3)对于拖延工期者,除给予罚款处罚外还应指令其自费赶上工期目标(以第三层计划所规定的完成时间作为控制目标)要求。

8.6.4 技术保障措施

(1)严格单项工程管理,采用均衡流水施工,见图8-1,合理安排工序,提前插入地下室内防水、砌体、装修及主体砌体结构施工等。

(2)采用先进的垂直运输机械设备和泵送混凝土设备,以满足材料垂直运输和水平倒运及现场混凝土泵送需求。

(3)采用定型竹胶板模板、利建模板及快拆支撑体系,以达到板面平整、组装灵活、混凝土成形质量好、整装快捷,施工方便的目标;利用早拆支撑,当混凝土达到约50%强度时,可拆除底模和大部分支撑,只保留养护支撑,从而加快模板、支撑的周转,保证施工进度。

(4)采用计算机辅助管理,提高进度计划的指导性、可用性。

(5)采用无线对讲机辅助指挥系统,对现场进行全方面控制,提高信息反馈和调控能力。

9 总包管理与服务措施

本工程采用项目管理软件进行管理。

本工程要求施工单位用 ID 打卡机对所有施工人员进行管理。

9.1 土建与安装的配合

9.1.1 预留预埋配合

预留人员按预留预埋图进行预留预埋,预留中不得随意损伤建筑钢筋,与土建结构有矛盾处,由施工员与土建人员协商处理,在楼地坪内错、漏、堵塞或设计增加的埋管,必须在未作楼地坪面层前补埋,墙体上留设备进入孔,由设计确定或安装有关工种在现场与土建单位商定后由土建留孔。

9.1.2　暗设箱盒及墙面上开关、插座安装配合

暗设箱盒安装,应随土建墙体施工而进行,布置在墙面内的开关、插座,应配合墙面施工而进行。

9.1.3　灯具、开关、插座及面板安装配合

灯具、开关、插座盒安装应做到位置准确,施工时不得损伤墙面,若孔洞较大时应先做处理,粉刷后再装箱盖、面板。

9.1.4　施工用电及场地使用配合

因施工单位多,穿插作业多,对施工用电、现场交通及场地使用,应在土建统一安排下协调解决,以达互创条件为目的。

9.1.5　成品保护的配合

安装施工不得随意在土建墙体上打洞,因特殊原因必须打洞的,应与土建人员协商,确定位置及孔洞大小,安装施工中应注意对墙面、吊顶的保护,避免污染。

通过工程建设指挥部与各施工单位协调共同搞好安装成品保护,土建施工人员不得随意扳动已安装好的管道、线路、开关、阀门,未交工的厕所不得使用,磨石地坪作业时不得利用已安装好的下水管排泥浆,不得随意取走预埋管道管口的管堵。

9.2　各工种间的配合

9.2.1　通风空调工程与管道、电气、弱电安装的配合

通风空调设计出图后,各工种本着小管道让大管道的原则,了解风管布置,确定和调整本工程管道、电气线路走向及支架位置,风管应尽早安装,以便给其他工种创造施工条件。

9.2.2　油漆施工配合

施工中各种管道、支架均先刷底漆,待交工前按统一色泽规定刷面漆,个别情况需全部漆完的由施工员确定。

9.2.3　设备安装与管道、电气的配合

设备到货后尽快就位,为管道配管与电气接线创造条件。

9.3　与业主之间的配合

(1)业主供应的材料设备,由业主按进度计划及时提供,其到货计划表待施工图到齐后,由项目班子提出。

(2)图纸资料及设计变更,由业主按规定数量及时供应,安装与设计的有关事宜由业主、总包方协调。

(3)业主在施工过程中对工程质量进行监督,设备开箱检查、隐蔽验收、试车、试压应约请业主参加和验收。

(4)业主按进度及时解决工程进度款。

(5)由业主与变、配电施工部门协调,按照进度计划要求组织通电调试。

9.4　与监理单位之间的配合

(1)按照现行监理规范上报监理单位所需的各种资料。如施工准备阶段的开工报告、

测量方案、塔吊布置方案、施工组织设计、主要分部工程施工方案,施工过程中的施工记录、技术交底、材料报验资料,竣工后的竣工报告及竣工移交资料等。

(2)按照监理规程在未进行报验前,不得组织材料进场和下道工序施工。

(3)每月按时报送工作量,报送相关统计报表、月进度计划。

(4)及时组织项目管理人员和作业班组长参加监理例会。

(5)对施工中出现的质量和安全问题,按照监理单位的通知和要求进行整改。

(6)为监理单位提供方便、安全、舒适的工作环境。

9.5 与设计单位之间的配合

(1)按照业主的要求与设计单位及时沟通,提出设计交底的时间。

(2)对施工中发现的设计问题,及时通过监理单位或直接与设计单位取得联系,尽快解决。

(3)认真研究施工图纸,向业主和设计单位提出合理化建议。

(4)及时邀请设计单位进行过程检查。

(5)为设计单位提供安全、舒适的办公环境。

(6)各专业安排专人与设计单位联系。

(7)分部工程或子分部工程施工完成后,及时通知设计单位参加验收。

10 现场组织机构和专业力量配备

10.1 组织机构设置

10.1.1 合同结构分析

中标后,我单位将作为本项目的总承包单位,并与业主签订施工总承包合同,以及与业主指定的分包单位签订指定分包合同。

项目经理部在施工现场全权代行总部职能,包括对外的合同履约、对内的组织管理等。详见图8-14。

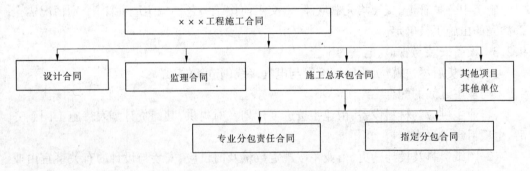

图8-14 工程合同结构关系

10.1.2 项目管理结构

(1)质量管理方面的项目管理结构。通常,业主在施工质量上的管理工作,都全权委托给监理公司,因此在涉及施工质量管理方面的问题时,按照图8-15所示的管理结构开展工作,凡业主方有关质量的指令(包括工程变更等)应通过监理公司转发,同样,施工单位的有关设想、建议等也应通过监理单位报告业主和设计单位,经批准之后方可实施。

(2)其他方面的项目管理结构。除施工质量以外,其他方面的管理工作,比如工程造

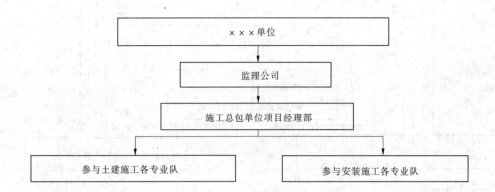

图 8-15　施工质量角度的项目管理结构图

价管理、合同管理、工程进度款管理、与业主指定分包单位之间的协调等,我方作为总包
(施工)单位将直接与业主往来;监理单位作为业主的顾问,相互关系由他们之间自行协
调,此时的项目管理结构详见图 8-16。

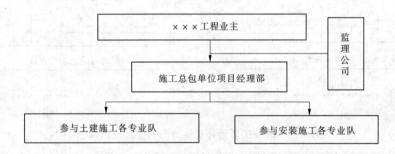

图 8-16　除施工质量外其他方面的项目管理结构图

10.1.3　项目信息流结构

对应于图 8-15、图 8-16,分别有两种信息流结构,为保证有关工程中的各种信息传递
畅通无阻,应严格遵守图 8-17、图 8-18 的规定。

10.1.4　施工/项目管理组织机构

按照国标(GB/T19002—ISO9002)要求,并结合工程情况,我单位现场项目经理部设
立 5 部 1 室(即工程技术部、质量安全部、财务部、材料设备部、预结算部和综合办公室等)
6 个管理部门作为项目纵向控制的职能部门。对内,全面组织、协调,管理土建、安装等具
体的施工队伍(人员);对外,做好与业主、监理等单位的协调工作。

为加强现场管理,确保各项控制目标的实现,选派项目管理能力强的技术人员任该项
目部项目经理。

由于在该项目中将实施较多新技术、新工艺,尤其是计算机辅助管理技术、计算机网
络远程控制技术等现代化信息技术的运用,将增添该项目的科技含量。此决定也是对国
家建设部关于信息技术在施工项目管理中的运用以及计算机网络技术远程控制在项目管

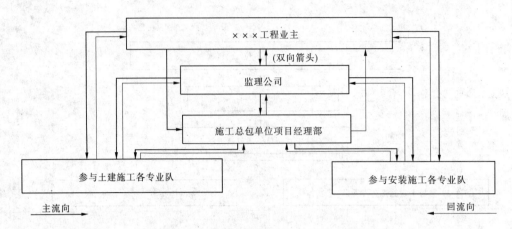

图 8-17　工程施工质量方面的信息流结构图

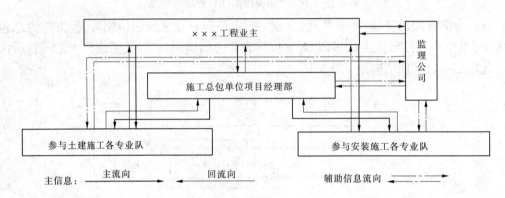

图 8-18　除施工质量外其他方面的信息流结构图

理、施工技术管理等方面运用的一项有益的尝试和研究。

其管理机构详见图 8-19。

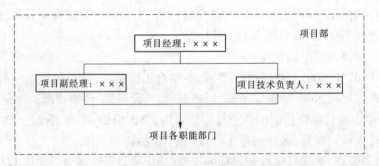

图 8-19　施工现场项目部项目管理组织机构之一

在此情况下,总部与项目部之间的虚拟整体功能如何,将是事业成功的关键。为此,总部与项目部(或项目部与总部)之间将采用现代化的通讯手段(包括 Internet)连接,使总部能够随时掌握工地的动向,使项目部能够随时接受总部的指示,使总部领导在项目部也能够随时掌握总部的动向,并针对现场的需要发出有益的指令。

这种联系方式详见图 8-20。由于移动通讯与电脑的完美结合,以及远程网络办公平台的运行,完全能够保证主要指挥者在任何地域都能够与现场保持有机的联系。

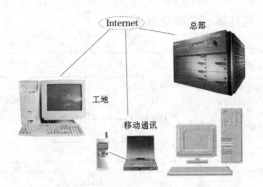

图 8-20　总部与项目部的现代化联系方案

通过建立上述各机构,综合后得到本项目施工管理的组织机构图(详见图 8-21)。其中,操作工人是按照专业队的方式组织,各专业操作工人在每个施工段上的流动,由该专业负责人根据项目经理部的统一部署去组织落实。

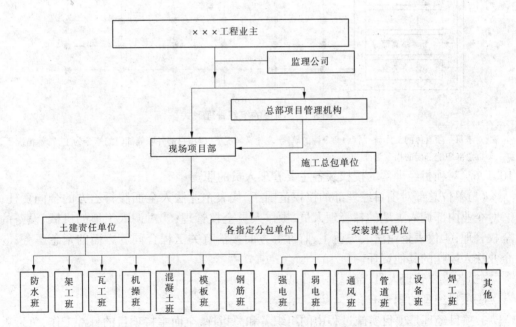

图 8-21　施工现场项目部项目管理组织结构之二

各指定分包单位也需要按照图 8-21 的方式建立相应的专业队伍,并建立与总包单位之间的关系,建议业主在选择指定分包单位时,也应当充分考虑该因素。以便在施工现场能够全面实现业主与施工总包单位、设计、监理及指定分包单位之间的现代化信息传递和管理方式。

10.1.5 施工/项目管理组织形式

鉴于本工程的规模和体制,以及上述组织机构的设置情况和单位总部对现场(项目)的控制情况,为保证项目每一具体过程的控制能够准确、及时、得当,确定本项目的组织管理形式为矩阵式管理。其具体方式详见图8-22。

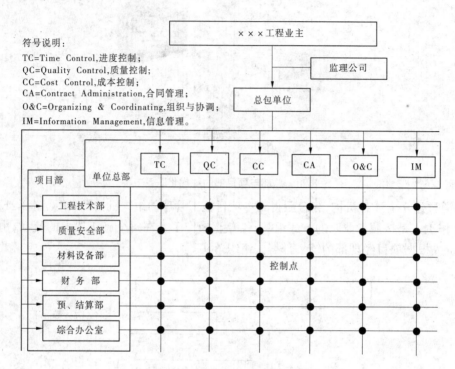

图 8-22 项目的组织管理形式

注:对于每一项具体的工作(控制点)命令源的确定,在正常情况下,以项目部各职能部门的指令为主,特殊情况下,以总部职能部门的指令为准。

10.1.6 对项目经理部的授权及各主要管理人员的职责

(1)单位总部对项目经理部的授权范围:①代表企业法人全面履行乙方的合同责任;②对企业内部调入工地的各管理人员、操作人员全权管理;③对调入工地的机械、设备的全权管理;④代表企业法人与业主、监理等方面接洽有关工程合同等方面的紧急事务;⑤企业法人委托的其他责任。

(2)各主要管理人员、部门的工作职责。

①项目经理的职责有:

a.项目经理是项目实施过程中的组织者和总指挥,全面主持项目的日常工作,负责项目的合同实施、工程管理、质量、安全、工期目标的实现等全面工作;

b.牵头负责与业主和政府机构的联络,负责与业主、监理、设计等的现场协调和沟通;

c.负责组织编制投标资审文件和投标文件,组织编制项目实施的各类进度计划、预算、报表;

d.组织编制项目执行机构的劳资分配制度和其他的管理制度;

e.拟订项目执行机构组织和人员配置,提请单位总部聘任及解聘项目主要岗位人员;

f.负责组织、协调公司和后方生产资源和技术服务的支持工作;

g.组织领导工程的各项创优工作;

h.根据公司授权处理项目实施中的重大紧急事件,并及时向公司报告,组织项目部对供应商的选择工作;

i.负责工程的竣工交验工作。

②项目副经理的职责有:

a.协助项目经理工作,和项目经理一道,全面主持项目执行机构的日常工作;

b.协助项目经理,主要负责项目的生产、质量、安全、进度的组织、控制和管理工作;

c.负责安全交底并组织实施;

d.具体负责项目质量保证计划、各类施工技术方案和安全文明施工组织管理方案的编制和落实工作;

e.具体负责组织和完成项目开工前期的现场准备工作,包括各类临舍;

f.具体负责项目部联系公司资源的支持和配合;

g.具体办理与业主、监理、设计等现场协调和沟通的组织领导工作;

h.负责总体和阶段进度计划的编制、分解、协调和落实工作;

i.具体组织领导项目的各项创优工作;

g.协助总工程师进行新材料、新工艺、新技术在本工程的推广、应用和技术总结工作。

③技术负责人的职责有:

a.协助项目经理管理和领导项目的全面技术工作;

b.组织相关部门人员参与业主、监理、设计单位等就施工方案、技术、设计、质量问题的会议、讨论或磋商;

c.负责施工组织设计交底并督促实施;

d.主持施工组织设计和重大技术方案的编制并负责审核和把关;

e.组织进度计划的编制并监督落实、负责各工种之间的配合和协调;

f.参与项目质量策划并督促技术方案和施工组织设计主要内容的落实工作;

g.对新技术、新工艺和新材料在本工程的推广和使用进行指导并把关;

h.协助领导和组织创优工作;

i.负责竣工图、竣工资料、技术总结等工作的指导和把关工作;

j.负责对工人的岗前培训工作审查并认可培训效果;

④工程技术部的职责有:

a.协助项目经理、总工程师工作,负责项目部的具体技术工作;

b.具体负责投标阶段技术标的编制工作;

c.负责编制项目质量保证计划、安全文明施工组织管理方案及各类施工方案;

d.负责进度计划的编制,审核各细化进度计划;

e.协助安全文明施工、质量体系运行和争创质量奖工作;

f.负责填写施工日志,做好技术资料收集整理工作、项目阶段交验和竣工交验;

g.具体负责与总部联系后方技术力量和资源;

h.负责新技术、新材料、新工艺在本工程的推广应用和科技成果的总结工作;

i.与质量安全文明部紧密配合,共同负责工程创优和评奖活动;

j.具体负责与业主、监理、设计方协调的工作,协助总工程师审核施工方案与设计意图之间的一致性,尽力将设计对工期造成的不利影响降到最低;

k.组织相关部门负责竣工图编制工作。

⑤质量、安全部的职责有:

a.负责项目质量监督、质量管理、创优评奖和"质量、安全、环境"管理体系的贯标工作;

b.负责编制项目质量保证计划并负责监督实施,做好过程控制和日常管理;

c.负责项目全部质量保证体系和质量方针的培训教育工作;

d.负责分部、分项、工序质量检查和质量评定工作;

e.负责质量目标的分解落实,编制质量奖惩责任制度并负责日常管理工作;

f.负责工程创优和评奖的策划、组织、资料准备和日常管理工作;

g.最终负责竣工和阶段交验技术资料和质量记录的整理、分装工作,与工程技术部一道,共同负责项目阶段交验和竣工交验;

h.负责质量事故的预防和整改工作;

i.参与相关材料供应商的选择和质量评定工作;

j.负责项目安全生产、文明施工和环境保护工作;

k.参与编制项目安全文明施工组织管理方案和管理制度并监督实施;

l.负责安全生产和文明施工的日常检查、监督、消除隐患等管理工作;

m.具体负责管理人员和进场工人的安全教育工作,负责安全技术审核把关和安全技术交底,负责每周的全员生产例会;

n.负责项目"天津市文明安全工地"的组织和管理活动,负责安全目标的分解落实和安全生产责任制的考核评比,负责开展各类安全生产竞赛和宣传活动;

o.负责制定安全生产应急计划,保证一旦出现安全意外,能立即按规定报告各级主管部门,保证项目施工生产的正常进行,负责准备安全事故报告;

p.负责安全生产日志和文明施工资料的收集整理工作;

q.配合办公室做好项目对外宣传工作,共同负责协调周边关系、处理施工扰民问题和特殊交通运输问题。

⑥材料设备部的职责有:

a.协助项目经理工作,具体负责物资设备的采购和供应工作,为招投标经济文件准备基础物资价格数据;

b.具体负责编制项目物资采购计划、进场计划和统计工作;

c.具体负责本项目采购招标文件的编制工作和供应商的选择工作,负责供应商的日常管理工作;

d.编制和完善项目物资领用管理制度和日常管理工作;

e.参与项目质量保证计划的编制工作,配合财务劳资部、预、结算部编制资金计划;

f.负责物资进出库管理和仓储管理,负责监督检查所有进场物资的质量,协助技术准备部做好技术资料的收集整理工作;

g.负责进口物资的检验、报关、清关业务;

h.具体负责竣工时库存物资的善后处理;

i.具体负责与后方采购供应支持的协调联系工作;

j.及时准确地为施工生产部门提供呈报业主和监理工程师审批的各类材料样品。

⑦预、结算部的职责有:

a.负责预算、结算、签证、索赔、决算工作;

b.负责项目合同管理,负责合同评审及合同交底,监督合同的全面履行;

c.负责编制施工预算,列出工料机消耗指标,严格控制制造成本,负责编制工程量报表,及时回收工程款;

d.参与项目质量保证计划的编制工作,配合财务劳资部编制开支预算和资金计划;

e.具体负责与业主的结算工作,编制项目月度请款文件;

f.负责年终工程量盘点工作,查漏、堵漏,减少损失;

g.负责监督现场签证工作的落实,收集、整理、保管好资料;

h.负责项目新增合同管理、造价确定以及二次经营等事务的日常文件;

i.完成领导交办的其他任务。

⑧财务、劳资部的职责有:

a.具体负责项目商务、财务、税收、劳资事务;

b.具体负责项目资金计划和各类财务报表的编制工作;

c.负责项目部职工的养老保险、失业保险、职工探亲工资的核销工作;

d.具体负责本项目保函、保险、信用证的办理和日常管理;

e.具体负责项目银行业务和合法纳税业务,包括协助物资采购部的进口纳税工作;

f.负责工程款的收支工作;

g.负责工作奖金发放工作;

h.配合预、结算部做好成本控制工作和准备竣工决算报告;

i.具体负责人事用工和劳资分配制度的编制工作并负责日常管理工作;

j.办理项目部调动人员的调动手续;

k.协助有关人员登记注册和解体清算工作。

⑨综合办公室的职责有:

a.协助项目经理工作,具体负责项目经理部会议的召集,并做好会议记录工作;

b.负责整理、起草经项目部有关会议集体研究通过或领导交办的各类总结、计划、决定、报告等文件和材料;

c.负责督促检查、落实公司有关决议、决定的贯彻、落实及完成情况;

d.负责上级文件的收、发管理工作,负责本项目内外文件和函件的统一审批、编号、登记、收发、立卷、归档、保管工作;

e.协助项目经理搞好公司质量体系文件的贯彻、实施,并监督、检查质量体系的运行情况,及时向上级主管部门及项目领导汇报;

f.负责项目综合治理和安全保卫的有关工作;

g.负责项目部职工食堂、环境卫生的管理;

h. 编制和完善办公制度,负责办公用品的采购、登记造册和日常管理工作;

i. 具体负责项目部对外公关和宣传接待组织工作;

j. 负责领导交办的其他工作。

10.2 项目班组组成情况及技术工人、劳动力计划

10.2.1 项目组织机构和班子组成情况

该工程若中标,我单位将充分发挥集团优势,在人、财、物等诸多方面全力保证(满足)工程需要。

为加强该工程的管理,按项目管理方法进行运作,成立现场项目经理部,并配备有多年建筑施工经验、多次承担过类似建设项目、在质量和工期方面创造了较好成果的人员组成项目领导班子,由具备国家一级项目经理、全国优秀项目经理、高级工程师等条件的同志担任该项目的项目经理,由具备国家一级项目经理、高级工程师等条件的同志担任本项目的项目副经理,具备工程师、本科学历、丰富施工经验等条件的同志担任该项目的技术负责人。

项目经理部下设的六个部门,按照一专多能、因职设人的原则共配备(编制)25人,其中专业技术人员18人。

现场项目的组织机构分为三个管理层:

(1)第一层:即项目经理部,负责施工项目的决策和调控工作;

(2)第二层:即专业职能管理部门,负责施工内部的专业管理业务;

(3)第三层:即项目的具体施工操作队伍,负责过程的实施工作。

项目经理部的主要管理、技术人员详见表8-9。

表8-9 项目经理部主要管理、技术人员一览

项目负责人	项目经理	×××
	项目副经理	×××
技术负责人	总工程师	×××
工程技术部	经理	×××
质量安全部	经理	×××
预、结算部	经理	×××
财务劳资部	经理	×××
材料设备部	经理	×××
综合办公室	经理	×××
质量员	助理工程师	×××
土建施工员	工程师	×××
安装施工员	工程师	×××
安全员	助理工程师	×××
材料员	助理经济师	×××

10.2.2 施工队伍组成及技术工人

工程所需高等级技术工人、特殊工种工人等全部采用单位正式/合同职工,普通技术工人亦全部选用我单位的合同制工人。

项目班子主要成员见表8-10。

表 8-10　项目班子主要成员一览表

序号	姓名	性别	职称	学历	年龄	现任岗位	岗位资质	拟任岗位
1	×××							项目经理
2	×××							项目副经理
3	×××							总工程师
4	×××							工程技术部经理
5	×××							质量安全部经理
6	×××							预、结算部经理
7	×××							财务劳资部经理
8	×××							材料设备部经理
9	×××							综合办公室主任
10	×××							土建施工员
11	×××							安装施工员
12	×××							质量员
13	×××							安全员
14	×××							材料员
15	×××							资料员
16	×××							试验员
17	×××							预算员
18	×××							出纳员

11　季节性施工管理措施及其他措施

11.1　雨季施工措施

本工程的基础主体结构施工将处于2007年雨季。在该雨季施工中,将主要采取以下措施。

11.1.1　雨季施工准备工作要求

(1)雨季施工应有专人负责发布天气预报,通报全体施工人员。

要求各项目在雨季施工前要成立防汛小组,由项目经理任组长,建立排洪抢险队伍,坚持防汛值班制度,落实各项责任制,及时根据气候调整施工安排。

(2)在雨季即将来临之前半个月,由各项目总工程师(技术负责人)根据工程进度和公司雨季施工总体方案的要求,制定详细的雨季施工措施,提出需用的防雨材料、设备计划。混凝土浇捣期间随时注意气象台预报,尽量避钢雨天施工混凝土。

防水工程应避免在雨天进行施工。

(3)由项目生产副经理、总工程师及现场安全人员对整个现场的排水设施、防雷措施等进行全面检查,消除隐患。

(4)充分利用现有设备,做好雨季施工的准备工作,提前做好水泵和电器设备检修。

11.1.2　主要措施

(1)重点对混凝土的浇筑和成形质量进行控制,砂石及时测定含水量、及时根据含水量调整配合比;对已浇筑完成的混凝土和已砌筑完成的墙体及时进行覆盖和保护。

(2)安全措施:①加强对供电线路及用电设备的防雨、防水、漏电检查维修,大雨前后,必须对塔吊的防雷击保护进行检查,防止电击雷击事故。②加强对特种作业、特殊部位施工的安全检查,必须安排专人跟踪监护,认真做好险情的防范和处理。③班前做好安全技术交底。遇有6级以上大风、大雨等恶劣气候时,应对高耸独立的机械、脚手架、及未装好的钢筋、模板等进行临时加固;堆放在楼面、屋面的小型机具、零星材料要堆放加固好;不能固定的东西要及时搬到建筑物内;吊装机械在大风来前停止作业,塔吊要收起吊钩,并将回转刹车松开,高空作业人员应及时撤到安全地带。大风过后要立即对模板、钢筋特别是脚手架、电源线路进行仔细检查,发现问题要及时处理,经现场负责人同意方可复工。④施工现场应加强雨季安全检查,并做好记录。

11.2 夏季施工措施

在主体工程施工期间,将采取以下措施:

(1)调整作息时间,上午早上班,下午晚下班,延长中午休息时间,尽量避免高温作业,避免在一天中气候最热的时段进行大工作量施工;

(2)多准备人丹等防暑药品,每天供应足量的茶水、绿豆汤或含盐降温饮料;

(3)对于必须连续施工,且需要时间长的工程,采取勤倒班的方法,缩短工人的一次连续工作时间;

(4)混凝土中应掺加缓凝剂,以减缓混凝土的凝结速度,便于混凝土收面;

(5)混凝土工程、抹灰工程、砌筑工程应增加养护频率,防止混凝土表面、抹灰表面干裂,降低砌筑砂浆黏结强度。

11.3 农忙等季节性施工措施

工程施工期间,将遇到2007年五一、国庆、中秋等节假日及农忙季节。

由于我们主要采用自有职工,他们有着善打硬仗、敢于吃苦、乐于奉献的优良传统,因此可保证农忙、节假日不放假,正常施工。农忙等季节施工措施包括:

(1)全体动员,进行重点工程教育,使全体职工在农忙期间集中精力,想工程所想,干工程所干;

(2)树立全员质量意识、工期意识,从思想上确保工程按期交付业主使用,并保证工程质量;

(3)与职工订立农忙期间劳动力合同,制定详细的劳动力稳定措施,以保证切实可行;

(4)实行激励机制,在农忙期间提高职工的工资待遇,保证职工的工资收入,并照顾好职工的生活,从根本上解决职工思想上、经济上的后顾之忧,以调动职工的工作积极性,使其安心在一线施工作业;

(5)实行经济责任制,制定两收期间保证劳动力、保证工期进度的奖罚措施;

(6)合理有序地调配劳动力,保证该工程总工期的需要。对在农忙期间确因难以克服的困难,无法参加一线施工所造成的劳动力减员,要提前做好摸底排查工作,具体落实到人,以便心中有数,尽早计划安排,协调好劳动力,千方百计保证该工程用工计划,达到不减员、不减速,对业主的总交工日期雷打不动地执行;

(7)必要时,在全单位范围内调集劳动力,满足农忙施工需要。

11.4 社会治安、流动人口计生管理措施

11.4.1 社会治安管理

为确保该工程顺利进行,我单位将采取以下安全保卫措施:

(1)该工程的治安保卫:扰民和施工现场与市民之间发生的各类案件,由辖区派出所处理,我单位保卫部门与该工程辖区派出所签订保卫协议。

(2)行政管理措施:针对该工程我们将采取基本封闭式施工管理办法,全体施工人员不允许随便上街游逛、自由活动,生活必需品由负责日常行政工作的后勤管理人员统一代购。施工人员一律在工地就餐,以最大限度地减少与社会的往来关系,避免发生各种事故和民事纠纷。

(3)单位之间的纠纷处理办法有:①主动与周围有关单位取得联系,征求意见,以便了解注意事项,寻求解决可能发生矛盾的办法,从而消除各种纠纷的发生;②一旦发生纠纷,根据不同情况,由我单位有关业务部门依靠当地政府及时采取措施主动解决,确保稳定;③与社会上的经济往来,我们将依法以合同形式进行管理,以便减少或杜绝纠纷的发生。

(4)施工现场的保卫措施:①在施工现场由该工程项目部抽调责任心较强的同志承担昼夜看护任务;②施工现场各出入口由保安人员负责专管;③该工程设立一专职管理人员负责日常治安管理工作;④项目部有治保会、消防管理领导小组,以确保工程的安全。

(5)对突发事件的处理。我单位具有团队优良的传统作风,遇到情况便依法采取果断、及时、有效的措施,使矛盾和纠纷化解在萌芽状态。

(6)施工现场,必须将有关管理部门批准的施工许可证和占用道路许可证悬挂在适当位置,以利管理部门监督管理。

(7)按文明工地标准,实施一切活动,工地要设有标志牌,标明工程名称、建设单位、施工单位和负责人、现场平面布置图和开、竣工日期。

(8)工地设专门进(出)料口、每口由专人值班把守,每班2人8小时,每天3班,严禁不整洁的车辆外出。

(9)每天派3人专门负责现场清扫和周边环境卫生。

(10)工程竣工后,及时拆除临时设施,整理现场,做到工完场清。

11.4.2 流动人口计划生育等的管理措施

我单位派专职管理人员负责流动人口"三证"(身份证、岗位就业证、暂住证)的管理工作。积极与当地劳动部门、公安部门接洽,按照当地相应的管理条例和管理办法及时办理各种证件。

及时组织育龄妇女到指定计划生育指导站进行定期检查,杜绝违反计划生育的现象发生。

11.5 预防质量通病措施

11.5.1 主体结构质量通病预防措施

在施工时,重点做好以下几点:

(1)改进模板体系、支撑体系和施工工艺,推广应用工业化全钢大模板体系,以增加模板刚度、减少模板拼缝,清除涨模、烂根、蜂窝麻面等,达到清水混凝土标准,减少抹灰量。

(2)梁柱接头处要注重模板设计,配好阴阳角模板,严禁在阴阳角处用木板、木楔乱塞

的做法。

(3)采用泵送混凝土,保证柱、墙、板混凝土的连续浇筑。

(4)采取有效措施,控制钢筋的纵向位移,保证轴线正确、不偏位。

11.5.2 屋面

(1)女儿墙部位渗漏:施工时,收口处理好木砖,收口防腐木条、封口砂浆认真操作,女儿墙压顶出口做成滴水槽、线;附加防水层不得漏贴。

(2)天沟及落水口积水、渗漏:在施工中要认真找坡,明确落水口标高及安装程序,落水口四周嵌灌密实,防水层及附加层必须严密包好。

(3)屋面起鼓开裂、张口渗漏:施工中控制好含水率的同时,要按规定留设排气分格缝和排气管,分格缝必须纵横贯通,通过排气管,排气管必须完善防水措施。

11.5.3 电气工程

为防止因管材质量、施工操作质量及其他工种施工造成的管路堵塞,配管工程应采取以下管路防堵预防措施:

(1)检查管材质量,管径应标准、壁厚均匀,无劈裂、无楞刺、无砂眼、不凹扁,小口径管子可使用吹气法检查管子是否畅通,不合格管材严禁使用。

(2)钢管煨弯焊缝应在侧面,凹扁度不大于管外径的1/10;宜煨活弯,不得煨死弯,弯曲半径不小于管外径的6倍;暗配管管路不得外露,水泥砂浆保护层不应小于15mm。

(3)敷设管路应避开设备基础,避开水管、风道等的预留孔洞。

(4)配管完毕后应认真核对图纸,并检查有无焊穿管壁、套管焊接不严密等现象,确认无误后封堵管口、箱盒;管口可使用塑料管堵或木塞封堵,然后用废苯板或锯末等将盒口堵严,箱口用油毡或铁板、三合板等封严;不进入箱盒、向上的大口径的管口可用薄钢板点焊封口。

(5)打混凝土时安排人员看护,发现问题及时修复。

(6)现浇混凝土结构中的管路,拆模后应立即清理箱盒,并用铅丝带布扫管,及时处理堵塞的管路。杜绝穿线时发现堵管造成集中、大面积剔凿。

12 紧急情况与应急响应

12.1 安全事故应急预案

12.1.1 安全事故应急救援的目的与原则

12.1.1.1 目的

(1)抢救生命,减少痛苦,降低伤员死亡率和伤残率;

(2)控制事故状态,疏散围观群众,减少事故损失,保护好现场,为事故的调查处理提供依据。

12.1.1.2 原则

(1)沉着大胆,细心负责,分清轻、重、缓、急,果断实施现场抢救。

(2)先处理危重伤员,后处理轻伤伤员;先救治生命,后进行治疗。

(3)现场急救是专业医疗抢救人员到来之前的抢救措施。施救前要根据伤员的性质施救,严禁冒险蛮干和违章指挥,同时要分清周围的环境有无伤及救护人员和伤员的因素。

12.1.2 成立安全事故应急救援组织机构

(1)项目部成立安全事故应急救援小组。项目经理任组长,副经理任副组长,成员由工程技术部、机电安装部、质量安全部、商务部、材料设备部、综合办公室等部门人员组成。质量安全部和综合办公室为主控部门。

(2)安全事故应急救援小组的成员包含各分包单位的项目负责人、安全员等人员。在发生安全事故时,各分包单位应自觉听从应急救援小组的安排。

(3)安全事故应急救援小组职责分工。①组长:任生产安全事故现场应急救援总指挥,向上级汇报,现场指挥分工救援。②副组长:在组长的领导下,具体开展日常工作的教育和培训,指导实施现场的急救与救援。③成员:负责医务指导、人工呼吸和胸部挤压等操作;疏导围观人员,保护现场;进行搬运、创伤处理,配合救治;电源处理、电事故急救与处理;大门处接救援车辆。

12.1.3 安全事故危险源分析

根据本行业事故发生的规律,结合本工程的特点,现把生产安全事故危险源分析归类如下:

(1)常见类事故:①高空坠落;②物体打击;③触电;④火灾;⑤打架斗殴致伤等。

(2)坍塌类事故:①土方坍塌;②高大设备、架体倒塌;③拆除作业倒塌;④物料临设倒塌等。

(3)中毒类事故:①液化气、煤气中毒;②一氧化碳中毒;③急性食物中毒。

(4)其他类事故等。

12.1.4 安全事故的报告与救援程序

项目发生安全事故时的报告与救援程序,见图8-23。

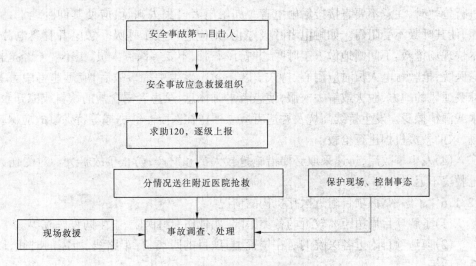

图8-23 安全事故的报告与救援程序

12.1.5 安全事故施工现场急救措施

12.1.5.1 成立以工程负责人为组长的现场急救领导小组

具体事项分工到人,明确责任,确保发生事故后现场的急救工作步到位。具体步骤如下:

(1)由组长负责向上级有关医疗救援部门报告。

（2）由副组长负责维护现场抢救、自救，并联系外援单位或人员（医院、消防队等）。

（3）由成员×××负责在项目现场大门接车、接人。

（4）由成员×××负责现场急救措施的落实（人员安排、具体方法等）。

（5）由成员×××负责组织后勤保障（物资、费用等）。

（6）由成员×××负责拨打急救电话120。

12.1.5.2　要求所有人员掌握常用的急救知识，并能灵活运用

（1）急救原则：先救命，后疗伤。

（2）急救步骤：止血、包扎、固定、救援。

（3）常用急救方法：①包扎。伤口包扎绷带必须清洁，伤口不要用水冲洗。如伤口大量出血，要用折叠多层的绷带盖住，并用手帕或毛巾（必要时可撕下衣服）扎紧，直到流血减少或停止。②碰伤。轻微的碰伤，可将冷湿布敷在伤处。较重的碰伤，应小心把伤员安置在担架上，等待医生处理。③骨折。手骨或腿骨折断，应将伤员安放在担架上或地上，用两块长度超过上下两个关节、宽度不小于 $10\sim15$ cm 的木板或竹片绑缚在肢体的外侧，夹住骨折处，并扎紧，以减轻伤员的痛苦和伤势。④碎屑入目。当眼睛为碎屑所伤，要立即去医院治疗，不要用手、手帕、毛巾、火柴梗及别的东西擦拭眼睛。⑤灼、烫伤。用清洁布覆盖伤面后包扎，不要弄破水泡，避免创面感染。伤员口渴时可适量饮水或含盐饮料，经现场处理后的伤员要迅速送医院治疗。⑥煤气中毒。立即将中毒者移到空气新鲜的地方，让其仰卧，解开衣服，但勿使其受惊。如中毒者停止呼吸，则实行人工呼吸抢救。⑦触电。发现有人触电时，应立即关闭电门或用干木材等绝缘物把电线从触电者身上拨开。进行抢救时，注意不要直接接触触电者。如触电者已失去知觉，应使其仰卧地上，解开衣服，使其呼吸不受阻碍。如触电者呼吸停止，则应进行人工呼吸。触电者脱离电源后，应尽快现场抢救，不间断地做人工呼吸，并挤压心脏，不要等医务人员，更不要不经抢救直接送医院，抢救触电人员时应耐心、持久。⑧中暑。发生中暑事故后，应迅速将中暑者移到凉爽通风的地方，脱去或解去衣服，使患者平卧休息，给患者喝含盐的饮料或凉开水，用凉水或酒精擦身。发生持续高烧及昏迷者应立即送往医院。⑨坍塌等特殊事故应保护好现场，求助救援机构进行抢救。

（4）发生事故后，迅速采取必要措施抢救人员和财产，防止事故扩大。对受伤人员的抢救决不迟误。

12.1.6　了解、掌握项目附近医疗机构的情况

（1）了解项目周边距离较近的各类医院，如骨伤专科医院、卫生防疫医院等。

（2）摸清项目附近各医院的所在位置、与项目的距离、行车路线、所需的时间，以及联系电话等。

（3）发生生产安全事故时拨打应急救援机构电话120。

（4）绘制项目附近医院的分布示意图。

12.2　火灾事故应急预案

12.2.1　建立火灾应急组织机构

（1）项目部成立消防防火工作应急领导小组。项目经理任组长，副经理任副组长，成员包括质量安全部、机电安装部、工程技术部、材料设备部、商务部、综合办公室等部门人员。质量安全部和综合办公室为主控部门。

(2)项目部火灾应急准备和响应领导小组办公室设在项目综合办公室,火灾应急准备和响应领导小组办公室负责应急准备和响应的布置、协调和检查工作,定期或不定期组织消防防火应急演练;紧急情况发生时由火灾应急准备和响应领导小组办公室负责通知相关职能部门、人员应急响应。具体行动有:①项目部质量安全部负责"消防防火紧急处置演练"的具体内容确定、组织、落实和实施工作,每年举办一次;项目部安全部门负责"意外伤害紧急救护演练"的具体内容确定、组织、落实和实施工作,至少每年举办一次。②项目部应急演练人员从各部门义务急救员和施工队急救员中抽调,其他应急演练人员由火灾应急准备和响应领导小组从有关作业班组中协调抽调。③演练过程中如发生意外伤害由医务人员现场治疗,必要时应送就近的医院进行抢救。④为确保演练过程的顺利进行,应配备必要的应急设备,并定期对应急设备进行测试,以保持其可操作性。

12.2.2 应急工作安排

项目部设立火灾应急准备和响应领导小组,项目部火灾应急准备和响应领导小组设在项目综合办公室。项目部定期组织所属项目进行火灾事故应急演练。

火灾自救能力的缺乏是造成人员伤亡和严重经济损失的重要原因。自救能力不仅仅包括防火常识和火场逃生技能,也包括火灾的扑灭。

施工现场起火,往往具有燃烧猛烈、火势蔓延迅速、烟雾弥漫快等特点。如果不及时扑灭,很容易造成人员伤亡,有时还会殃及四邻,使整栋建筑物遭受到火灾危害。因此,了解和掌握一些灭火常识是十分重要的。那么,当火灾发生时,我们该做些什么呢?

12.2.2.1 立即报警并积极进行扑救

无论是施工现场还是其他地方起火,都应立即报警,以使消防队迅速赶到,及早扑灭火灾。根据火情也可以采取边扑救、边报警的办法。但决不能只顾灭火或抢救物品而忘记报警,贻误战机,使本能及时扑灭的小火酿成火灾。

12.2.2.2 封闭的房间起火的处理方法

不要随便打开门窗,防止新鲜空气进入,扩大燃烧,要先在外部察看情况。如果火势很小或只见烟雾不见火光,就可以用水桶、脸盆等准备好灭火用水后迅速进入室内将火扑灭。如果火已烧大,就要呼喊邻居,共同做好灭火准备工作后,再打开门窗,进入室内灭火。如果火势一时难以控制,要先将室内的液化气罐和汽油等易燃易爆危险物品拖出。如果室内火已烧大,不可以因为寻钱救物而贻误疏散良机。

在有人被围困的情况下要首先救人。救人时,要重点抢救被火势威胁最大的人。如果不能确定火场内是否有人,应尽快查找,不可掉以轻心。自家起火或火从外部烧来时,要根据火势情况,组织施工人员及时疏散到安全地点。

12.2.2.3 油料着火的急救方法

施工现场经常使用油漆、汽油、稀料等易燃物品。起火时,要立即用砂土等阻燃物盖住油料将火窒息,切不可用水扑救。因为油的比重比水轻,浮于水面之上仍能继续燃烧,水往别处流动,会把火势蔓延。也不可以用手去拿油料,以防止热油爆溅、灼烧伤人和扩大火势。如果油火撒在灶具上或地面上,可以用砂土盖上,或用泡沫灭火器、干粉灭火器扑灭,还可以用湿棉被、湿毛毯等捂盖灭火。

12.2.2.4 食堂液化石油气罐着火的处理方法

食堂液化石油气罐着火时,灭火的关键是切断气源。无论是气罐的胶管还是角阀口漏气起火,只要将角阀关闭,火焰就会很快熄灭。

关闭角阀可以采取3种方法:

(1)徒手关闭角阀。徒手关闭角阀适用于着火初期。火焰不大,着火时间又短,才可徒手关闭角阀。

(2)用湿毛巾盖上角阀后再关闭。着火时间较长时,可以用湿毛巾从气瓶上的护圈没有缺口的侧面将毛巾抖开,下垂毛巾拦住人体,平盖在护圈上口,用湿毛巾迅速抓住角阀手轮,关闭角阀,火就会熄灭。

(3)戴手套关角阀。着火时间较长,也可以戴上用水沾湿的湿手套迅速关闭角阀,但要防止手被烫伤。

当角阀失灵时,可以用湿毛巾等猛力抽打火焰根部,或抓一把干粉灭火剂,顺着火焰喷出的方向撒向火焰,均可将火扑灭。火扑灭后,先用湿毛巾、肥皂、黄泥等将漏气处堵住,把液化气罐迅速搬到室外空旷处,让它泄掉余气或交有关部门处理。

12.3 急性传染病预案

12.3.1 预防和响应措施

为预防急性传染性疾病的传播,营造安全、稳定、和谐的工作和生活环境,保障员工的身体健康,维护社会稳定,根据《传染病防治法》等有关法律、法规、通知精神,结合项目部的实际情况,特制定"急性传染病防治预案",请项目部全体成员严格执行。

12.3.1.1 一级响应

一级疫情发生后,项目部应急指挥系统立即启动一级响应。

(1)疫情报告:当发现急性传染病病例或疑似病例时,项目经理部于4小时内,以最快的通讯方式向当地的疾病预防控制机构报告,并以最快的通讯方式逐级向公司报告。

(2)在现场疫情发生地点,采取病人隔离治疗并送至医院或疾病预防控制中心;同时要在病房和其他室外区域进行消毒处理和医学观察等必要的防治措施,要密切注意疫情动态,防止疫情的扩散。

12.3.1.2 二级响应

二级疫情发生后,项目部急性传染病指挥系统立即启动二级疫情响应,并做好以下工作:

(1)要根据医疗救治的需要,组织力量救治病人,并控制疫情的发展。

(2)对无发生疫情区域或地点要做好疫情监测、收治病人等疫情防治的准备工作。

(3)向上级卫生防疫部门提出划定疫点、疫区和实施管制的建议。

(4)做好卫生宣传教育工作。

(5)做好技术、人员、物资、资金、后勤等工作以便给予疫情发生地点紧急支持。

12.3.1.3 结束响应

末位病例治愈出院15天后,无新发现病例出现,本次应急响应可结束。同时要做好有关预防及救治工作总结,7日内以书面材料报至公司总部和天津市有关卫生防疫部门。

12.3.1.4 保障措施

(1)硬件保障:施工现场的住宿、食堂应严格按安全文明达标的标准来要求。食堂人员应及时体检,并持有健康证,配备消毒柜,生熟分开加工,食堂周围25m内不得有露天的垃圾堆场,并应推行用卡售饭制度;住宿环境必须保证能有对流风,房间的人数不应超过14人。

(2)人员保障:在卫生部门宣布疫情时,疫情所在地各单位和项目部要组建急性传染病防治的医疗卫生应急预备队,随时待命参加单位病人的救治和疫情的预防控制工作。

(3)技术保障:要加强有关人员的业务培训,做好传染病的防治工作。

(4)物资保障:当卫生部门宣布出现疫情时,各单位和项目部要建立紧急防疫物资储备库,储备应急器械、消毒药品、检测试剂等。

(5)资金保障:各单位和项目部要储备应急防疫物资,疫情预防控制、疫情监测等资金。

12.3.1.5 相关要求

(1)项目部在接到本预案后,即成立项目急性传染病防治小组,并将小组成员名单于3日内报送至总部。

(2)项目部现场成立专门的处理急性传染病应急小组,其成员构成应有各作业班组的第一责任人。并采取措施,这些措施务必覆盖所有的分包与劳务点。

(3)各作业班组都应积极负责地开展宣传、教育、协调和管理急性传染病的防治工作。

(4)按照急性传染病疫情防治知识和预防措施进行实施,提高项目部管理人员和分包队伍施工人员对急性传染病预防的认识能力,并将防治知识和预防措施材料发放至管理人员和工作人员手中。

(5)为保证施工现场全体员工的安全,必须坚持"预防措施"、"思想教育"两手抓,做到防治传染病与施工生产两不误。

(6)按照天津市有关部门的要求,落实防控"传染病"的相关措施,对施工现场进行封闭式管理。

(7)在现场建立测温室、观察室和隔离室,坚持"早预防、早发现、早隔离、早治疗"的措施。

(8)对施工现场、生活区、办公区消毒,每天由专人负责定时清理消毒。

(9)做好思想宣传教育工作,通过聘请医护人员讲解、发放宣传材料等形式,教育施工人员了解传染病的危害,正确认识传染病,坚定战胜传染病的信心,稳定施工人员思想情绪,在防治传染病的同时,精心组织施工生产,确保实现"工地不停工,工人零感染"的目标,保证施工生产的顺利进行。

12.3.2 急性传染病病人或疑似病人处理程序

项目经理部通过建立施工人员的互相监督机制,准确、及时发现疑似患病人员。一旦发现有发烧等症状的员工,应立即按如下程序进行应急工作:

(1)立即拨打120电话,由120急救车送病人到医院救治、确诊;

(2)立即对同宿舍人员进行临时登记、隔离;

(3)立即对3日内亲密接触过的人员进行登记和临时隔离;

(4)立即成文向公司总部、天津市建委、天津市卫生局、天津市卫生防疫站汇报;

(5)确诊为急性传染病后,联系防疫部门进行消毒处理,并根据天津市政府主管部门的意见进行整顿隔离、部分隔离或继续施工;

(6)通知病人所在单位迅速参与处理程序,要求其全面配合项目经理部的工作;

(7)对隔离人员进行体温、情绪的每日监测,每天将监测结果通报公司总部、天津市建委、天津市卫生局和天津市卫生防疫站;

(8)对被隔离在现场的人员进行全面的监控,并提供必要的生活用品和娱乐设施,保障现场被隔离人员的生活和情绪的正常;

(9)在正常施工当中及时发现病例,项目部必须按照公司和天津市的有关要求进行管理和每日报告;

(10)节假日期间由主要管理人员进行轮流值班,并在放假前向上级汇报值班表和通讯方式;项目部必须保证信息沟通渠道的畅通,包括电话、传真等,项目部主要管理人员必须24小时开通手机;项目部尽快上报所在地建委、卫生局、防疫站的联系电话和传真。

12.4 劳资纠纷事件应急预案

12.4.1 劳资纠纷事件应急工作流程

劳资纠纷事件应急工作流程见图8-24。

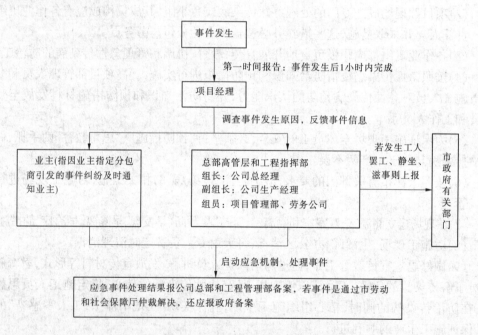

图8-24 劳资纠纷事件应急工作流程

12.4.2 劳资纠纷事件应急工作流程应遵循的原则及措施

(1)预案启动后,相关责任人要以处置重大紧急情况为压倒一切的首要任务,绝不能以任何理由推诿拖延。各部门之间、各单位之间必须服从指挥、协调配合,共同做好工作。因工作不到位或玩忽职守造成严重后果的,要追究有关人员的责任。

(2)项目经理部在获悉事件发生后,10分钟内必须向公司总部高管层领导和业主报告,报告的内容包括:发生事件的单位、人数、性质、时间、地点、原因、经过、社会反映及其他已掌握的情况。

(3)处理劳资纠纷事件要注意运用国家法律、法规、政策,开展耐心细致的宣传解释和思想政治工作,公正处理、妥善解决工人提出的实际问题和合理要求,防止矛盾激化和事态扩大,疏导工人返回工作岗位,尽快恢复生产、生活和社会秩序,确保社会政治稳定。

(4)当事件协商解决不成,有可能诱发暴力破坏活动时,应及时建议公安部门依法采取防范措施,防止事态进一步恶化和扩大。对无理取闹、违反治安处罚条例的人员,应建议公安部门依法处理。

12.5 节假日事故应急预案

12.5.1 节假日事故应急工作流程

节假日事故应急工作流程见图8-25。

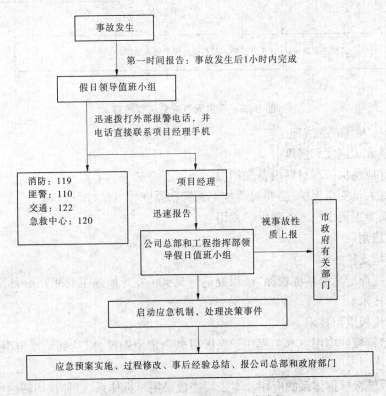

图 8-25 节假日事故应急工作流程

12.5.2 节假日事故应急流程应遵循的原则及措施

(1)紧急事故发生后,节假日值班人应立即报警。一旦启动本预案,相关责任人要以处置重大紧急情况为压倒一切的首要任务,绝不能以任何理由推诿拖延。各部门、各单位主要负责人应立即中止休假返回工作岗位,共同做好事故处理工作。因工作不到位或玩忽职守造成严重后果的,要追究有关人员的责任。

(2)紧急事故处理完毕,节假日值班负责人应填写记录,假日结束后,召集相关人员研究防止事故再次发生的对策。

12.6 恶劣天气应急流程及措施

春季沙尘暴、夏季暴雨、冬季大雪是本工程严密注视的恶劣天气,工程开工后,随时收集未来7天内天气状况的信息,一旦得到国家气象中心紧急预报,工程应急机制小组即启动。

12.6.1 恶劣天气应急工作流程

恶劣天气应急工作流程见图8-26。

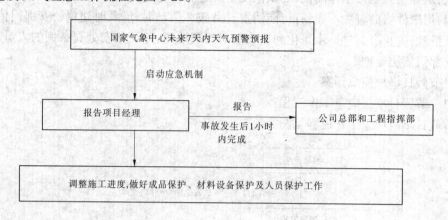

图 8-26 恶劣天气应急工作流程

12.6.2 恶劣天气应急措施

(1)调整施工进度和强度。

(2)做好成品保护和材料设备保护。

(3)做好人员安全保护,必要时调整工人劳动强度和工作时间。

(4)启动专项资金投入各项保护费用。

13 新技术应用

13.1 深基坑支护技术

本工程商业配套楼基坑较深,最深处达-5.900m,开挖施工时采用分部阶梯卸载及土钉墙支护技术。

13.2 新型模板应用技术

(1)定型钢模的应用。本工程柱子模板拟采用定型钢模,以达到清水混凝土的效果,加快施工进度。

(2)楼板模板早拆体系的应用。本工程楼板采用早拆体系,以加快周转性料具的周转速度,节约工程施工投入。

13.3 粗直径钢筋连接技术。本工程钢筋直径大于$\Phi 16$的,均采用滚轧直螺纹连接,以保证工程质量。

13.4 高效钢筋应用技术

如我单位中标,我单位将与设计单位协商,采用冷轧带肋钢筋代换普通圆钢,节约钢材用量。

13.5 混凝土施工方面

本工程全部混凝土采用预拌商品混凝土。

13.6 建筑环保节能材料应用技术

(1)改性沥青防水卷材的应用;

(2)节能保温门窗、屋面保温等建筑材料的应用。

13.7 计算机应用方面

(1)AutoCAD计算机辅助绘图技术;

(2)Office系列办公软件的应用;

(3)Project或Merrowsoft梦龙网络计划软件的应用;

(4)天津市建设工程计价系统Ver2004的应用;

(5)天津市建筑工程资料管理系统软件的应用。

13.8 现场指挥方面

(1)无线对讲指挥系统的应用;

(2)计算机指挥控制系统的应用。

本工程将作为我单位信息化施工的科技示范工程。拟在塔吊和信息研究院屋顶上布置摄像头,在施工的各楼层上布置信息网点,通过网络线与项目部的计算机连接,实现办公室内对施工现场的控制。

13.9 其他

(1)新型墙体材料:如陶粒混凝土块、加气混凝土块、纸面石膏板、卫生间防火隔断等新型材料的应用。

(2)激光经纬仪和自动安平激光水准仪的应用。

14 降低成本措施

14.1 编制项目目标成本预算

实现合同造价是成本控制的关键目标,以中标价为基础确定工程成本额度,以此额度作为成本控制的总目标,在工程实施阶段合理控制工程造价。

依靠提高管理水平、改进施工工艺和缩短工期、分段施工和分段交工控制成本。采用企业内部劳动定额、材料定额、周转材料租赁单价、机械租赁单价,根据施工组织要求及企业对有关费用的规定,编制目标成本预算,作为项目成本控制的标准,并随市场价格的变化随时调整目标成本,把项目成本控制在合理的范围内。

14.2 控制工程项目管理成本的具体措施

全面推行项目法施工管理,实行"全、细、严"的目标成本考核制度。本工程管理特点为项目经理负责、现场各专业工种进行全面工程管理。要求各专业工种的施工必须按计划要求合理安排现场劳动力。采用动态管理方式,对劳动力的使用既均衡又有突击能力,最大限度地降低劳动力浪费。以最佳的方案、最快的速度、最低的消耗来完成施工任务。

14.2.1 明确定额用量,实行限额领料

(1)开工前,项目经理通过通读标书及其配套工料机定额耗用分析表,抓住分部、分项和单位工程的定额绝对耗用指标和单方相对消耗指标。

(2)施工过程中加强材料的管理,对材料实行大宗材料限额供045、小型材料限额领料制度。

(3)对机械设备、工具实行统一管理,合理调配使用,认真检查、维修保养,最大限度地延长机械的使用寿命,降低维修开支。

14.2.2 材料价格确定,实现货比三家

在工程项目成本中,一般材料设备费用约占70%,是项目成本管理的重点。建材市场放开后,材料供应因进货渠道不同,市场价格出入较大,影响价格的因素主要为批量大

小、运输远近、产地差异、品牌广度、材质优劣和厂商价格策略等,因此将通过招标选择理想的材料供应商,做到货比三家。

14.2.3　熟悉合同条款

工程项目是通过合同的法律形式固定下来的。项目经理是合同的执行者,必须熟悉合同的范围、承包方式、拨款方式、定额工期与合同工期的关系、质量等级、甲乙双方的工作及补充条款。

14.2.4　有效缩短工期,减少成本费用

工期拖得太长,必将造成亏损,主要是使管理费用增加、建材市场价格波动风险增加、大型机械租赁费增加、周转材料租赁价格增加。

14.2.5　搞好中结、两算对比

项目经理部在企业内部实行产值、利润、奖励挂钩管理制度,要做到年度、季度、月度中间结算,掌握两算对比结果,超前了解经营状况,及时调整经营决策方案。

14.2.6　竣工决算,综合分析

工程项目竣工是其价值与使用价值的双重体现,项目经理一手抓竣工验收,一手抓竣工决算,在此基础上项目经理部做整个工程项目盈亏分析和单平方米各项指标分析,综合考核工程项目最终经营成果。

14.2.7　开展技术攻关

项目成立技术攻关 QC 小组,以工程的清水混凝土墙面等重点、难点施工项目、关键施工工艺为主题,进行现场攻关,充分发挥广大职工和技术人员的积极性、参与性,用集体的智慧和科学的管理,实现增产、节约的目的。

14.2.8　新工艺、新技术的应用

(1)新型大钢模板、定制柱模板、竹胶合板的投入使用,将降低劳动强度、提高工效,并有效提高混凝土表面成型质量,减少抹灰量直至不抹灰。

(2)采用小流水段作业,同时使用泵送混凝土、混凝土布料杆等新技术、新工艺,可以大大提高工效、加快周转、减少模板材料的投入量。

(3)粗钢筋采用电渣压力焊、套筒冷挤压等连接技术,减少钢筋用量。

(4)在楼板施工中,严格控制楼板的平整度和标高,从而减少找平层的工作量,在砌筑施工中,严格控制墙的平整度、垂直度,从而减少抹灰工作量。

14.2.9　与业主的协调配合

业主在工程建设投资控制过程中发挥重要作用,我方将主动为业主服务,并协调工程建设各阶段的连续性,使之凝聚成一股合力,作用于工程建设的技术论证、经济分析、效果评价上,以质量为中心,以缩短工期和降低成本为己任,使技术与经济紧密结合起来,最终达到控制工程成本的目的,取得良好的经济效益和社会效益。

15　施工平面布置图

A、B 标段施工现场平面布置见图 8-27~图 8-32。

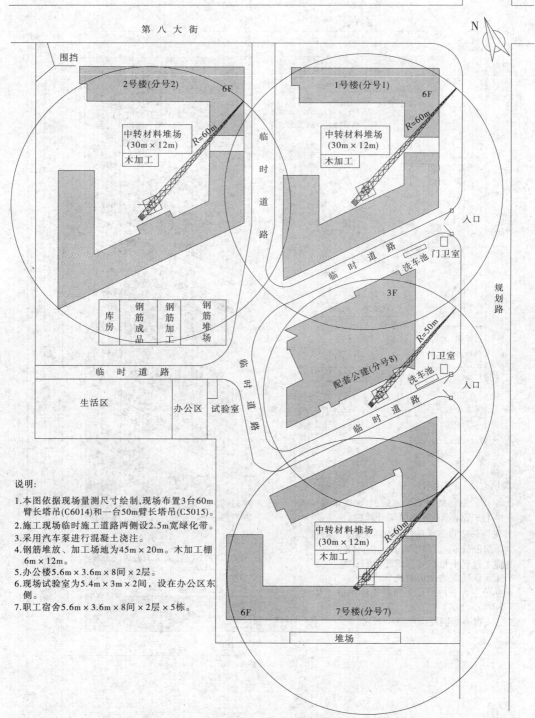

第 八 大 街

围挡

2号楼(分号2)   6F

中转材料堆场
(30m×12m)

木加工

R=60m

临时道路

1号楼(分号1)   6F

中转材料堆场
(30m×12m)

木加工

R=60m

入口

临时道路   洗车池 门卫室

规划路

3F

R=50m

门卫室

配套公建(分号8)

洗车池

入口

临时道路

库房 | 钢筋成品 | 钢筋加工 | 钢筋堆场

临时道路

临时道路

生活区

办公区 试验室

N

中转材料堆场
(30m×12m)

木加工

R=60m

6F   7号楼(分号7)

堆场

说明:
1.本图依据现场量测尺寸绘制,现场布置3台60m
臂长塔吊(C6014)和一台50m臂长塔吊(C5015)。
2.施工现场临时施工道路两侧设2.5m宽绿化带。
3.采用汽车泵进行混凝土浇注。
4.钢筋堆放、加工场地为45m×20m。木加工棚
6m×12m。
5.办公楼5.6m×3.6m×8间×2层。
6.现场试验室为5.4m×3m×2间,设在办公区东
侧。
7.职工宿舍5.6m×3.6m×8间×2层×5栋。

图 8-27 A标段基础、主体施工现场平面布置图

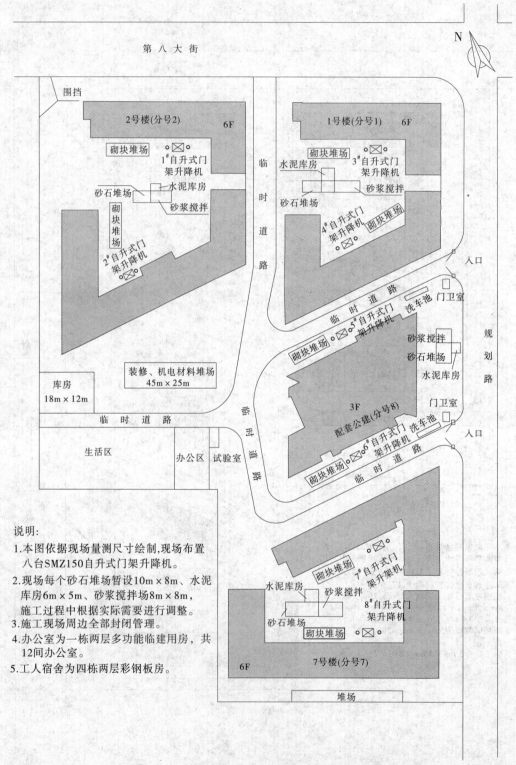

第 八 大 街

N

围挡

2号楼(分号2)　　6F

砌块堆场

1#自升式门
架升降机

砂石堆场　水泥库房

砂浆搅拌

砌块
堆场

2#自升式门
架升降机

临
时
道
路

1号楼(分号1)　　6F

砌块堆场

水泥库房　3#自升式门
架升降机

砂石堆场　砂浆搅拌

4#自升式门
架升降机　砌块堆场

入口

装修、机电材料堆场
45m×25m

库房
18m×12m

临 时 道 路

生活区

办公区　试验室

临
时
道
路

临
时
道
路

5#自升式门
架升降机

砌块堆场

洗车池　门卫室

砂浆搅拌

砂石堆场

水泥库房

规
划
路

3F
配套公建(分号8)

砌块堆场　6#自升式门
架升降机

门卫室

洗车池

入口

临 时 道 路

砌块堆场

水泥库房　砂浆搅拌

砂石堆场

砌块堆场

7#自升式门
架升降机

8#自升式门
架升降机

6F　　7号楼(分号7)

堆场

说明:
1.本图依据现场量测尺寸绘制,现场布置
　八台SMZ150自升式门架升降机。
2.现场每个砂石堆场暂设10m×8m、水泥
　库房6m×5m、砂浆搅拌8m×8m,
　施工过程中根据实际需要进行调整。
3.施工现场周边全部封闭管理。
4.办公室为一栋两层多功能临建用房,共
　12间办公室。
5.工人宿舍为四栋两层彩钢板房。

图 8-28　A标段二次结构、装修施工现场平面布置图

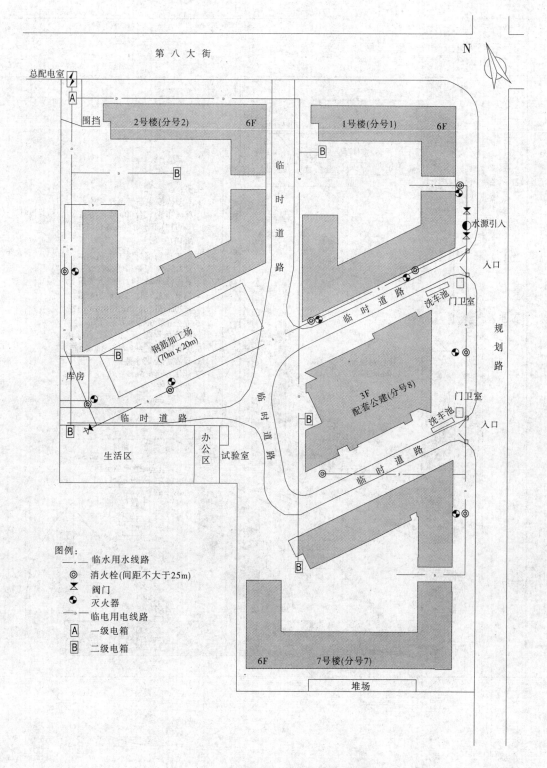

第 八 大 街

N

总配电室

围挡

2号楼(分号2) 6F

1号楼(分号1) 6F

临时道路

水源引入

入口

洗车池

门卫室

规划路

临时道路

钢筋加工场
(70m×20m)

3F
配套公建(分号8)

门卫室

洗车池

入口

库房

临时道路

临时道路

生活区

办公区

试验室

6F 7号楼(分号7)

堆场

图例：

━━━ 临水用水线路

⊚ 消火栓(间距不大于25m)

✕ 阀门

◑ 灭火器

━━━ 临电用电线路

Ⓐ 一级电箱

Ⓑ 二级电箱

图 8-29 A标段现场临水、临电平面布置图

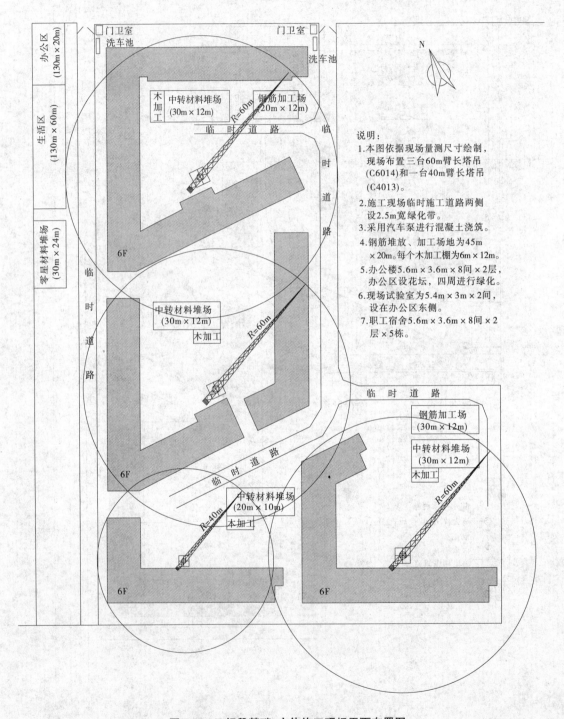

办公区
(130m×20m)

生活区
(130m×60m)

零星材料堆场
(30m×24m)

门卫室
洗车池
门卫室
洗车池

木加工
中转材料堆场
(30m×12m)
钢筋加工场
(20m×12m)

临 时 道 路

临时道路

R=60m

6F

中转材料堆场
(30m×12m)
木加工

R=60m

6F

临 时 道 路

临 时 道 路

钢筋加工场
(30m×12m)

中转材料堆场
(30m×12m)
木加工

R=60m

中转材料堆场
(20m×10m)
木加工

R=40m

6F

6F

N

说明:
1.本图依据现场量测尺寸绘制,
现场布置三台60m臂长塔吊
(C6014)和一台40m臂长塔吊
(C4013)。
2.施工现场临时施工道路两侧
设2.5m宽绿化带。
3.采用汽车泵进行混凝土浇筑。
4.钢筋堆放、加工场地为45m
×20m。每个木加工棚为6m×12m。
5.办公楼5.6m×3.6m×8间×2层,
办公区设花坛,四周进行绿化。
6.现场试验室为5.4m×3m×2间,
设在办公区东侧。
7.职工宿舍5.6m×3.6m×8间×2
层×5栋。

图8-30 B标段基础、主体施工现场平面布置图

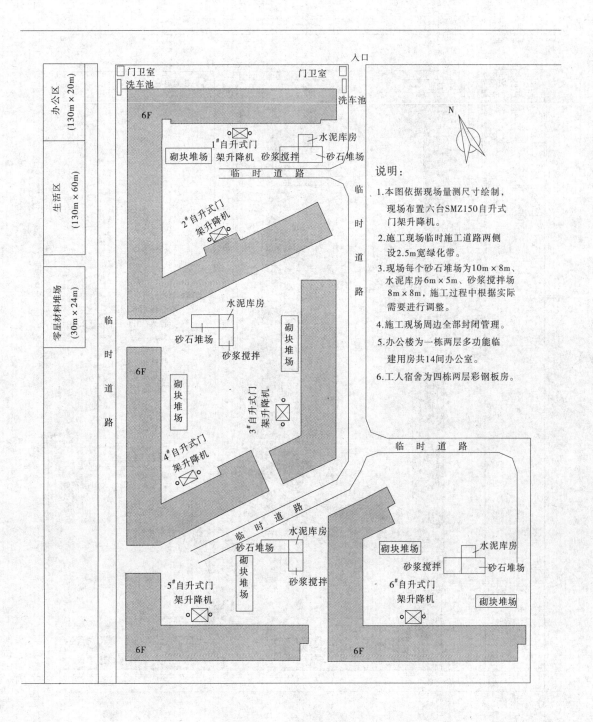

办公区
(130m×20m)

生活区
(130m×60m)

零星材料堆场
(30m×24m)

临时道路

入口

门卫室
洗车池

门卫室

洗车池

6F

1#自升式门
架升降机

水泥库房

砌块堆场

砂浆搅拌

砂石堆场

临时道路

临时道路

2#自升式门
架升降机

水泥库房

砂石堆场

砂浆搅拌

砌块堆场

6F

砌块堆场

3#自升式门
架升降机

4#自升式门
架升降机

临时道路

临时道路

水泥库房

砂石堆场

砌块堆场

砂浆搅拌

5#自升式门
架升降机

砌块堆场

砌块堆场

水泥库房

砂浆搅拌

砂石堆场

6#自升式门
架升降机

砌块堆场

6F

6F

N

说明：

1.本图依据现场量测尺寸绘制，
　现场布置六台SMZ150自升式
　门架升降机。

2.施工现场临时施工道路两侧
　设2.5m宽绿化带。

3.现场每个砂石堆场为10m×8m，
　水泥库房6m×5m、砂浆搅拌场
　8m×8m，施工过程中根据实际
　需要进行调整。

4.施工现场周边全部封闭管理。

5.办公楼为一栋两层多功能临
　建用房共14间办公室。

6.工人宿舍为四栋两层彩钢板房。

图 8-31　B标段二次结构、装修施工现场平面布置图

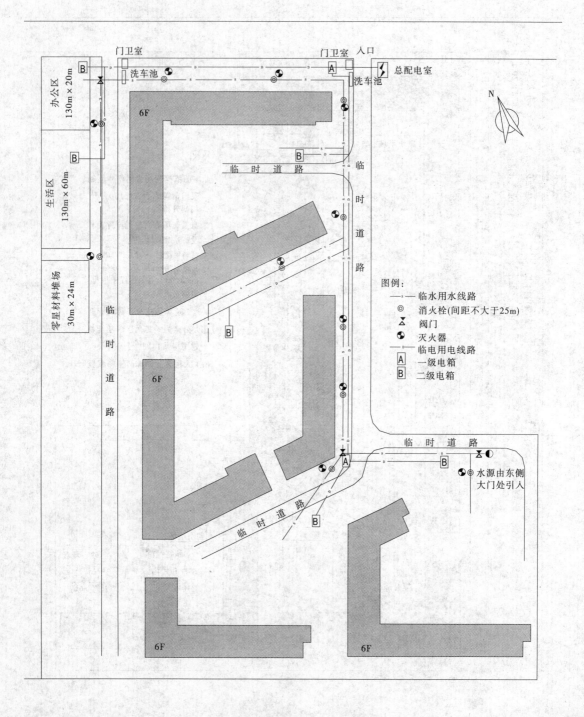

图 8-32 B标段现场临水、临电平面布置图

第二节　×××钢结构厂房工程技术标投标文件

1　编制目的与依据

1.1　编制目的

本施工组织设计编制的目的是:为×××钢结构工程项目投标阶段提供较为完整的纲领性技术文件,一旦我公司中标,将在此基础上进行深化,用以指导工程施工与管理,确保优质、高效、安全、文明地完成该工程的建设任务。

1.2　编制依据

1.2.1　招标文件、施工图纸等资料。

1.2.2　天津市有关建筑工程安装文明施工规范、标准。

1.2.3　施工节点图集、ISO9001质量保证体系标准文件,质量手册等技术指导性文件以及现有同类工程的施工经验、技术力量。

1.2.4　中国现行的有关标准和规范要求:

(1)《钢结构工程施工质量验收规范》	(GB50205—2001);
(2)《建筑钢结构焊接规程》	(JGJ81—2002);
(3)《钢结构高强度螺栓连接的设计、施工及验收规程》	(JGJ82—91);
(4)《钢结构制作工艺规程》	(DBJ08—216—95);
(5)《冷弯薄壁型钢结构技术规范》	(GBJ50018—2002);
(6)《压型金属板设计施工规程》	(YBJ216—88);
(7)《建筑设计防火规范》	(GBJ16—87);
(8)《钢筋混凝土组合楼盖结构设计与施工规程》	(YB9238—92);
(9)《门式钢架轻型房屋钢结构技术规程》	(CECS102:2002);
(10)《聚氨酯/岩棉复合夹芯板安装及验收规范》	(JC/T868—2000)

1.3　招标范围

×××工程(含外围彩钢板围护系统外墙面上的门窗、夹层主体结构、外围护墙面下的坎墙及钢楼层板的混凝土楼面;不含钢结构饰面层、夹层装饰装修、给排水、防火涂料、钢柱脚下的预埋螺栓和混凝土基础上的钢埋板)的内容为本项目钢结构与外围护系统工程施工图与说明、招标文件、补遗及答疑函所明确的工程内容。

1.3.1　主钢结构工程

含主结构钢柱及螺母、钢梁、抗风柱、夹层钢柱钢梁、雨篷钢梁钢柱、高强螺栓、楼面钢承板、楼面圆柱头剪力钉、主钢结构各部位的辅助连接(件)板等。

1.3.2　次钢结构工程

(1)墙(屋)面支撑、系杆及连接件;

(2)墙(屋)面檩条、檩托及其连接件;

(3)与工艺有关的钢构件除外。

1.3.3　围护系统工程

(1)屋面外层彩色钢板、屋面保温层、内外层板的收边泛水板及其连接配附件;

（2）墙面内外层彩色钢板、墙面保温层、内外层板的收边泛水板及其连接配附件；

（3）屋面采光板及其连接配附件；

（4）彩钢板围护系统相连的塑钢门窗、彩钢板门及其连接配附件。

1.3.4 建筑附件

建筑附件主要包括屋面雨水内外天沟及其附件。

1.3.5 钢结构防腐层

除彩色钢板、热镀锌檩条、钢楼承板等本身带有外防护涂层的材料以外，其他本身不带有外防护涂层的材料均应按照设计要求进行防腐处理。

1.3.6 夹层工程

夹层工程包括主体钢结构、钢楼层板（含楼层板上混凝土地面）及彩板围护等，坎墙及坎墙面砖用国内大型建材厂商知名品牌。

1.3.7 加工制作、运输、安装工程

以上1.3.1～1.3.6项工程内容的加工制作、运输、安装工程不包括：

（1）预埋于混凝土基础内的钢柱现浇螺栓；

（2）钢结构防火层；

（3）混凝土地面工程（钢楼层板上的混凝土地面除外）；

（4）中天沟虹吸雨水排放系统；

（5）所有给水排水（雨水系统除外）系统；

（6）电气、暖通、动力等公用工程部分（但应做好相应部分的预留和预埋）。

1.4 本招标工程项目的技术要求及其他说明

1.4.1 主结构

主结构钢柱、钢梁、抗风柱，夹层钢柱钢梁，雨篷钢梁钢柱，主钢结构各部位的辅助连接（件）板等材料应按设计图纸采用 Q245 和 Q235 钢，产地为邯钢、唐钢、首钢、宣钢、宝钢等国内主要知名的大型钢厂。截面形式按设计要求，交构件工厂预制，现场采用高强螺栓连接。

1.4.2 高强螺栓

主钢结构按设计选用高强螺栓，由国内知名厂商提供。

1.4.3 钢楼梯及其栏杆、扶手

室内外钢楼梯材料应按设计图纸采用 Q345 钢和 Q235 钢，产地为邯钢、唐钢、首钢、宣钢、宝钢等国内主要知名的大型钢厂。截面形式按设计要求，交构件工厂预制，现场采用高强螺栓连接和部分焊接，栏杆、扶手按照设计图纸要求制作。

1.4.4 次钢结构（外墙面、屋面檩条）

墙（屋）面檩条等次结构的材料按设计图纸采用热镀锌 Q345 钢和 Q235 钢，热镀锌量不小于 $275g/m^2$，截面形式为 Z 型或 C 型，应工厂预先成型并冲孔，次结构的连接采用 C 级镀锌螺栓。

1.4.5 支撑系统

支撑系统包括墙（屋）面支撑、拉条、系杆，托板，隅撑等。材料应按设计图纸采用 Q345 钢和 Q235 钢，产地为邯钢、唐钢、首钢、宣钢、宝钢等国内主要知名钢厂。

1.4.6 围护系统

1.4.6.1 屋面系统

(1)屋面外板:屋面板型采用隐藏式咬口板型或直立锁缝压制板型,厚度为 0.53mm(基板＋涂膜层),工厂预制,彩色镀铝锌板,颜色由报价单位提供色卡供选定,产地为上海宝钢(或进口)产品或同级,屈服强度 345MPa,镀铝锌量不小于 150g/m²,表面为高耐久氟碳涂层(含 70% kynar500,PVDF)。屋面板肋高不小于 71mm,板型必须具有耐腐蚀试验报告和抗风压试验报告。

(2)屋面保温棉:采用 75mm 厚(原图纸厚为 100mm,变更为 75mm)纤维保温棉,密度 14g/m²,导热系数≤0.04W/(m·k),带聚丙烯加筋贴膜。

(3)采光板:采用 FRP 热固性聚脂树脂加玻璃纤维增强采光板,可见光的最小透光率不小于 68%～75%且工作面下光影照射,厚度 1.5mm,保证 10 年不脆化不龟裂。

1.4.6.2 外墙面系统

(1)墙面外板:板采用压型波纹板,厚度 0.53mm(基板＋涂膜层),工厂预制,彩色镀铝锌板,颜色由报价单位提供色卡供选定,产地为上海宝钢(或进口)产品或同级,镀铝锌量不小于 150g/m²,屈服强度 345MPa,表面为高耐久氟碳涂层(含 70% kynar500,PVDF)。板型选用搭接板型,其板肋高不小于 30 mm 且必须具有耐腐蚀试验报告和抗风压试验报告。

(2)墙面保温棉:采用欧文斯科宁、金海燕、依索维尔等同档生产的 75mm 纤维保温棉,密度 14kg/m³,导热系数≤0.04W/(m·K),带铝箔。

(3)墙面内板:0.476mm(基板＋涂膜层)厚镀锌彩色压型钢板。

(4)门窗:根据设计图纸要求选用门窗的类型,其中型材厚度需满足相关规范规定(按图纸设计要求)。彩钢板根据设计图纸要求按外墙板板材要求选用。

1.4.6.3 收边及附件

(1)屋面外板收边:厚度 0.53 mm(基板＋涂膜层),工厂预制,彩色镀铝锌板,颜色由报价单位提供色卡供选定。镀铝锌量不小于 150g/m²,屈服强度 345MPa,表面为高耐久氟碳涂层(含 70% kynar500,PVDF)。

(2)外墙面外板收边:厚度 0.53 mm(基板＋涂膜层),工厂预制,彩色镀铝锌板,颜色由报价单位提供色卡供选定。镀铝锌量不小于 150g/m²,屈服强度 345MPa,表面为高耐久氟碳涂层(含 70% kynar500,PVDF)。

(3)自攻螺钉:采用国内大厂生产的专用自攻螺钉。

(4)密封胶:必须采用金属建筑专用密封胶。

1.4.7 钢结构防腐层

具体要求是:钢结构表面须经过抛丸或喷砂除锈,达到 Sa2 1/2 级,表面应喷涂两道云铁醇酸防锈底漆,漆膜厚度不小于 50μm。

2 工程概况及特点

2.1 工程概况

(1)建设单位:_____。

(2)工程名称:_____。

(3)工程地点：_____。

(4)设计单位：_____。

(5)建筑面积：_____。

(6)承包方式：包工包料。

(7)厂房简况：①结构形式：本工程为1层(层部有夹层)轻钢结构；屋面坡度1∶20。②材料选用。

2.2 工程特点

(1)工期紧：本工程根据计划，从施工到交工验收共计90日历天，所以必须合理安排各阶段的工作时间及相互交接时间，且明确各工序的最迟交接时间，以保证工程如期竣工。

(2)施工范围大：本工程1～2层轻钢结构，各种构件布置必须分类就近堆放，尽量减少材料的二次搬运，同进须合理安排起重机行走路线，以提高工效，钢结构在安装过程中，须做好冬期施工安全措施。

(3)构件品种多：本工程因各种钢构件均需工厂加工制作，然后装箱运输至工地，各种构配件必须有组织、有计划按图纸要求分类编号，小构件须分类打包做到有条不紊。

3 施工部署

3.1 实施目标

为充分发挥企业优势，科学组织安装作业，我们将选派高素质的项目经理及工程技术管理人员。按项目法施工管理，严格执行ISO9001质量保证体系，积极推广新技术、新工艺、新材料，精心组织，科学管理，优质高效地完成施工任务，严格履行合同，确保实现如下目标：

(1)质量等级：合格。

(2)工期目标：钢结构安装工期90日历天。2006年12月22日开工，2007年3月22日竣工。

(3)安全文明施工：采取有效措施，杜绝工伤、死亡及一切火灾事故的发生，创文明工地。

(4)科技进步目标：为实现上述质量、工期、安全文明施工等目标，充分发挥科技的作用，在施工中积极采用成熟的科技成果和现代化管理技术。

3.2 施工部署

3.2.1 特点、难点和重点分部分项工程的确定

根据上述分析和部署，对照一般工程的特点以及我单位承接类似工程的经验，确定本工程的特点(特殊性)、难点和重点，并在施工方法、工艺、设备选择和人员配备方面给予重点考虑。

(1)本工程具有的特点：工程单层面积大；工期要求紧。

(2)难点分项工程。相对而言，以下分项工程是本工程的难点分项工程：平面定位、轴线控制；屋面板安装过程中的防雨、防变形。

(3)重点分项工程。从保证工程质量和进度等角度出发，将以下分项工程作为重点分项工程或重点工作加以认真对待：①钢结构加工工程；②钢结构安装工程；③屋面板安装

与防水;④地脚螺栓纠偏工作。

(4)工程施工中应体现的特点:①从总体到细部全过程控制,创质量精品的特点;②施工速度快的特点;③新技术、新工艺运用多的特点;④信息化等现代化管理程度高的特点等。

3.2.2 施工方案

3.2.2.1 组织流水施工的原则

(1)每个施工段中各主要工序组织流水施工;

(2)在保持各施工段相对独立性的前提下,统一调动整个现场的操作工,充分利用人力资源,避免窝工现象;

(3)在保持各施工段配备机械设备相对独立性的条件下,统一调动(使用)现场各主要机械、设备及三大工具,充分利用物质资源;

(4)钢筋、钢结构等各种构、配件的加工制作与现场施工同步,并确保现场施工进度的需求;

(5)对业主选定的指定分包项目,其质量、工期等纳入总包计划管理范畴。

3.2.2.2 施工段、流水段、工作段划分及施工流向

(1)施工的组织原则。根据本工程项目上部钢结构工程平面布置的实际情况和施工规范的有关规定,其施工部署原则为"先立面后平面、先下后上"。统筹安排,合理部署。科学地组织施工,合理的安排施工流水作业和有关专业之间的交叉作业。加强项目经理领导力量,搞好施工组织协调。配备足够的技术骨干力量及施工机具,以确保工程进度、工程质量和施工安全。施工期间,为了便于组织流水施工,以及工具、设备等周转料具的调配使用,依照流水施工的原理去组织施工。

(2)总体施工顺序。施工准备→原材料采、验、进厂→下料→制作→检验校正→预拼装→除锈→刷防锈漆一道→成品检验编号→构件运输→预埋件复验→钢柱吊装→钢梁吊装→檩条、支撑系统安装→主体初验→刷面漆→屋面板安装→墙面板安装→门窗安装→验收。

(3)施工流水。施工时,按照平面将其分成 5 个施工段组织流水施工,详见图 8-33。

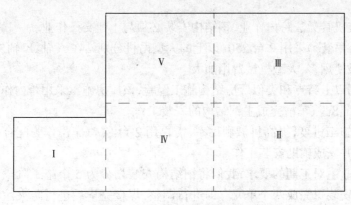

图 8-33 施工流水段划分示意图

3.2.2.3 主要施工方法的确定

(1)钢结构工程。①主钢结构工程:采取工厂制作,成型后现场组拼。半成品运输到现场后,16t 及 8t 汽车吊及人工配合吊装完成安装作业。②钢檩条:采取工程制作,成型后现场安装。③屋面板、外墙板:考虑到长度比较大、厂内成型后运输困难,采取现场制作成型。

(2)土建工程。①钢筋工程:Φ 12 及以下钢筋均采用绑扎接头;Φ 14~Φ 25 水平钢筋全部采用直螺纹接头连接。②模板工程:采用 15mm 厚胶合板模板。③混凝土工程:混凝土浇筑采用汽车泵直接送料至各浇筑点;全部采用商品混凝土、振动棒振捣;混凝土采用洒水 + 塑料薄膜的养护方法进行。④建筑物的测量定位:采用全站仪、激光测距仪与10kg 线坠,50、30m 钢尺综合测控技术控制平面轴线,运用激光全站仪、30m 钢卷尺控制楼层标高。⑤现场办公:采用计算机辅助管理、计算机远程控制等现代化办公技术,以及无线对讲机综合指挥系统。

3.2.2.4 主要机械、设备的确定

(1)钢结构工程。①钢结构制作机械。钢柱、钢梁:多头数控切割机 4 台、折弯机 2 台、自动龙门埋弧焊机 4 台、剪板机 2 台、调直矫正机 2 台、H 型钢组立机 4 台、抛丸机 2 台、多头自动钻孔机 2 台。檩条加工:C 型钢压制机 2 台。②钢结构吊装:16t 汽车吊 2 台、8 t 汽车吊 4 台、600 二氧化碳焊机 6 台、AX - 500 - 7 直流焊机 6 台、CPUP - 35DS 压型钢板熔焊机 2 台。

(2)土建工程。①钢筋加工机械:钢筋切断机、弯曲机、调直机、直螺纹套丝机等;②混凝土施工机械:基础施工期间采用 1 台混凝土输送泵,砌筑施工期间选用 350 型砂浆搅拌机 2 台。③垂直及水平运输机械:垂直运输采用Φ 48 钢管搭设马道,水平运输采用翻斗车。④现代化办公设备:配备 5 台电脑、1 台复印机(可以复印 A3 图纸)、数码照相机、数码摄像机各 1 部,无线对讲机 20 部。

3.3 具体施工部署

(1)方案比较:该工程项目钢结构工程的安装工作量大,工期紧,构件不太重,高空作业多。钢屋架跨度大,钢结构在混凝土结构施工完毕,并且达到安装强度后即可进行安装。

因大型吊装机具无法跨内作业,钢结构安装必须与土建交叉作业。

如采用跨外吊装须采用 2 台 250t 以上的大型吊机分别站在 A 轴、K 轴外侧进行结构吊装。大型机械使用多,大型机械费用加大。

我公司根据以上特点和类似厂房结构施工经验,该厂房施工采用跨内作业法,现场组拼完成后,用 16t、8t 汽车吊完成主钢结构的安装工作。

(2)为加快施工进度,提高机械利用率,需再用 2 台 8t 汽车吊作为配合机具,负责组拼、卸车、倒料,并完成辅助安装工作。

(3)为满足业主对工期的要求,我们将钢结构安装划分为 5 个施工阶段,周密组织流水施工,钢结构安装每完成两个单元立即进行调整,焊接完毕后进行防火涂料施工,经现场监理确认后进行钢承板施工,钢承板施工随着结构安装向前推进,每完成两个单元,即可交土建进行预留区各层钢筋混凝土的施工。

(4)为保证工程按期完工,应尽可能减少现场组拼结构件,在厂房中,23 m 钢梁运输困难,因此在现场进行拼装后整体吊装,其他部分的梁、支撑、檩条等均由制作厂组装成整榀运抵现场,白天进行结构安装、拼装及焊接,钢承板剪力钉焊接随结构安装进度安排在夜间施工。

(5)钢构件现场摆放依据施工平面布置图,构件堆放场地要推平、压实,事先铺好枕木摆放构件,构件由于运输堆放吊装等可能造成的变形或油漆脱落在吊装之前必须修复,高强螺栓摩擦面范围内不得涂刷油漆,为保证现场安装进度,钢构件加工制作进度必须与钢结构安装进度相吻合并制定详细的进厂计划。

(6)制造厂出厂构件,高强螺栓摩擦面应加强保护,防止油污、水、铁锈进入摩擦面。现场摩擦面处理采用钢丝刷清除浮锈,高强螺栓终拧后应对摩擦面采用地漆进行封闭。

3.4 施工准备工作

3.4.1 设计阶段

(1)根据建设单位意图,了解其总体设想,并根据机械工业部汽车工业规划设计院的施工图进行施工。

(2)积极参与图纸会审,及时提出问题请求答复,并积极向建设单位及设计单位推荐优秀的建筑节点图集。

(3)设计过程中,根据建设单位的意图,积极协助建设单位对各种材料进行选型、定货。

3.4.2 原材料供应阶段

(1)根据经建设单位审核的施工图纸要求积极采购原材料,所有原材料的供应必须符合 ISO9001 质量标准要求。

(2)原材料采购过程中,如某些材料市场未能采购到,应积极同业主联系,在业主签字认可的情况下遵循等强度代换原则方可使用其他材料。

(3)所有采购材料必须索取材料分析单、检验书等合格证明文件。

3.4.3 制作运输阶段

(1)钢构件开始制作前,应安排相关人员进行技术交底工作。

(2)技术交底完工后,根据工程设计要求编制详细的制作工艺方案,提出施工机具要求及安排制作人员、焊接材料等工作。

(3)因本工程钢构件为厂内制作,厂外安装,所以钢构件制作应详细区分各安装单元构件,制作完工后根据 GB50205—2001 验收签发构件合格证。

(4)钢结构制作施工过程中,应注意各种资料的收集、整理工作。

(5)钢结构制作完工发运前 10 天,应联系好各种运输车辆,及时将各种材料检验装箱后运输。

3.4.4 安装阶段

(1)材料到达工地现场前 5 天公司将派人进驻现场,联系好各种运输及装卸设备,为工程开工做好充分的机具准备。

(2)因本工程安装原则为厂内技术人员指导,并组织安装力量,故开工前公司将派人做好人力配备计划,精心挑选各种必需工种人员等,进行施工前安装技术及安全交底工作,并做好记录,同时贯彻落实工程质量与安全目标。

(3)工程开工前,应会同建设单位人员办理好当地工程开工必办的各种手续,并做好施工安装过程策划。

(4)安装过程中,各工序相互交接时应有验收记录,并且对存在的不合格品及时进行返工返修。

3.4.5 竣工验收阶段

(1)由现场管理部门做好建设单位与有关部门的协调,确定竣工验收的时间、地点、方式。

(2)竣工验收前现场管理部门做好现场卫生清理工作,安装工程的资料汇总及整理工作并出具《竣工报告》、《工程综合评定表》及其他资料。

(3)竣工验收后,应将竣工资料送交建设单位及质监单位签字确定工程等级,并送至相关部门存档。

3.5 施工协调管理

3.5.1 与设计公司的工作协调

(1)我们将在施工过程中积极与设计公司配合,解决施工中的疑难问题。

(2)积极参与施工图会审,充分考虑到施工过程中可能出现的各种结构问题,完善图纸设计。

(3)主持施工图审查,协助业主会同建筑师、供应商(制造商)提出建议,完善设计内容和设备物资选型。

(4)对施工中出现的情况,除按建筑师、监理的要求处理外,还应积极修正可能出现的问题,并会同发包方、建筑师、监理按照进度与整体效果要求进行隐蔽部位验收、中间质量验收、竣工验收等。

(5)根据发包方的指令,组织设计单位、业主参加设备及材料的选型、选材和订货。

3.5.2 与建设单位的协调

(1)按照与建设单位签订的施工合同,精心施工,确保工程中各项技术指标达到建设单位的要求。

(2)会同建设单位的工程技术人员做好施工过程中的技术变更工作。

(3)主动接受建设单位施工过程中的监督,定期向建设单位汇报工程进度状况;对于施工中需要建设单位协调的工作,应立即向有关负责人汇报并请求解决。

3.5.3 与土建、水、电施工单位的协调

(1)根据建设单位的总体安排,积极与土建单位配合并指导土建单位做好预埋件的埋设、校正、复核工作。

(2)根据施工图纸及合同要求,向有关单位通报施工计划,并按规定对土建基础进行复测并做好记录。

(3)施工过程中,积极配合水、电等安装单位做好在钢构件上吊点位置标注的指导工作,监督各吊点焊接情况。

(4)在施工过程中,还应积极与土建、水、电安装单位配合做好各种安全防护工作,并且服从建设单位对各施工单位的统一协调指导及监督工作。

3.5.4 与监理公司的配合

(1)监理公司在施工现场中对工程实际全过程监理,在施工过程中如发现材料及施工质量问题,及时通知现场监理工程师,处理办法经现场监理工程师签名同意后实施。

(2)隐蔽工程的验收,提前24小时通知现场监理工程师,验收完毕办妥验收签证后方可进入下一道工序的施工。

(3)安装设备具备调试条件时,在调试前48小时通知现场监理工程师,调试过程由专人做好调试记录,调试通过双方在调试记录上签字后方可进行竣工验收。

(4)在具备交工验收条件时,应提前10天提交"交工验收报告"通知建设单位、监理公司及有关单位对工程进行全面验收评定。

3.5.5 协调方式

(1)按进度计划制定控制节点,组织协调工作会议,检查本节点实施的情况,制订、修正、调整下一个节点的实施要求。

(2)由项目经理部负责施工协调会,以周为单位进行协调。

(3)本项目管理部门以周为单位编制工程简报,向业主和有关单位反映、通报工程进展及需要解决的问题,使有关各方了解工作进行情况,及时解决施工中出现的困难和问题。根据工程进展,我们还将不定期地召开各种协调会,协助业主与社会各业务部门的关系以确保工程进度。

3.6 劳动力计划

劳动计划表见表8-11。

3.7 劳动力资源保证措施

(1)根据确定的现场管理机构建立项目施工管理层,选择高素质的施工管理队伍以及作业队伍进行该工程的施工。

(2)根据该工程的特点、工程量和施工进度计划的要求,确定各施工阶段的劳动力需要量计划。按施工进度计划组织劳动力进场。

(3)选用有施工经验的熟手,择优选择施工队伍。工人进场做好安全、技术、防火、文明施工等教育及技术交底工作,进行岗前培训后方可上岗;特殊工种施工人员必须经培训并持证上岗。

(4)对工人进行技术、安全、思想和法制教育,教育工人树立"质量第一,安全第一"的正确思想;遵守有关施工和安全的技术法规;遵守地方治安法规。做好对工人的法制教育以及文明施工教育,杜绝违法犯罪行为发生,竖立我公司的良好形象。

(5)工人进场前做好文明施工及环境保护教育工作以及法制教育工作,按规定办理出入证,并制定有效措施,无出入证者未经允许不得进出工地。

(6)生活后勤保障工作:在大批施工人员进场前,必须做好后勤工作的安排,为职工的衣、食、住、行、医等应予全面考虑,并认真落实,以便充分调动职工的生产积极性。

(7)特殊工种施工人员必须经培训并持证上岗。焊工必须进行现场条件下的试焊,合格方可上岗。

表 8-11　劳动力计划表

序号	工种		施工进度								
			第一月			第二月			第三月		
			高峰期每日用工数(人)								
			1	2	3	4	5	6	7	8	9
1		钢结构制作	80	80	80	80	80	60	40	40	
2	钢结构制作与安装	钢结构运输		10	15	15	15	15	10	10	5
3		钢结构安装工		30	60	60	60	60	60	30	20
4		吊车司机		6	8	8	8	8	8	8	4
5		钢结构焊工		12	12	12	12	12	12	12	8
6		钢结构油漆工			8	8	8	10	10	10	8
7		屋面、墙面板安装工					30	40	40	40	20
8		混凝土工					10	10			
9		钢筋工				20	15	5			
10		木工				20	20	10			
11	土建施工	瓦工							10	30	20
12		架子工						5	5	5	
13		焊工						2	2	2	2
14		油工								10	20
15		门窗安装工								15	20
16		杂工	8	8	8	8	8	8	8	8	8

注:钢结构制作工人为制作车间工人,不在施工现场。

3.8　施工材料准备

3.8.1　施工材料准备工作

(1)根据施工组织设计中的施工进度计划和施工预算中的工料分析,编制工程所需的材料用量计划,做好备料、供料工作和确定仓库、堆场面积作为组织运输的依据。

(2)根据材料需用量计划做好材料的申请、订货和采购工作,使计划得到落实。

(3)组织材料按计划进场,并做好保管工作。

(4)本工程有较多的钢结构构件需加工,施工前应根据施工进度计划及施工预算所提供的各种构配件数量,做好加工翻样工作,并编制相应的需要量计划。组织构配件按计划进场,按施工平面布置图做好存放和保管工作。

(5)项目部预算员、材料员根据施工图纸编制施工图预算,制定工程材料进场计划及工程材料检验计划,并报项目经理审批。按公司程序文件要求选定合格材料供应商,各种施工材料进场前做好检验。

根据工程设计要求进行砂浆、混凝土、防水材料等各种施工材料的试配,确定配合比。

3.8.2 材料进场保证措施

(1)项目部预算员、材料员根据施工图纸编制施工图预算,制定工程材料进场计划及工程材料检验计划,并报项目经理审批。按公司程序文件要求选定合格的材料供应商,各种施工材料进场前做好检验。

(2)根据工程设计要求进行砂浆、混凝土、防水材料等各种施工材料的试配,确定配合比。

(3)根据施工组织设计中的施工进度计划和施工预算中的工料分析,编制工程所需的材料用量计划,做好备料、供料工作和确定仓库、堆场面积作为组织运输的依据。

(4)根据材料需用量计划做好材料的申请、订货和采购工作,使计划得到落实。

(5)根据施工进度计划及施工预算所提供的各种构配件数量,做好加工翻样工作,并编制相应的需要量计划。组织构配件按计划进场,按施工平面布置图做好存放和保管工作。

(6)组织材料按计划进场,按照平面布置图堆放,并做好保管工作。

3.9 项目经理部的建立与职能

根据本工程的施工特点、施工内容和关键技术,为确保该项目在工期、施工质量、安全、文明施工等诸多方面都充分履约,我公司应组建一个技术精湛、年富力强、有经验、有活力的项目经理部,严格按照项目法组织施工,实行项目经理负责制,以项目管理班子为核心,合理组建项目的组织机构和作业班组,并配置充足的施工管理力量。项目经理部充分利用各种资源(施工场地、劳力、材料、机械等),充分调动各责任人员的积极性,做好项目的协调工作,服从总承包方的统一指令最终达到履约合同的目标。

3.9.1 项目经理部的组织机构

本工程项目组织机构及相关职能见图8-19,详见案例1(略)。

3.9.2 主要管理人员职责

详见案例1(略)。

4 钢结构施工方案

4.1 测量定位

4.1.1 测量的构思及测量前的准备工作

(1)测量的构思:根据本工程的特点、施工条件及工期要求,本工程测量的重点为平面位置的测控和钢柱的测校,所以决定以地面控制为主,结合先进的精密仪器和精确的钢构件制作以达到工程质量要求。

(2)测量前的准备工作。①测量仪器具的准备:按ISO9002质量管理体系的要求,计量仪器具在工程开工前均需送权威计量检定中心检验并校正合格后,后方可投入使用,并填写好以下相关表格作为管理资料存档。此次准备需填写的表格有《计量检测设备台账》《计量检测设备周检通知单》《机械设备交接单》《测量仪器封存开启报告表》《计量检测设备校准记录》。②内业准备:根据现场的测量放线条件及现有的测量设备确定切实、易操作的测量控制手段,并进行相应的内业计算,以确保测量控制手段的贯彻实施。③技术准备:熟悉施工图纸,学习测量规范,编写测量作业指导书。

4.1.2 平面测量

经过多次闭合测量,建立平面测量控制网,并将每个区的四个角点测设在地面上,以便以后对每个区的轴线进行加密。

4.1.3 标高控制

根据勘测院给定的原始标高控制点,用水准仪在新建建筑物周围引测 4～6 个水准点到固定建筑物或者构筑物上,并做好标记,以便以后加密使用。

4.1.4 吊装测量

4.1.4.1 钢柱吊装测量校正

钢柱吊装临时固定完成后,钢柱校正即可进行,钢柱的校正内容包括柱底就位、柱底标高校正、柱身垂直度校正等。

(1)柱底就位。柱底就位应尽可能在钢柱安装时一步到位,少量校正可用千斤顶和撬棍校正。柱底就位后轴线偏差应不大于±5mm。

(2)柱底标高校正。柱底就位的同时就要检测柱底标高,保证柱底就位和柱底标高校正同时进行,以加快校正速度。柱底标高校正可用千斤顶配合铁锲子进行。柱底标高偏差应不大于±5mm,局部可以适当加大此标准。

(3)柱身垂直度校正。钢柱柱底就位和柱底标高校正完成后,即可用经纬仪检查钢柱垂直度。方法是在柱身相互垂直的两个方向用经纬仪后视柱脚下端的定位轴线,然后向上仰视钢柱柱顶中心线(柱顶中心线应在钢柱吊装前在地面分好),两个方向钢柱顶中心线投影均与定位轴线重合,其偏差不大于 $H/1\ 000$ 且小于等于±20mm。由于钢柱高度一般都在 6m 左右,所以钢柱的校正应在缆风绳的牵引下进行,但不拉紧。钢柱校正后,缆风绳在松弛状态下,柱身应保持竖直。

4.1.4.2 钢梁的安装校正

钢梁的校正主要是标高和轴线的校正,标高的校正主要依靠柱底标高和柱长度通过调节柱底标高来控制;而轴线校正一方面依赖于钢柱的柱顶轴线,另一方面通过对钢梁屋脊轴线的调节来控制。

4.1.4.3 整体校正

当两个轴线的檩条安装完毕后,应对这两个轴线的钢柱再次进行整体测量并校正。

4.1.4.4 安装精度要求

根据本工程施工质量要求高的特点,特制定高于规范要求的内部质量控制目标,允许偏差的减少对测量精度提出了更高的要求,因此采用预配置整体流动式三维测量系统NET2 全站仪,进行钢结构安装过程的监控。

4.2 钢结构制作工艺流程

4.2.1 钢结构制作工艺流程图

钢结构制作工艺流程见图 8-34。

4.2.2 钢结构细部设计流程

钢结构细部设计流程见图 8-35。

4.2.3 钢结构工艺设计流程

钢结构工艺设计流程见图 8-36。

4.2.4 钢结构放样及下料流程图

钢结构放样及下料流程见图 8-37。

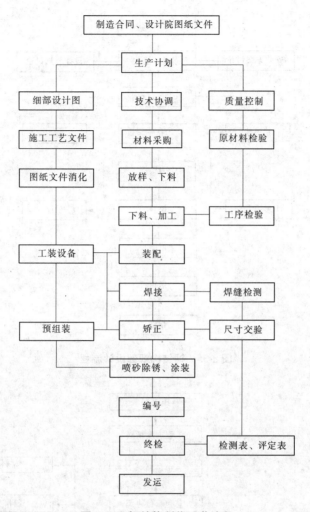

图 8-34　钢结构制作工艺流程

4.2.5　钢结构工字形柱制作流程

钢结构工字形柱制作流程见图8-38。

4.2.6　钢结构涂装流程

钢结构涂装流程见图8-39。

5　土建工程主要施工方案

5.1　钢筋工程

5.1.1　钢筋制作

5.1.1.1　钢筋的配料应注意的问题

(1)在图纸设计中未注明的细节问题,配料时应按构造要求进行钢筋配置。

(2)配料时要考虑钢筋的形状和尺寸在满足设计要求的前提下要有利于加工和安装。

5.1.1.2　钢筋的切断下料

将钢筋根据不同的长度长短搭配,统筹配料,一般应先长料后短料,以减少短头,尽量

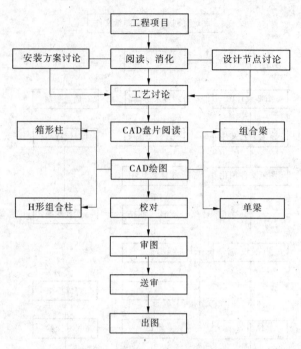

图 8-35　钢结构细部设计流程

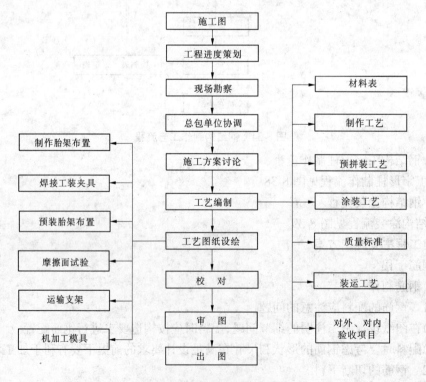

图 8-36　钢结构工艺设计流程

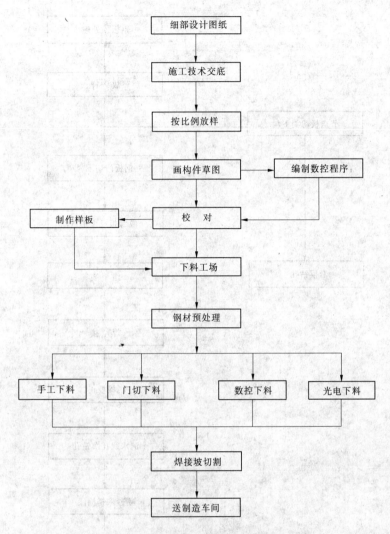

图 8-37　钢结构放样及下料流程图

减少浪费。

应尽量避免用短尺量长料,防止出现累积误差,每下一种料均应在工作台上设置长度挡板或长度控制线。

5.1.1.3　钢筋的弯曲

Ⅰ、Ⅱ级钢直径末端应加180°弯钩,其圆弧弯曲直径 D 不应大于2.5倍的钢筋直径,弯钩的平直长度不小于3倍钢筋直径。

Ⅰ、Ⅱ级钢箍筋圆弧弯曲直径 D 不小于钢筋直径的2.5倍且弯曲角度为135°时,弯曲平直长度不小于10倍的钢筋直径。

Ⅰ、Ⅱ级钢作90°或135°弯曲时,弯曲圆弧的直径不小于4倍的钢筋直径。

钢筋加工制作应严格按照规范要求进行,加工好的钢筋应分规格、型号挂牌堆放。

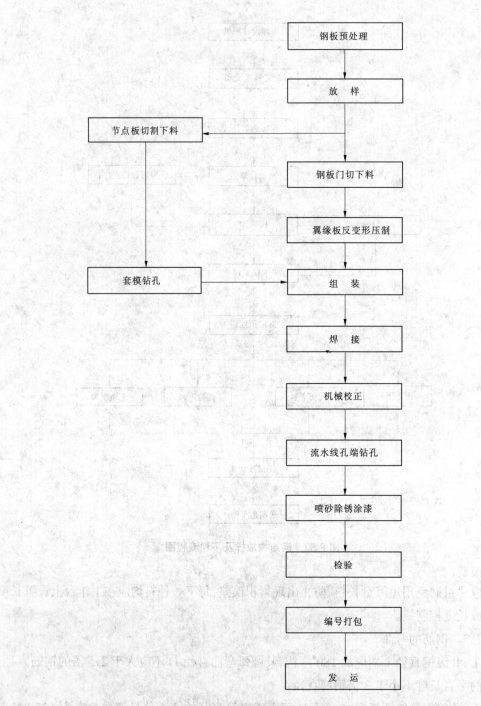

图 8-38　钢结构工字形柱制作流程

5.1.2　钢筋的绑扎和连接

5.1.2.1　框架柱钢筋绑扎

框架柱纵向受力钢筋,对于直径大于 25mm 的均采用直螺纹连接,从任一接头中心至

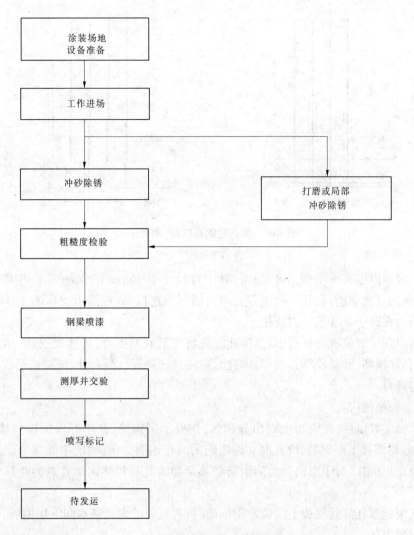

图 8-39 钢结构涂装流程

长度为钢筋直径的 35 倍,且不小于 50cm 的区段内,同一根钢筋不得有两个接头,同时在该区段内受拉钢筋接头的面积,不能超过所有受拉钢筋总面积的 25%,而且接头不宜设在柱端的箍筋加密区范围内(如图 8-40 所示)。

柱箍筋开口处必须弯成 135°角,且其平直端长度不应小于钢筋直径的 10 倍。

绑扎时先按图纸间距计算好箍筋数量,将箍筋全部套在暗柱纵筋上,在暗柱筋上用粉笔划出箍筋间距,然后将箍筋由上而下按丝绑扎,绑扎采用缠扣绑扎,箍筋和主筋应垂直,箍筋开口叠合处应沿柱子竖向交错布放,严禁只向一个方向开口。绑扎暗柱箍筋时,绑扣间相互成八字形,扎丝末端应弯向暗柱内部。

下层柱钢筋露出楼面部分宜用工具式箍将柱筋固定,防止偏移,以利上层施工。

5.1.2.2 梁筋绑扎

梁的主筋连接采用直螺纹连接或搭接,当钢筋直径大于或等于 25mm 时,采用直螺纹连接。

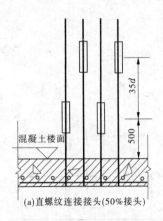
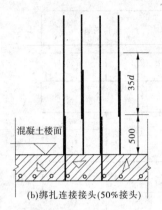

(a)直螺纹连接接头(50%接头)　　　　　(b)绑扎连接接头(50%接头)

图 8-40　框架柱钢筋绑扎(单位:mm)

注:d 为钢筋直径,mm。

同一截面内接头率不得大于 25%,对于直径小于 16mm 的钢筋可采用绑扎搭接接头,梁内纵向受力钢筋,底筋一般应在支座内锚固或连接,或在靠近支座的 1/3 范围内连接。面筋应在跨中 1/3 范围内连接。

梁筋应在梁底模板支好后绑扎,绑扎时先将主筋底筋摆好,再摆次梁筋,然后摆主筋面筋,并套好箍筋,并逐段绑扎成型,绑扎时应注意箍筋开口叠合处,应交错摆放不得只向一个方向开口。

5.1.2.3　板筋的绑扎

在模板支好以后,在模板上划出分档线,摆好下层钢筋,并垫好保护层垫块(垫块厚 1.5 m),然后绑扎下层钢筋,绑扎时靠近四周的两排钢筋必须满扎,中间部分钢筋交叉和交错成梅花形绑扎(对于双向受力的钢筋必须全部满扎),相邻两个扎点的扎口应成八字形。

在下层钢筋扎好后摆放上层负弯距钢筋,负弯短筋的绑扎基本同下层钢筋,只是每个交叉点均要绑扎。

5.1.2.4　直螺纹连接

(1)直螺纹钢筋加工工艺流程如图 8-41 所示。

(2)直螺纹钢筋连接工艺流程如图 8-42 所示。

5.2　模板工程

模板工程是结构外观好坏的重要保证,在整个结构施工中也是投入最大的一部分,模板系统的选择正确与否直接影响到施工进度及工程质量,根据本工程结构特点,板、楼梯等均采用双面覆膜竹夹板。

模板均采用竹夹板。楼板模板尽量采用整张板,以减少拼缝。

支模施工工序为:抄平放线→安放支座→安立柱、水平拉杆→调平支撑头顶面→安放 100mm×100mm 及 50mm×100mm 木枋→铺模板→安装斜撑→预检模板。

拆模施工工序为:拆除斜撑及上部水平拉杆→降下横梁、拆除模板→混凝土强度达到后拆除立柱。

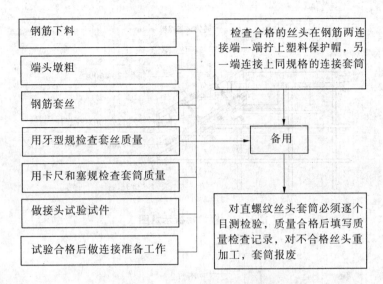

图 8-41　直螺纹钢筋加工流程图

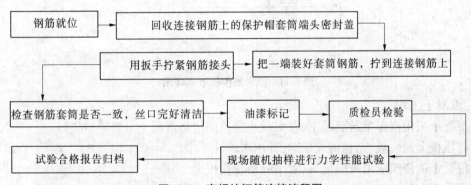

图 8-42　直螺纹钢筋连接流程图

5.2.1　模板支设要点

模板加工,新面刷桐油。

支模后,模板缝贴 30mm 宽不干胶带,模板缝宽度大于 4mm 时,嵌泡沫塑料条,粘贴不干胶。

5.2.2　支模质量要求

(1)地面素土夯实,立柱要垫木板。

(2)模板标高、几何尺寸准确。

(3)模板平、直,接缝严密。

(4)模板牢固,钢度满足施工要求。

(5)拆模后,及时清除模板上残留的砂浆,刷脱模剂,并按规格码放整齐。

楼梯模板为多层板。踏步侧板两端钉在梯段侧板木档上,靠墙的一端钉在反三角木上,踏步板龙骨采用 50mm 厚方木。制作时在梯段侧板内划出踏步形状与尺寸,并在踏步高度线一侧留出踏步侧板厚度,钉上木档。详见图 8-43、图 8-44 所示。

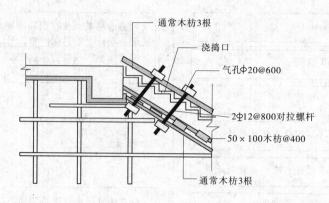

通常木枋3根
浇捣口
气孔φ20@600
2φ12@800对拉螺杆
50×100木枋@400
通常木枋3根

图 8-43　楼梯模板示意图

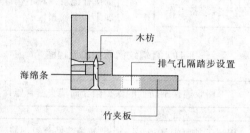

木枋
排气孔隔踏步设置
海绵条
竹夹板

图 8-44　楼梯踏步板节点详图

5.3　混凝土工程

混凝土采用汽车泵送混凝土,在混凝土浇筑前应将混凝土泵管架道搭好。

将模板上的垃圾、杂物清理干净,并用水冲洗干净。

混凝土的浇筑应沿纵向浇筑,水平缝留设在板底 2～5cm 处。

混凝土布料可直接放在楼板上,但不能将一车混凝土更多的集中堆放在一块板上,也不能将料集中堆放在楼板边角或有负弯矩钢筋的地方,楼板混凝土布料的虚铺高度可高于板厚 2～3cm。

混凝土的振捣要先振捣梁、后振捣板。振捣器的操作要点是:快插慢拔,插点均匀,在振捣过程中,宜将振动器上下抽动,以使上下振捣均匀。对于梁的振捣应从梁的一端开始,用"赶浆法"向另一端推进,在推进过程中一定要注意对流在前端的混凝土和梁底混凝土的振捣,不能漏振,待浇到一定距离后再回头浇第二层,最后和板一起向前浇筑;在振捣过程中,振捣棒插点要均匀,不得漏振,振动棒每次移动距离应在 30～40cm 之间;对于梁柱接头处钢筋较密,混凝土不宜直接振捣,此处应特别注意,必要时可用杠杆和振动棒结合的方法进行振捣。振动棒每个插点的振动时间为 20～30s,具体以混凝土表面不再下沉、不再冒出气泡、泛出灰浆为准。

板的振捣应采用平板振动器进行振捣,振捣的方向应与混凝土浇筑方向垂直。

在板的混凝土振捣密实后,用 2m 刮杠将混凝土表面刮平,并用木抹搓平,在混凝土初凝前再次用木抹进行搓毛压实。

楼板混凝土的浇筑主要采用泵送混凝土,混凝土的振捣采用插入振动器和平板振动器相结合进行振捣,在混凝土充分振捣后及时按标高拉线并用2m刮杠将混凝土表面刮平,在混凝土初凝之前用木抹搓毛抹平。

混凝土浇捣过程中应注意保证混凝土保护层厚度,绑扎好的钢筋不得随意踩踏、挪动,特别是板负筋的位置应经常检查,发现问题,应及时纠正。

楼板混凝土在混凝土终凝之后要及时覆盖、洒水养护,在日平均气温高于5℃的自然条件下,在混凝土终凝后立即采用覆盖、洒水养护。养护时间不少于14个昼夜。

在日平均气温低于5℃的自然条件下应采用覆盖蓄热养护。

5.4 砌体工程
5.4.1 工艺流程

砌体结构工艺流程见图8-45。

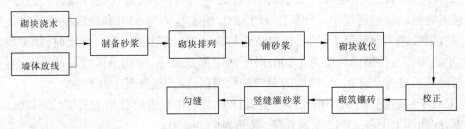

图 8-45 砌体结构工艺流程

(1)墙体放线。砌体施工前,应将基础面或楼层结构面按标高找平,依据砌筑图放出第一皮砌块的轴线、砌体边线和洞口线。

(2)砌块排列。按砌块排列图在墙体线范围内分块定尺、划线,排列砌块的方法和要求如下:砌块排列从地基或基础面、±0.000面排列,排列时尽可能采用主规格的砌块,砌体中主规格砌块应占总量的75%~80%。

砌块排列上、下皮应错缝搭接,搭接长度一般为砌块的1/2,不得小于砌块高的1/3,也不应小于150mm,如果搭错缝长度满足不了规定的要求,宜采取压筑钢筋网片的措施,具体构造按设计规定。

外墙转角及纵横墙交接处,应将砌块分皮咬槎,交错搭砌,如果不能咬槎时,按设计要求采取其他构造措施;砌体垂直缝与门窗洞口边线应避开通缝,且不得采用碎砖镶砌。

砌体水平灰缝厚度为10mm,垂直灰缝宽度为10mm。

(3)制配砂浆。按设计要求的砂浆品种、强度制配砂浆,由实验室配合比确定(如果该配比的和易性不良,可进行适当调整,将调整后的配比书面报给技术科和监理)。采用机械搅拌,搅拌时间不少于1.5min。

(4)铺砂浆。将搅拌好的砂浆,通过吊斗、灰车运到砌筑地点,在砌块就位前,用大铲、瓦刀进行分块铺灰。

(5)砌块就位与校正。砌筑前一天应将找平层浇水湿润,冲去浮尘,清除砌块表面的杂物后吊运就位。砌筑前,须按照灰缝的要求制作好皮数杆。砌筑就位应先远后近、先上后下、先外后内;每层开始时,应从转角处或定位砌块处开始;应吊砌一皮、校正一皮,皮皮拉线控制砌体标高和墙面平整度。

(6)砌筑镶砖、砖缝处理。大于 100mm 的砖缝可用切割机将加气混凝土块按照需要切好后,再进行砌筑;50mm≤砖缝≤100mm 的砖缝也可用细石混凝土填补;如果砖缝≤50mm,用砂浆填补。

对于砌筑长度较小或者是构造柱留槎时,可采用灰砂砖镶砖。

对于顶部的镶砖方法可采用斜砌的方式。

竖缝灌砂浆:每砌一皮,就位校正后,用砂浆灌垂直缝,随后进行灰缝的勒缝(原浆勾缝),深度一般为 3~5mm。

5.4.2 操作要点

(1)砌筑时,最下边用 100mm 厚 C15 细石混凝土(配合比由实验室确定)找平。砌至最上层时,用灰砂砖砌成斜砖。

(2)拉结筋的设置按照设计要求,当设计无要求时,按照每 3 皮砖设置一道 2Φ6 钢筋。施工缝处的拉结筋甩出墙体长度为 1 000,锚入墙体为 500;和原混凝土连接处用≥Φ8 膨胀螺栓锚入原混凝土,然后将拉结筋与膨胀螺栓焊接在一起(焊接时,须采取双面焊接,不能漏焊);拉结筋长度为 1 000;对于两边都是砌体、中间是构造柱的情况,穿过墙体的拉结筋长度为 2 000。拉结筋的制作按照规范进行,端部设 180°弯钩。

(3)对于层高超过 3m 的的砌体根据设计要求须在 6 皮砖处增加拉梁,高 120mm,与墙同宽;配筋为上下各 2Φ12 的通长筋,箍筋为 Φ6@250。

(4)构造柱与上部结构连接用≥Φ14 的膨胀螺栓锚入构件后,将构造柱的主筋与膨胀螺栓焊接成一体,构造柱采用 C20 混凝土,配筋为 4Φ14 螺纹钢,箍筋为 Φ6@200。施工顺序为:绑扎构造柱钢筋→砌加气混凝土块→浇筑构造柱混凝土。

(5)构造柱处的砌块采用两进两出进行砌筑。

(6)砌块的施工顺序为分段自上而下,即从每段的最上一层开始往下进行砌筑,以防下层梁承受上层以上的墙重。

(7)对于预埋管、插座、开关盒等范围内砌体可以采用灰砂砖砌筑。

5.5 门窗安装工程

5.5.1 材料及机具准备

门窗产品必须具备出厂合格证和试验报告,五金配件具备出厂合格证、保温嵌缝材料材质证明及出厂合格证,密封胶的出场合格证及使用说明书。

主要材料:门窗连接件、胀管螺栓、木楔、钢钉、自攻螺丝、木螺丝。

主要机具:线坠、粉线包、水平尺、托线板、手锤、扁铲、钢卷尺、螺丝刀、冲击电钻、射钉枪、锯、刨子、小铁铣、小水桶、钻子。

5.5.2 工艺流程

门窗安装:弹线找方→门窗洞口处理→连接件及门窗外观质量检查→门窗安装→门窗四周嵌缝→安装五金配件→门窗框及玻璃清理。

5.5.3 操作要点

(1)按照在洞口上弹出的门、窗位置线,根据设计要求,将门、窗框立于墙的中心线部位或内侧;

(2)将门、窗框临时用木楔子固定,待检查立面垂直、左右间隙大小、上下位置一致,均符合要求后，再将镀锌锚板固定在门窗洞口内。

（3）门窗上的锚固板与墙体之间用燕尾铁脚固定法固定。锚固板是门、窗与墙体的连接件，锚固板的一端固定在门、窗框的外侧，另一端固定在密实的洞口墙体内。锚固板的厚度为1.5mm。

（4）锚固板应固定牢固，不得有松动现象，锚固板的间距不应大于500mm，如有条件时锚固板方向宜在内、外交错布置。

（5）严禁在门、窗上连接地线进行焊接工作，当固定铁件与洞口预埋件焊接时，门、窗框上要盖上橡胶石棉布，防止焊接时烧伤门窗。门窗与洞口的间隙，应采用矿棉条或玻璃棉毡条分层填塞，缝隙表面留5~8mm深的槽口，填嵌密封材料，在施工中注意不得损坏门窗上面的保护膜；如表面沾污了水泥砂浆，应随时擦净，以免腐蚀铝合金，影响美观。

（6）严禁利用安装完毕的门窗搭设和捆绑脚手架，避免损坏门、窗框。全部竣工后，剥去门窗上的保护膜。

6 拟投入的主要设备、机具

6.1 钢结构制作主要机具、设备

钢结构制作主要机具、设备见表8-12。

表 8-12　钢结构制作主要机具、设备

序号	机械或设备名称	规格或型号	数量	用于施工部位	进场时间
1	门式起重机	18m,20t	4台	钢结构制作	开工前
2	门式起重机	18m,10t	2台	钢结构制作	开工前
3	数控全自动切割机	3000×18000	2套	钢结构制作	开工前
4	半自动火焰切割机	CG1-30	4套	钢结构制作	开工前
5	角铁切断机	75×6	4台	钢结构制作	开工前
6	H型钢组焊机	MZG-2×1000	4套	钢结构制作	开工前
7	H型钢翼缘矫正机	HYJ-60	2套	钢结构制作	开工前
8	林肯焊机	V-300-1	5台	钢结构制作	开工前
9	两用焊机	TIG200A	4台	钢结构制作	开工前
10	碳弧气刨	400A	4套	钢结构制作	开工前
11	悬臂钻床	Z3040	8台	钢结构制作	开工前
12	磁座钻	Z23	10台	钢结构制作	开工前
13	电动液压式冲孔机	IS-106MP	3套	钢结构制作	开工前
14	立式钻床	Z25	6台	钢结构制作	开工前
15	C型钢压制机	300系列	2台	檩条制作	开工前
16	无空气喷涂机	LGPQ20C	2套	油漆用	开工前
17	螺旋空压机	SCD-750HD	2套	油漆用	开工前
18	构件整体抛丸除锈设备	HP8016	1套	除锈用	开工前
19	彩板成型设备	YX10-127-890	1套	彩板制作用	屋面、墙板制作

6.2 钢结构安装主要机具、设备

钢结构安装主要机具设备见表 8-13。

表 8-13　钢结构安装主要机具设备

序号	机械或设备名称	规格或型号	数量(台/只)	用于施工部位	进场时间
1	汽车起重机	8t	4 台	钢结构吊装用	钢结构吊装时
2	汽车起重机	16t	2 台	钢结构吊装用	钢结构吊装时
3	平板拖车	FV113HL 25t	3 台	钢结构运输用	钢结构吊装前
4	平板拖车	CWB520HTL 40t	2 台	钢结构运输用	钢结构吊装前
5	载重汽车	15t	2 台	钢结构运输用	开工前
6	载重汽车	8t	2 台	钢结构运输用	开工前
7	工具车	1.25t	2 台	场内交通	钢结构吊装前
8	叉车	5t	2 台	场内搬运用	开工前
9	叉车	8t	1 台	场内搬运用	开工前
10	卷扬机	1t、3t、5t	各 3 台	拼装、吊装用	开工前
11	手拉葫芦	1t、3t、5t	各 10 只	吊装用	钢结构吊装前
12	千斤顶	10t	2 只	组装、调整用	开工前
13	千斤顶	20t	2 只	组装、调整用	开工前
14	逆变交直流氩弧焊机	WSME－500	10 台	现场安装用	开工前
15	手提焊机	BX6－180－2	2 台	现场安装用	开工前
16	焊条烘干箱	ZYH－60	4 台	钢结构制作车间	开工前
17	发电机	380V 36kW	1 台	临设用	备用
18	角向磨光机	φ100～φ125	15 台	钢结构制作车间	开工前
19	砂轮切割机	φ400	14 台	钢结构制作车间	开工前
20	冲击电钻	φ26	8 台	施工现场用	开工前

6.3 材料试验、质检仪器设备

材料试验、质检仪器设备见表 8-14。

表 8-14　材料试验、质检仪器设备

序号	机械或设备名称	规格或型号	数量	用于施工部位	进场时间
1	UT 检测设备	UTX800	2 台	钢结构制作车间	开工前
2	光学经纬仪	TDJ2	2 台	现场安装用	开工前
3	电子经纬仪	DT－101	2 台	现场安装用	开工前
4	激光对中仪	Easy－LaserD450	2 套	现场安装用	开工前
5	框式水平仪	200×200	10 台	现场安装用	开工前
6	自动安平水准仪	DZS3－1	2 台	现场安装用	开工前
7	自动安平水准仪	DSZ2	2 台	现场安装用	开工前
8	焊接检验尺	40 型	5 把	钢结构制作用	开工前
9	塞尺	0～150/300 系列	8 只	钢结构制作用	开工前
10	铝水平尺	300、400、500、800mm	20 只	现场安装用	开工前
11	钢卷尺	3、5、10～30m	30 只	钢结构制作用	开工前
12	钢直尺	300、500、1 000mm	20 只	钢结构制作用	开工前
13	钢角尺	300mm	20 只	钢结构制作用	开工前

6.4 土建工程主要施工设备

土建工程主要施工设备见表 8-15。

表 8-15 土建工程主要施工设备

序号	机械设备名称	型号规格	数量（台）	国别产地	制造年份(年)	额定功率(kW)	生产能力	备注
1	混凝土输送泵	HBT50E	1	日本	2003	55	良好	自有＋租赁
2	钢筋切断机	GQ－40－34	1	四川	2004	2.2	良好	自有
3	钢筋弯曲机	GW	1	四川	2004	3	良好	自有
4	卷扬机	JM	1	四川	2004	7	良好	自有
5	直螺纹套丝机	HGS－40	1	江苏	2002	6	良好	自有
6	搅拌机	JZC－350	1	河北	2003	5.5	良好	自有
7	木工圆锯	500	1	河北	2005	3	良好	自有
8	刨木机	1240	1	河北	2005	4	良好	自有
9	交流电焊机	BX_1－300A	2	湖南	2005	38.6	良好	自有
10	插入式振动器	HZX－60	4	河北	2005	1.1	良好	自有
11	平板振动器	HZD200	1	河北	2005	1.1	良好	自有

7 质量控制、检测及程序

7.1 质量控制目标

确保工程合格，争创天津优良工程。

7.2 质量网络控制体系

质量网络控制体系见图 8-46。

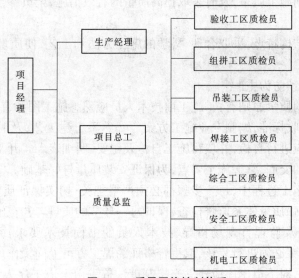

图 8-46 质量网络控制体系

7.3 质量控制措施

(1)本企业已通过 ISO9002 质量体系认证,本工程即按 ISO9002 质量体系规范运作。

(2)根据本工程具体情况,编写质量手册及各工序的施工工艺指导书,以明确具体的运作方式,对施工中的各个环节,进行全过程控制。

(3)建立由项目经理直接负责、质量总监中间控制、专职检验员作业检查、班组质检员自检、互检的质量保证组织系统。

(4)以强烈的质量意识,把创一流的工程质量、建设优质样板工程作为我们的奋斗目标,严格按照钢结构施工规范和各项工艺实施细则,精心施工。

(5)认真学习掌握施工规范和实施细则,施工前认真熟悉图纸,逐级进行技术交底,施工中健全原始记录,各工序严格进行自检、互检,重点是专业检测人员的检查,严格执行上道工序不合格、下道工序不交接的制度,坚决不留质量隐患。

(6)认真执行质量责任制,将每个岗位、每个职工的质量职责纳入项目承包的岗位合同中,并制定严格的奖惩标准,使施工过程的每道工序、每个部位都处于受控状态。采取经济效益与岗位职责挂钩的制度,以实际措施来坚持优质优价、不合格不验收制度,保证工程的整体质量。

(7)把好原材料质量关,所有进场材料,必须有符合工程规范的质量说明书,材料进场后,要按产品说明书和安装规范的规定,妥善保管和使用,防止变质损坏,按规程应进行检验的,坚决取样检验,杜绝不合格产品进入本工程,影响安装质量。

(8)所有特殊工种上岗人员,必须持证上岗,持证应真实、有效并检验审定,从人员素质上使质量得以保证。

(9)配齐、配全施工中需要的机具、量具、仪器和其他检测设备,并始终保持其完善、准确、可靠。仪器、检测设备均应经过有关权威方面检测认证。

(10)特殊工序应采取分项的质保措施,如安装工序、焊接工序及屋盖整体尺寸控制工序等。定期评定近期施工质量,及时采取提高质量的有效措施,全员参与确保高质量地完成施工任务。

(11)根据工程结构特点,采取合理、科学的施工方法和工艺,使质量提高建立在科学可行的基础上。

(12)超前管理,预防为主。

(13)必须遵循的质量原则有:①施工前技术人员应熟悉施工图和有关技术资料,熟悉工程,了解施工及验收标准,编制专业施工方案。②熟悉土建工艺,及时掌握土建施工进度。③施工完毕后应进行自检,并填写施工自检及纪要、明细表。④开工前技术人员应对班组进行认真细致的交底,掌握施工要点,为保证安装质量打好基础。⑤从施工准备到竣工投入运行的整个施工过程中,每一步骤都必须严格把关,切实保证质量,人员严格按规程要求操作,同时加强质量体系监督检查,保证每一环节的质量。⑥在施工中贯彻施工规范、规程和评定标准及监理方现场指导、技术人员的书面技术要求,并要按图纸施工。⑦对构件的焊接,焊工必须进行复核,取得合格证的焊工方可上岗操作。⑧进行工序交底工作,上道工序结束,对下道工序应建立交接制度。首先由上道工序人员进行交底,下道工序人员发现上道工序不合格时,有权拒绝施工,在上级部门对此核实前,应保证下道工序的正常要求,在证实后责令上道工序修正合格后方能进行下道工序的施工;否则,不能进行下道工序的施工。⑨按施工程序办事,组织合理施工、文明施工,下达任务时要明确质量标准和要求,并应认真做到"四个坚持"、"四个不准"。"四个坚持"为:坚持谁施工谁负责工程质量的原则;坚持成品复核检查制度;坚持三检二评工作制度(自检、互检、交接检、初评、复评);坚持检查评比。"四个不准"为:没有做好施工准备工作不准开工;没有保证措施不准开工;设计图纸未熟悉不准开工;没有技术、安全交底不准施工。

(14)工程总体管理中实行全过程的质量控制,是保证工程质量的必要手段。全过程质量控制的要点为:①对原材料、构配件采购的质量控制。②复核现场质量定位、工程定位依据、轴线、水准控制点,复核无误后,正式办理移交手续。③审查现场质量保证体系检测人员,配备钢结构分部工程质量检查认证。④督促检查施工机械的完好情况。⑤做好现场施工范围内地下管线的资料搜集,及时向钢结构分包商移交地下管线资料,确保施工能正常进行及安全施工。⑥本工程质量控制点包括:a.钢梁安装关键控制点的保证措施;用先进的测量仪器定位,确保钢梁的安装符合规范要求;框架中心钢梁先吊装,再由中心向两端安装;强调钢梁安装的对称性;强调钢梁安装时,对钢梁位移、标高进行跟踪观察。b.为保证钢框架现场安装精度须做到:派人驻厂参与制作管理,发现问题及时解决;与设计、制作者一起讨论各种构件连接节点部位并做应力应变测试,便于操作者控制变形。

(15)为保证本工程质量能达到优质标准,必须做到以下几点:①首先建立健全工程管理网络和质量管理制度,明确钢结构工程施工同各方面的关系;②从深化设计开始,深化设计人员必须熟悉图纸,能深化各种节点,使其具有可操作性,深化设计完成后必须由专业工程师负责校对、审核,对施工图的修改必须有依据,且必须由设计人员签字。③材料的采购严格按照 ISO9001 质量保证体系采购程序执行,在制作期间可邀请监理工程师及业主单位来作生产现场指导监督,以利于制作质量的进一步提高。④材料安装前应仔细核对制作资料,检查构件变形情况,如发现质量问题应及时校正或重新生产,绝不让不合格产品进入工地现场。⑤工程施工必须严格按照施工验收规范执行,在施工过程中必须做到三检(自检、互检、交接检);对监理工程师提出的问题应及时整改,杜绝不合格产品流入下一道工序,做到"谁施工、谁负责";加强成品保护意识。

8 冬雨期施工、文明施工

8.1 冬期施工防护措施

8.1.1 冬期施工措施

(1)在入冬前编制冬期施工方案,方案确定后组织有关人员学习,并向各施工班组进行交底;

(2)进入冬期施工前,对掺外加剂人员、测温保温人员、锅炉司炉工和火炉管理人员,应专门组织技术业务培训,学习本工作范围内的有关知识,明确职责,做到持证上岗;

(3)与当地气象台保持联系,及时接收天气预报,防止寒流突然袭击;

(4)由试验员负责测量施工期间的室外气温、暖棚内气温、砂浆的温度并做好记录;

(5)根据实物工程量提前组织有关机具、外加剂、保温材料进场;

(6)施工现场所有外露水管均先用草绳缠绕,然后用薄膜包裹保温,防止水管冻裂;

(7)现场石灰膏等必须搭设保温棚,防止受冻;

(8)现场各种机械设备在每晚下班时必须将水箱内的水放尽,防止水箱冻裂;

(9)由公司实验室试配冬期施工所用的砌筑砂浆及抹灰砂浆的配合比。

8.1.2 钢结构工程

(1)掌握气象资料,与气象部门定时联系,定时记录天气预报,随时通报,以便工地做好工作安排和采取预防措施,尤其防止恶劣天气突然袭击对我方施工造成的影响。

(2)当冬期天气恶劣,不能满足工艺要求及不能保证安全施工时,应停止吊装施工。此时,应注意保证作业面的安全,设置必要的临时紧固措施(如揽风绳、紧固卡)。

(3)雪天不准进行高强螺栓安装施工,在作业面存放的高强螺栓应入箱进笼。对已穿未拧的高强螺栓,应采用彩条布等包裹防雨。高强螺栓吊箱应密闭防水,高空作业位置应可靠、安全、方便。

(4)雪后,高强螺栓施工时,应用高压空气吹干作业区连接摩擦面及可能的其他有碍雪水,对已产生的浮锈等,应用铁刷认真刷除。完成以上工作后,方可进行高强螺栓施工。

(5)雪天不得进行焊接作业,若必须持续焊接时,应设置相应的防护措施。对于柱、梁焊接,应设置防雨水的防护架,严密防护。

(6)冬期施工时,安全防护措施要合理、有效,工具房、操作平台、吊篮及焊接防护罩等上面的积雪应及时清理。

(7)冬期施工,应保证施工人员的防滑、防雪、防寒的需要(如防寒服、防滑鞋等)。

(8)当气温低于−5℃时,不得进行焊接作业,确实需要必须制定相应的焊接工艺及保护措施。

8.1.3 混凝土工程

8.1.3.1 混凝土搅拌和运输。
派专人负责管理混凝土搅拌站,对混凝土搅拌站进行监督和管理,检查内容见表8-16。严格执行冬期施工混凝土搅拌的有关规定,尽量缩短混凝土的运输时间,减少混凝土的热量损失。

表 8-16 水温、原材料和混凝土温度的检查

序　号	检查内容	测定次数
1	原材料加温(主要是水)	每台班不少于 4 次
2	材料加入搅拌机时温度	每台班不少于 4 次
3	混凝土出机温度	每台班不少于 4 次
4	混凝土入模温度	每台班不少于 4 次
5	养护温度	强度达到 $3.5N/mm^2$ 前每 2h 一次,强度达到 $3.5N/mm^2$ 后每 6h 一次(桩混凝土不用测养护温度)

(2)冬期施工质量检查。①原材料的检验:除对水泥、砂、石的入场检验外,还要加强对进入现场的外加剂做抽样检查,合格后方可使用。②强度检查:对于冬期施工混凝土强度检查,除应按常温施工时留取试块进行检查外还应增设两组与结构相同条件的试块(桩混凝土除外),用以检查受冻前混凝土的强度和转入常温养护28d 的混凝土强度。

8.1.3.2 钢筋工程

(1)冬期进行钢筋焊接应调整焊接工艺参数,使焊缝和热影响区缓慢冷却,风力超过

四级时应采取挡风措施。

(2)焊后未冷却的接头,不得接触冰雪。

(3)当环境气温低于−20℃时不得进行施焊。

8.1.3.3 其他

(1)冬期施工中对混凝土骨料除要求没有冻块、雪团外,还要求清洁、级配良好、质地坚硬,不应含有易冻的矿物;拌制砂浆所用的砂不得含有直径大于10mm的冻结块或冰块。

(2)外加剂采用TD−10掺量为水泥用量的2%~3%(在可以保证混凝土出机温度和入模温度的同时,不加防冻剂)。

8.2 防风措施

施工过程中,当接到大风消息时,应采取以下措施:

(1)散开的尚未铺设或未固定的屋面板应马上归堆并用绳索捆绑在梁上,现场的施工材料(如焊条、螺栓、螺钉等)应回收到工具房内,施工废料要清理到安全地方。

(2)电源线要绑扎固定好,遇到有棱有角的地方要用橡皮或胶垫包起,并闭合所有的电源开关。

(3)工具房、操作平台、吊篮、焊接用防护罩等均应捆绑,固定在柱、梁上,所有缆风绳均应确保安全、可靠。

(4)其他设备、机械也应采用紧扎、捆固措施。

8.3 文明施工管理

文明施工的程度如何将直接影响我公司的形象,如我公司能承建本钢结构工程,我们将在本工程的施工中树立良好的形象,并充分协调好各方面的关系,为建设好本工程予以人力、物力、财力的支持。

8.3.1 文明施工目标

我公司一旦中标,将严格按照天津市的施工现场标准化管理规定的内容及相关文件进行布置及管理,并提出文明施工目标:争创标准化文明施工样板工地。

8.3.2 文明施工,并加强环保措施

由于文明施工包括的内容很多,又有许多与安全生产等有紧密联系,故如有与安全生产的内容重复的,将同样列出,并作为重点强调的内容加以重视。同时,设置环境保护宣传标牌,人人树立环境保护意识。

8.3.3 总平面管理

总平面管理是针对整个施工现场而进行的管理,其最终要求是严格按照各施工阶段的施工平面布置图的规划和管理,具体表现在:

(1)施工平面图规划合理,应具有科学性、方便性,有利于施工平面布置。

(2)严格按平面图所标识的电、进水、排水系统的布置而设置。

(3)所有的材料堆场、小型机械均按平面图的要求布置,如有调整应有书面的平面修改通知。

(4)在做好总平面管理工作的同时,应经常检查执行情况,坚持合理的施工顺序,不打乱仗,力求均衡生产。

8.3.4 重点部位的要求

在编制本施工方案过程中,本公司曾派人对施工现场进行了现场勘探,并根据现状对文明施工中的重点部位要求如下:

(1)工完场清:在施工过程中,要求各作业班组做到工完场清,以保证施工现场没有多余的材料、垃圾。项目经理部应派专人对施工现场进行清扫、检查,以使每个已施工完的结构清洁、无太多的积灰,而对运入现场的材料要求堆放整齐,以使整个施工现场整齐划一。

(2)对于工程中所使用的氧气、乙炔等必须有专人保管,未经同意,不得随意使用;本工程所用材料均为绿色环保材料,使用后对周围环境、水源、空气等均不产生任何污染。

8.3.5 标准化管理要求

在施工中我们将大力推行施工现场标准化,加强环境卫生管理,从小处着眼,发动全体人员参与,以使本工程能成为一个体现现代文明的窗口。我们会落实业主制订的规章制度,并认真执行。由于标准化管理包含了从工程安全到文明施工的较多内容,故我公司将在本工程大力推广,以确保本工程能达到我公司所承诺的目标,在天津市树立更好的形象。

8.3.6 重点措施

(1)对施工人员进行文明施工教育,加强职工的文明施工意识。

(2)做好施工现场临时设施、材料的布置与堆放,实行区域管理,划分职责范围,工长、班组长分别是包干区域的负责人,按《文明施工中间检查记录》表自检评分,在每月的生产会上总结评比。

(3)切实加强火源管理,现场禁止吸烟,电、气焊及焊接作业时应清理周围的易燃物,消防工具要齐全,动火区域都要安放灭火器,并定期检查,加强噪音管理,控制噪音污染。

(4)施工现场及场地内的建筑垃圾、废料应清理到指定地点堆放,并及时清运出场,保证施工场地的清洁和施工道路的畅通。

(5)做好已安装好的构件及待安装构件的外观及形体保护,减少污染。

9 安全施工保证措施

9.1 安全管理保证体系

9.1.1 安全控制指标

确保工程、设备安全,施工人员伤、亡零指标。

9.1.2 安全网络控制体系

安全网络控制体系见图8-47。

9.2 安全保证措施

9.2.1 钢结构制作、组装

(1)必须按国家的法规条例,对各类操作人员进行安全教育。对生产场地必须留有安全通道,设备之间的最小距离不得小于1m。进入施工现场的所有人员,应戴好劳动防护用品,并应注意观察和检查周围的环境。

(2)操作者必须遵守各岗位的操作规程,以免损及自身和伤害他人,对危险源应做出相应的标志、信号、警戒等,以免现场人员遭受损害。

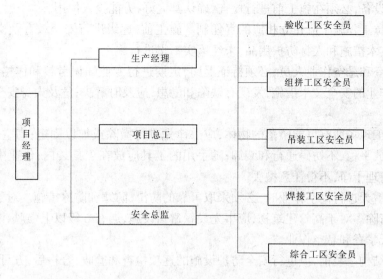

图 8-47　安全网络控制体系

（3）所有构件的堆放、搁置应十分稳固，不稳定的构件应设支撑或固定，超过自身高度的构件的并列间距应大于自身高度。构件安置要求平稳、整齐。

（4）索具、吊具要经常检查，不得超过额定荷载。焊接构件不得留存、连接起吊索具。

（5）钢结构制作过程中，半成品和成品胎具的制造和安装应进行强度验算，不得凭经验自行估算。

（6）钢结构生产过程的每一工序所使用的氧气、乙炔、电源必须有安全防护措施，定期检测泄漏和接地情况。

（7）起吊构件的移动和翻身，只能听从一人指挥，不得两人并列指挥或多人指挥。起重构件移动时，不得有人在本区域投影范围内滞留、停立和通过。

（8）所有制作场地的安全通道必须畅通。

9.2.2　钢结构焊接

钢结构焊接安全施工一般原则：

（1）认真执行国家有关安全生产法规，认真贯彻执行有关施工安全规程。同时结合公司实际，制定安全生产制度和奖罚条例，并认真执行。

（2）所有施工人员必须戴安全帽，高空作业必须系安全带；所有电缆、用电设备的拆除、车间照明等均由专业电工担任。要使用的电动工具，必须安装漏电保护器，值班电工要经常检查、维护用电线路及机具，认真执行 JGJ46—88 标准，保持良好状态，保证用电安全。

（3）氧气、乙炔、二氧化碳气要放在规定的安全处，并按正确规定使用，车间、工具房、操作平台等处设置足够数量的灭火器材。电焊、气割时，应先注意周围环境有无易燃物后再进行工作。

（4）做好防暑降温、防风、防雨、防雪和职工劳动保护工作。起重指挥要果断，指令要简单、明确，按"十不吊"操作规程认真执行。

9.2.3　高空作业一般要求

（1）高空作业的安全技术措施及其所需料具，必须列入工程的施工组织设计。高空作业的设施、设备,必须在施工前进行检查,确认其完好,方能投入使用。

(2)单位工程施工应建立相应的责任制。施工前,逐级进行安全教育及交底,落实所有的安全技术措施和人身防护用品,未经落实不得进行施工。

(3)攀登和悬空作业人员,必须持证上岗,定期进行专业知识考核和体格检查。施工中对高空作业的安全技术措施,发现有缺陷和隐患,应及时解决;危及人身安全时,必须停止作业。

(4)施工现场所有可能坠落的物体,应一律先进行撤除或加以固定;高空作业所用的物料,应堆放平稳,不妨碍通行和装卸;随手用的工具应放在工具袋内;作业中,走道内余料应及时清理干净,不得任意抛丢。

(5)雨雪天进行高空作业时,必须采取可靠的防滑、防寒和防冻措施。对于水、冰、雪、霜应及时清除。对于高耸建筑物,应事先设置避雷设施,遇有6级以上强风、浓雾天气,不得进行露天攀登和悬空作业。

(6)钢结构吊装前,应进行安全防护设施的逐项检查和验收,合格后,方可进行高空作业。

9.2.4 临边作业

(1)基坑周边,还未安装栏杆、栏板的阳台、料台和挑平台周边、雨篷与挑檐边;无外脚手架的屋面与楼层周边;桁架、梁上工作人员行走;柱顶工作平台、拼装平台等处必须设置防护栏杆。

(2)地面通道上边应设安全防护棚,接料平台两侧的栏杆,必须自上而下加挂安全立网。

9.2.5 洞口作业

(1)进行洞口作业以及因工程和工序需要而产生的,使人和物有坠落危险或危及人身安全的其他洞口进行高空作业时,必须设置防护栏杆。

(2)施工现场通道附近的多类洞口与坑槽处,除应设置防护栏杆与安全标志外,夜间还应设红灯示警。桁架间安装支撑前应加设安全网。

9.2.6 攀登作业

(1)现场登高应借助建筑结构或脚手架的登高设施,也可采用载人的垂直运输设备;进行攀登作业时,也可使用梯子或其他攀登设施。

(2)柱、梁等构件吊装所需要的直爬梯及其他登高用的拉攀件,应在构件施工图或说明内做出规定,攀登的用具在结构构造上,必须牢固可靠。

(3)梯脚底部应垫实,不得垫高使用,梯子上端应有固定措施。钢柱安装登高时,应使用钢挂梯或设置在钢柱上的爬梯;钢柱安装时,应使用梯子或操作台。

(4)钢梁安装登高时,应视钢梁高度,在两端设置挂梯或搭设钢管脚手架。在梁面上行走时,其一侧的临时护栏横杆可采用钢索,当改为扶手绳时,绳的自由下垂度不超过$L/20$,并应控制在100mm以内。

(5)在钢屋架上下弦攀登作业时,对于三角形屋架应在屋脊处,梯形屋架应在两端处设攀登上下的梯架。钢屋架吊装前,应在上弦设置防护栏杆;并应预先在下弦挂设安全网,吊装完毕后,即将安全网铺设、固定。

9.2.7　悬空作业

（1）悬空作业应有可靠的立足处，并应视情况而定，设置防护栏杆、防护网或其他安全设施。

（2）防护栏杆使用的索具、脚手架、吊篮、吊笼、平台等设备，均需经过技术鉴定或验证后方可使用；悬空作业人员，必须系好安全带。

（3）钢结构的吊装，构件应尽可能在地面组装，并搭设临时固定、电焊、高强度螺栓连接等操作工序的高空安全措施，随构件同时安装就位，并应考虑这些安全设施的拆卸工作。高空吊装大型构件前，也应搭设悬空作业所需的安全设施。

9.2.8　交叉作业

（1）结构安装过程中，各工种进行上下立体交叉作业时，不得在同一垂直方向上操作。下层作业的位置，必须处于依上层高度确定的可能坠落范围半径之外；不符合上述条件时，应设置安全防护层。

（2）楼层边口、通道口、脚手架边缘处，严禁堆放任何拆下的构件。

9.2.9　起重机作业

（1）起重机的行驶道路，必须坚实可靠；起重机不得停留在斜坡作业，也不允许起重机两侧履带一高一低；并严禁超载吊装和斜吊。

（2）履带式起重机吊物时，一般不能行走，如吊物时需要行走，只能短距离行走，构件距离地面 30mm 左右，且要慢行，将构件转至起重机的前方，拉好溜绳，控制构件摆动。

（3）双机抬吊时，要根据起重机的起重性能进行合理的负荷分配（每台起重机的负荷不得超过其安全负荷的 80%），在操作时，要统一指挥。在整个抬吊过程中两台起重机的吊钩滑车组均应保持铅垂状态。

（4）捆绑构件的吊索必须经过计算，所有起重工具应定期进行检查，对有损坏的作出鉴定。捆绑方法应正确、牢靠，以防吊装中吊索被破坏或构件滑脱，使起重机失重而倾覆。

（5）保证机上和机下的信号一致；按照操作规程经常对起重机进行维修保养。群塔作业时，两台起重机之间的最小距离，应保证在最不利位置时，任一台的起重吊臂不会与另一台的塔身、塔顶相碰，并至少有 2m 的安全距离；应避免两台起重臂在垂直的位置相交。

9.2.10　防高空坠落

（1）为防高空坠落，操作人员在进行高处作业时，必须正确使用安全带，安全带一般应高挂低用。操作人员必须戴安全帽。

（2）安装构件时，使用撬杠校正构件的位置要安全，必须防止因撬杠滑脱而引起的高空坠落；在雨、冬期里，构件上常因潮湿或积有冰雪而容易使操作人员滑倒，应清扫积雪后再安装，高空作业人员必须穿防滑鞋方可操作。

（3）高空作业人员在脚手板上通行时，应思想集中，防止踏上探头板而坠落。使用的工具及安全带的零部件，应放入随身携带的工具袋里，不可向下丢抛。

（4）在高空气割或电焊切割作业时，应采取措施防止割下的金属或火花落下伤人或引起火灾。地面操作人员，尽量避免在高空作业的下方停留或通过，也不得在起重机的吊臂和正在吊装的构件下停留或通过。

（5）构件安装后，必须检查连接质量，无误后，才能摘钩或拆除临时固定工具，以防构件掉落伤人。设置吊装禁区,禁止与吊装无关的人员入内。

9.2.11 防止触电

(1)随时检查电焊机的手把线,防止破损;电焊机的外壳应有接地保护;各种起重机严禁在架空输电线路下工作,在通过架空输电线路时,应将起重臂落下,并确保与架空输电线的安全距离。

(2)严禁带电作业;电气设备不得超负荷运行;手工操作时电工应戴绝缘手套或站在绝缘台上。钢结构是良好导体,施工过程中应做好接地工作。

9.2.12 气割作业

(1)氧气乙炔瓶放置的安全距离应大于10m;氧气乙炔瓶不应放在太阳下暴晒,更不可接近火源,要求与火源的距离不小于10m。

(2)冬期施工时,如瓶的阀门发生冻接,应该用干净的热布把阀门烫热而不可用火烤;不能用油手接触氧气瓶,还要防止起重机或其他机械油落在氧气瓶上。

9.2.13 消防管理

(1)施工现场的消防安全,由施工单位负责,建设单位应督促施工单位做好消防安全工作。施工现场实行逐级防火责任制,施工单位应确定一名防火责任人,全面负责施工现场的消防安全工作。

(2)搭设的临时建筑,应符合防火要求,不得使用易燃材料。

(3)使用电气设备和化学危险物品,必须符合技术规范和操作规程,严格防火措施,确保安全,禁止违章作业。施工中使用化学易燃物品时,应限额领料,禁止交叉作业;禁止在作业场所分装、调料;禁止在工程内使用石油气钢瓶、乙炔发生器作业。

(4)施工材料的存放、保管,应符合防火安全要求,易燃材料必须专库储备;化学危险物品和压缩可燃性气体容器等,应按其性质设置专用库房分类存放。

(5)安装电气设备,进行电、气切割作业等,必须由持证的电工、焊工操作。

(6)重要工程和高层建筑冬期使用的保温材料,不得采用可燃材料。

(7)非施工现场消防负责人批准,任何人不得在施工现场内住宿。

(8)设置消防车道、配备相应的消防器材和安排足够的消防水源。施工现场的消防器材和设施不得埋压、圈占和挪作他用,冬期施工须对消防器材采取防冻保温措施。

9.2.14 螺栓连接

雨天及钢结构表面有凝露时,不宜进行螺栓连接施工;螺栓连接施工高空移动频繁,应有可靠的措施既保证操作的安全,又方便施工人员转移工位。

9.2.15 防腐涂料涂装

(1)防腐涂料施工现场和车间不允许堆放易燃物品,未提及并应远离易燃物品仓库;严禁烟火,并有明显的严禁烟火的宣传标志;必须备有消防水源和器材。

(2)防腐涂料涂装施工时,禁止使用铁棒等金属物品敲击金属物体和漆桶;使用的照明灯应有防爆装置;临时电气设备应使用防爆型,并定期检查电路和设备的绝缘情况,严禁使用闸刀开关。

(3)所有进入防腐涂料涂装现场的施工人员,应穿安全鞋、安全服,戴防毒口罩和防护眼镜。

10 工期保证措施

10.1 合理安排施工工序

由于本工程由四个分项工程组成,我们将充分利用其工作面大的特点,将整个工程按结构工程和装饰工程,细化工艺流程,组建各工序施工队伍,化整为零,加快施工进度。

在工程施工中,我们还将合理安排施工工序,利用各工序的时间差进行穿插作业,找出各专业交叉作业的最佳施工顺序,避免重复劳动和交叉污染造成返工,以施工质量保工程进度。

10.2 加强进度计划管理

在工程开工之前,首先编制施工总进度计划,然后根据总进度计划编制周计划和日计划,以日计划和周计划的实现来保证总进度计划的实现。在工程施工时,我们将采用一套先进的计算机软件来进行工程进度计划的控制和管理。

在施工进度计划的指导下,我们还将编制物资进出场计划使物资供应及时且不会造成积压。同时,我们还将根据工程进度计划提前编制一些切实可行的分部分项施工方案,以保证施工时有明确的方案可依。

10.3 施工协调管理

10.3.1 与设计单位的工作协调

(1)如果中标,我们即与设计院联系,进一步了解设计意图及工程要求,提出可靠的施工方案。

(2)积极参与施工图会审,提出施工过程中可能出现的各种结构情况,使设计单位进一步完善图纸设计。

(3)主持施工图审查,协助发包方会同建筑师提出建议、完善设计内容和设备物资选型。

(4)对施工中出现的情况,除按建筑师、监理的要求处理外,还应积极修正可能出现的设计错误。并会同发包方、建筑师、监理按照进度与整体效果要求进行隐蔽部位验收,中间质量验收、竣工验收等。

(5)根据发包方的指令,组织设计单位、业主参加设备及材料的选型、选材和定货。

10.3.2 与建设单位的协调

(1)按照与建设单位签订的施工合同,精心施工,确保工程中各项技术指标达到建设单位的要求。

(2)会同建设单位的工程技术人员做好施工过程中的技术变更工作。

(3)主动接受建设单位在施工过程中的监督,定期向建设单位汇报工程进度状况,对于施工中需要建设单位协调的工作,应立即向有关负责人汇报并请求解决。

10.3.3 与监理公司的配合

(1)监理公司在施工现场对工程实际全过程监理,在施工过程中如发现材料及施工质量问题及时通知现场监理工程师,处理办法经现场监理工程师签字同意后实施。

(2)隐蔽工程的验收,提前24小时通知现场监理工程师,办妥验收签证后方可进入下一道工序施工。

(3)安装设备具备调试条件时,在调试前48小时通知现场监理工程师,调试过程由专人做好调试后记录,调试后通过双方在调试记录上签字后方可进行竣工验收。

(4)在具备交工验收条件时,应提前10天提交"交工验收报告",通知建设单位、监理公司及有关单位对工程进行全面验收评定。

10.3.4 协调方式

(1)按进度计划制定的控制节点,组织协调工作会议,检查本节点实施的情况,制订、修正、调整下一个节点的实施要求。

(2)由项目经理部经理负责施工协调会,以周为单位进行协调。

(3)本项目管理部门以周为单位编制工程简报,向业主和有关单位反映、通报工程进展及需要解决的问题,使有关各方了解工程进行情况,及时解决施工中出现的困难和问题。根据工程进展,我们还将不定期地召开各种协调会,协助业主与社会各业务部门的关系以确保工程进度。

11 施工平面布置及临时设施

11.1 场地准备

做好现场"三通一平"工作,根据有关部门给定的红线、永久性坐标点及高程点建立施工现场高程及轴线控制网点。永久性高程和轴线控制点必须细致保护,在施工中经常复核轴线与标高。

11.2 确定施工平面布置,搭建临时设施

(1)工程施工场地开阔。工地施工区、办公区与宿舍区分离。钢筋现场加工,钢构件场外加工,二次运输进场,场内设置专门的堆放场堆放。工地设砂石堆放场地。砂、石、砖等材料根据进度情况因地制宜堆放。

(2)施工干道现浇C15素混凝土。其余道路均应做好排水措施。场地做好硬底化。

(3)施工材料堆放。砂、石、砖、石灰堆放按因地制宜的原则,以便于施工,并应置于平整场地上。

(4)消防设备。消防设备配备齐全。临时建筑物、材料堆放区之间按有关规定设置防火间距。灭火器每层楼面设置,均设在四边显眼处,灭火器设指示灯,便于夜间使用。

11.3 施工现场平面布置

11.3.1 临时设施及材料堆场布置

工期紧,施工内容多,故合理安排工序、布置现场临设是关键。由于本工程位于天津市,交通便利,为保证施工过程中不影响市区环境卫生,必须合理布置办公区、职工宿舍、食堂、材料仓库等临时设施。

11.3.2 解决临时用水、用电

主要施工机械设备用电设配电箱,电源从业主提供的配电箱中引入;因钢结构工程为干作业,故施工过程中除生活用水外基本无须用水。

11.4 施工用水用电概况

现场由甲方提供电源、水源。

临时水管采用镀锌钢管,总输水管埋地敷设,埋设深度60cm。临时用水管道明装。

施工输电线路沿建筑物环形布置,采用三相五线制接零保护系统向各生产、生活用电设备供电。输电线路架空设置。施工前由总公司机电设备科及分公司机电部编制详细的

工程临时用水用电方案。

11.5 场地排水排污设施

建筑物围墙内边设 300×300 排水沟,排水沟用黏土砖砌筑,水泥砂浆抹面,经过滤接入市政污水管。工地两个大门口设置洗车格栅及排水渠、沙井。有污染物而未清洗的车辆不得驶出工地。

11.6 施工平面管理

11.6.1 平面管理总原则

根据施工平面总平面设计及各分阶段布置,以充分保障阶段性施工重点、保证进度计划的顺利实施为目的,在工程实施前,制定详细的大型机具使用及进退场计划,主材及周转材与梁的生产、加工、堆放、运输计划以及各工种施工队伍进退场调整计划。同时,制定以上计划的具体实施方案,严格遵照执行。

11.6.2 平面管理计划的确定

施工平面管理的关键是科学的规划和周密详细的具体计划。在工程网络进度计划的基础上形成主材、机械、劳动力的进退场,垂直运输布设计划,以确保工程进度。

11.6.3 平面管理计划的实施

根据工程进度计划的实施调整情况,分阶段发布平面管理实施计划,包括时间计划表、责任人、执行标准、奖罚标准。计划执行中,不定期召开调度会,经充分协调研究后,发布计划调整书。项目经理部负责组织阶段性和不定期的检查监督,确保平面管理计划的实施。

11.6.4 平面管理办法

施工平面管理由项目经理总负责,施工员、质安员、材料员、机电员及公司后勤部门实施,按平面分片包干的管理措施进行管理。

11.7 临时用水用电保证措施

11.7.1 现场用水的保证措施

(1)为了施工用水的可靠性和保障性,使施工生产顺利进行,由分公司机电部及项目部机电部组派专人对施工用水设备进行维护及管理。

(2)对进入施工现场的施工人员进行开源节流教育,阐述节约用水的重要性和必要性,使每位员工对节约能源、创造效益有正确的理解和认识。

(3)现场供用水管的安装维修由专业管道工进行,加强巡回检查监护,出现故障即时处理,确保生产、生活用水畅通。

11.7.2 临时用电保证措施

11.7.2.1 确定线路走向,分配电箱位置

根据施工现场用电设备分布的情况,在一级箱进行重复接地,分别引出 U、V、W 三相电源线和 N 线及 PE 线,采用三相五线制供电。三级漏电保护。

11.7.2.2 导线截面和电器的类型、规格

分支线路、分配电箱的导线截面,因分支线路距离较短,采用 $35mm^2$ 绝缘铜芯导线。安全截流量及机械强度选择导线截面而不作电压降校核。各级漏电保护器的额定漏电动作电流和动作时间应作合理配合,故一级选取 0.2A 或 0.1A,二级选取 0.05A,三级选取

0.03A。闸刀开关的选取是:其标称电流应为实际通过电流的2~3倍。

11.7.2.3　接地装置设计

根据现场勘探,地面较潮湿,土壤电阻率近似为 $10\Omega\cdot m$,选用单根长 2.5m、直径 20mm圆钢作为接地体,其接地电阻值为:

$$R = \rho\ln(4L/d)/(2\pi L) = 10 \times \ln(4 \times 2.5 \div 0.02) \div (2 \times 3.14159 \times 2.5) = 3.9(\Omega)$$

接地装置布置见接地电阻测定记录,摇测单根接地极电阻值不大于4 Ω,如大于需并联接地极。

11.8　安全用电技术措施和电气防火措施

11.8.1　安全用电技术措施

(1)保证可靠的接地与接零,必须按本设计要求设置接地与接零,杜绝疏漏,所有接地、接零处必须保证可靠的电气连接,保护零线地线必须采用绿/黄双色线,严格与相线、工作零线相区别,杜绝混用,保护零线应由电源进线第一级漏电保护器电源侧的零线引出,并作重复接地。且在配电线路和末端分支线分配电箱处作重复接地,接地电阻值不大于 10Ω,保护零线的截面应不小于工作零线的截面。如架空敷设间距大于12m 时,采用绝缘截面不小于 $16mm^2$、与电气设备相连接的保护零线为截面不小于 $2.5mm^2$ 的绝缘多股铜线。电气设备在正常情况下,不带电的金属外壳、管道、操作台以及靠近带电部分的金属围栏、金属门等均应作保护接地、接零,同一供电网不允许有的设备作保护接零,有的设备作保护接地。

(2)电气设备的设置、安装、防护与维修及维修人员的操作必须符合 JG—4688《施工现场临时用电安全技术规范》的要求。

(3)开关箱实行一机一闸一漏电开关,开关箱内漏电保护器的额定漏电动作电流应不大于 30mA,额定漏电动作时间应不大于 0.1s。漏电保护器前应有隔离开关。

(4)开关电器及电气装置必须完好无损,装设端正、牢固,不得拖地放置。导线之间的接头(含地线的接头)必须绝缘包扎。导线上严禁搭、挂、压其他物体。配电箱与开关箱应作名称、用途、分路标记,并应配锁由专人负责,其周围、临近不得有杂物、灌草和杂草等。

(5)电气装置应定期检修,禁止带负荷接电或断电,禁止带电操作,悬挂"不得合闸"标志牌,检修人员应穿戴绝缘鞋,使用电工绝缘工具。

(6)灯具金属外壳要作接地、接零,室内灯具及线路高度不低于2.4m,潮湿作业手持照明灯要使用安全电压供电。室外灯具不得低于3m。

(7)对各类用电人员进行安全用电基本知识培训。

11.8.2　安全用电组织措施

(1)本用电施工组织设计和技术交底资料需经审批及履行交底人和被交底人(电工)签字方为有效,并建立相应的技术档案。

(2)建立安全监测制度:从临电工程竣工开始,定期对临电工程进行检测。其主要内容是:接地电阻值、电气设备绝缘电阻值、漏电保护器动作参数等,并做好检测记录。

(3)建立电气维修制度:加强日常和定期维修工作,及时发现和消除隐患,建立维修记录。

(4)建立工程拆除制度:建筑工程竣工后,临时工程的拆除应有统一的组织和指挥,并须规定拆除时间、人员、程序、方法、注意事项和防护措施等。

(5)建立安全检查制度:工地、分公司、集团公司要按照《建筑施工检查标准》(JGJ59—99),定期对现场用电安全情况进行检查。

(6)建立安全用电责任制,对临时工程各部分的操作、监护、维修、分片、分块、分机落实到人。

(7)建立安全教育和培训制度,定期对专业电工和各类用电人员进行用电安全教育和培训,严禁无证上岗或随意串岗,强化安全用电领导体系,提高电气技术队伍素质。

11.8.3 电气防火技术措施

(1)合理配置及定期检查各种保护电器,对电路和设备的过载、短路故障进行可靠的保护。

(2)电气装置和线路周围不准堆放易燃易爆和强腐蚀介质,不使用火源。

(3)在总配电箱旁边配置绝缘灭火器材。

(4)加强电气设备相间和相—地间的绝缘,防止闪烁。

(5)钢井架设置防雷装置,接地电阻值小于 4Ω。

11.8.4 电气防火组织措施

(1)建立易燃、易爆和强腐蚀介质管理制度。

(2)建立电气防火责任制,加强电气防火重点场所烟火管制,并设置禁止烟火标志。

(3)建立电气防火教育制度,经常进行电气防火知识教育和宣传,提高各类用电人员电气防火自觉性。

(4)建立电气防火检测制度,发现问题及时处理。

(5)建立电气防火领导体制,建立电气防火队伍。

11.9 临时设施占地计划

施工临时设施主要有:临时办公和生活用房、临时道路、材料堆场等。各临时设施占地计划见表8-17。

表8-17 临时设施占地计划

序号	用途	所需面积(m²)	需用时间
1	值班室、办公室	240	自开工到交工
2	食堂、餐厅	80	自开工到交工
3	宿舍	200	自开工到交工
4	临厕、浴	100	自开工到交工
5	工具、材料仓库	200	自开工到交工
6	材料堆场	1 500	自开工到交工

12 总包管理措施

12.1 总包管理与服务

总包管理的范畴:

(1)全面的管理。总包管理应涵盖项目管理的方方面面,包括计划管理、合同管理、技术管理、质量管理、安全管理、进度管理、文明施工与环境保护管理、消防保卫管理等。

(2)全过程的管理。总包管理应覆盖项目施工的全过程,从工程开工建设到工程竣工移交、回访保修,都应由总包总体负责管理。

(3)全员的管理。总包应对进场施工的所有单位进行管理。总包不仅对自有分包应进行管理,也应把业主指定分包、直接发包纳入总包的管理范畴,和自己的分包队伍一视同仁地对待。

(4)全方位的管理。总包管理应覆盖施工现场的各个区域和空间,不仅要管理好围墙里的事,还要主动协调好和周边及外围环境的关系。

12.2 总包管理的主要内容及规定

12.2.1 计划管理

(1)总包对项目实行计划管理,对项目的各项施工活动安排提前作出计划。

(2)总包设项目计划管理员,负责项目计划管理工作的实施和监督,并指导、监督分包的计划管理工作。

(3)提前督促分包做好各类资源计划,并监督指定分包按计划把所需的施工物资采购进场。

(4)总包应对指定分包的进度计划、资源采购计划进行审核。

12.2.2 合同管理

(1)总包协助业主做好对分包商的资质、业绩及信誉的审查和考察,协助业主选择分包商,参与业主分包单位项目的招标、评标、定标工作。

(2)总包应依据总包合同要求,认真审核分包单位项目合同条款,并与业主、分包单位签署三方协议。在协议中,明确分包单位项目的各项管理目标和指标,明确三方的管理责任,特别要强化总包对分包单位的管理权限和管理要求。

(3)分包单位入场时,应向总包报送企业的营业执照、资质证书、安全生产许可证、外来施工企业管理手册、"三类人员"安全考核合格证书、主要项目管理人员名单及资格证书等,并办理好"三险"。

(4)在分包单位项目施工过程中,总包要定期检查合同的执行情况,如偏离合同要求,要督促分包单位整改和纠正,使其正确履约。

12.2.3 技术管理

(1)在分包单位项目开始施工前应编制可行性、指导性强的专项施工方案,报送总包审批。总包审批认可后,方可向监理报审实施。

(2)各分项工程施工前,分包单位应编制针对性、操作性强的技术交底,对于特殊部位、特殊工序还应编制作业指导书,并做好层层交底。

(3)在施工过程中,总包应检查分包单位的技术交底情况和技术措施的执行情况。

(4)在施工过程中,若出现与原施工图不符的内容,分包单位应拿出具体的处理方案,经多方认可后方可实施。

(5)分包单位应负责专业性设计、深化设计、设计变更与洽商,并组织相关单位、人员进行确认。

(6)内外装修等专业分包单位在施工前,应向总包提供深化设计图和施工工艺措施,以便于总包参照检查。

12.2.4 质量管理

(1)分包单位应与总包签订《质量管理协议》,明确分包单位的质量管理目标和指标,明确双方的质量管理职责。

(2)分包单位应建立自己的质量保证体系。设置质量管理机构,配备数量适宜的专职质检人员;进行质量责任分工,划分质量管理职责,并制定相应的项目质量管理制度或办法,确定项目质量管理重点和控制点。

(3)对分包单位项目,总包从原材料考察到采购进场、到工序产品、到分包工程完工实行全过程质量管理与控制。

(4)为加强对分包单位项目施工过程的质量监督与检查,总包对分包单位施工质量有否决权、停工权、处罚权。

(5)分包单位应严格执行"三检制",严格工序质量检查,严格按施工报验程序报验。严禁工序质量验收不合格,擅自进行下道工序施工。

(6)分包单位插入施工前,应与总包或分包进行交接检查验收,并办理交接检查记录。

(7)为保证结构工程的质量和安全性能,分包单位不得随意在主体结构上剔槽开洞,若发生设计变更需要剔槽开洞时,应先征得总包和设计院的同意。

12.2.5 安全管理

(1)分包单位应与总包签订《安全管理协议》,明确分包单位的安全管理目标和指标,明确双方的安全管理职责。

(2)分包单位应建立自己的安全保证体系。设置安全管理机构,配备数量适宜的专职安全管理人员;进行安全责任分工,划分安全管理职责;制定相应的项目安全管理制度,确定项目安全管理重点和控制点。

(3)分包单位在进场前,应根据自身工程的作业范围、作业环境及作业特点,编制可行性、针对性强的安全管理方案,报送总包审批。总包审批认可后,按此方案实施安全管理。

(4)分包单位工人进场必须接受总包的三级安全教育,并建立三级安全教育卡。

(5)分包单位应向总包报送特种作业人员名册和上岗资格证,经总包核查合格后,特种作业人员方可上岗作业。

(6)分包单位使用安全防护用品、劳保用品应及时向总包报验。安全防护用品、劳保用品"三证"应齐全有效,并建立台账,经总包验收合格后方可使用。

(7)分包单位对其施工范围内的安全负责。必须做到安全费用投入到位、安全技术措施落实到位、安全防护设施搭设到位,安全隐患整改到位。

(8)安全防护设施的搭设与维护管理规定:

①公共部分(如首层平网、施工电梯、四口五临边等)的安全防护设施由总包负责搭设与维护。

②公共部分的安全防护设施按照"谁施工,谁负责"的原则进行管理。分包单位需要进入进行施工的作业范围,应先向总包办理申报手续,经总包同意后,总包将该作业范围内的安全防护设施交予其管理。待施工完成后,分包单位将该范围内的安全防护设施修复好,通过双方共同验收后交还给总包管理,并办理好交接验收手续。

③如因施工需要,分包单位需临时拆除部分的安全防护设施,在施工过程中应派专人安全监护,在施工结束后及时恢复。

④分包单位作业范围内的安全防护设施搭设由其自行负责。与其他分包垂直交叉作业时,还应做好垂直防护。

⑤分包单位的安全防护设施搭设方案应先取得总包的认可。搭设好后,必须通过总包安全管理人员的验收后方可投入使用。

(9)分包单位应自觉接受总包的安全监督检查与验收,加强日常安全检查,并参加总包组织的周例行综合检查,对查出的安全隐患及时整改。

(10)分包单位应规范、系统地制作和整理安全资料,并向总包及时提供其需要的安全资料。

12.2.6 进度管理

(1)分包单位应与总包签订《进度管理协议》,明确分包单位的工期目标,明确双方的进度管理职责。

(2)分包单位应编制分包工程进度计划,并报送总包审批,总包审批认可后,方可向监理报批。分包单位进度计划应服从总包的工程总进度控制计划的要求,服从工程分包合同的要求。

(3)分包单位应依据确认的分包工程进度计划编制月进度计划、周进度计划,并按规定时间及时报总包审批,审批通过后向监理报批。月进度计划在每月23日之前、周进度计划在每周三之前报送给总包。

(4)总包定期对分包单位的进度执行情况做出考核评价。进度计划若发生偏离,应督促分包单位采取措施纠偏,以保证分包单位的工程进度。

(5)因分包单位自身的原因造成工期延误,分包单位除承担分包合同约定的损失外,还应承担由此给总包和其他分包单位带来的一切损失。

12.2.7 文明施工与环境保护管理

(1)分包单位应与总包签订《文明施工与环境保护管理协议》,明确双方的管理职责。

(2)现场文明施工管理规定:

①施工现场平面由总包统一规划,统一管理。分包单位材料堆放在总包指定位置,库房与总包协商解决。

②由于受现场条件限制,总包不向分包单位提供现场住宿及办公用房,分包单位只能考虑场外住宿和办公。

③施工现场的场容与环境卫生由总包统一负责维护。

④分包单位有义务保持场内的干净整洁,不准随意乱扔乱倒废弃物,作业层上做到工完、料净、场清。

(3)环境保护管理规定:

①施工现场及周边的环境保护由总包统一负责,扰民、排污等由总包统一协调。

②施工现场的垃圾由总包统一向外清运。

③作业面上的施工垃圾由分包单位负责清理,清运到总包指定地点堆放。楼层垃圾清理实行袋装化,禁止直接从楼层上倾倒施工垃圾。

④易产生扬尘的材料由分包单位负责覆盖,防止扬尘。

12.2.8 消防与保卫管理

(1)分包单位应与总包签订《现场消防与保卫管理协议》,明确双方的管理职责。

(2)现场消防管理规定:

①公共部分的消防设施由总包提供,由总包负责管理与维护。

②分包单位的作业范围内,包括库房、材料堆放场地及其他重点防火部位,由分包单位按规定配备灭火器材。

③分包单位需进行动火作业时,应向总包安全管理部门提出申请,经总包批准,开出动火证后,方可进行动火作业。

④分包单位进行电焊、气割等明火作业时,必须采取可靠的防护措施,并配备灭火器,安排专人看火监护。

(3)现场保卫管理规定:

①现场保卫由总包统一管理。其中,进出场保卫由总包负责,分包单位的原材料、设备、半成品、成品的保管由分包单位负责。

②分包单位的所有进场施工人员应主动向总包登记备案,建立名册,并办理出入证。

③分包单位的出场或退场人员应自觉接受门卫检查,退场人员应办理退场手续,归还出入证。

④分包单位应加强对工人的管理,严防群体打架斗殴事件发生。

12.2.9 进场材料与设备管理

(1)分包单位的材料、设备样品必须通过总包、监理和业主三方确认,并向总包提供样品及其相关资料。

(2)分包单位考察材料、设备供应商时,应通知总包、监理、业主共同参与。

(3)分包单位的材料、设备进场,应与样品件相符,且质量合格证明资料齐全。及时向总包材料设备部门报验,经总包验收合格后,方可向监理报验。

(4)需取样试验的材料,由分包单位负责取样,但取样时应有总包的试验员在场监督,见证取样还应有监理人员在场监督。

(5)进入施工现场的材料、设备由分包单位自行负责保管。

(6)分包单位应固定专人管理材料、设备出场,并向总包登记备案。需要出场的材料、设备,由其到总包方办理出场手续,否则,一律不准出场。

12.2.10 成品保护管理

(1)按照"谁施工,谁保护"的原则,分包单位应做好自己工程的半成品及成品的保护、保管工作。

(2)至工程竣工验收交付使用前,半成品及成品保护、保管均由分包单位自行负责。

(3)在施工过程中,分包单位应采取有效的成品保护措施,不仅要保护好自己的工序产品,还应保护好他人的工序产品。

(4)对他人成品的损坏,由责任方负责赔偿一切损失。

12.2.11 施工报验程序

(1)各类施工报验按照"分包自验合格向总包报验,总包验收合格向监理报验"的报验程序进行。

(2)分包单位必须严格执行施工报验程序,严禁不通过总包直接向监理报验。

12.2.12 工程进度款支付管理

(1)分包单位向业主申请工程进度款时,必须通过总包审核同意,并签字认可。

(2)总包按分包单位实际完成的工程进度确认其月完成工程量,依据分包单位合同价款及其预算组成,审核分包单位申报的月工程进度款。

(3)对分包单位所完成的工程量中,工程质量不符合规范和合同要求的部分,不计算工程量,不支付工程款。

12.2.13 施工资料管理

(1)分包单位工程的施工资料由分包单位负责收集、制作、整理,施工资料的制作和整理应及时、规范。

(2)在施工过程中,分包单位应报送一份施工资料复印件给总包备查,总包对分包单位的施工资料整理、归档情况不定期进行监督检查。

(3)分包单位工程完工后,应在一个月内按归档要求将其施工原始资料系统、完整地整理好后,移交三份(一份原件,二份复印件)给总包归档。

(4)工程施工资料由总包负责统一向业主归档、移交,分包单位应积极配合。

12.2.14 施工协调与配合

(1)现场内外的施工总协调由总包负责。同时,总包积极做好配合、服务工作,尽量为分包单位提供方便。

(2)分包单位应按时参加总包组织的周生产例会,协调解决施工中遇到的问题。

(3)分包单位相互之间应加强沟通与协调,相互配合,及时、有效地解决施工问题,积极为对方施工提供条件和便利。

(4)当总包方在协调管理过程中遭遇极大阻力时,应通知业主、监理,共同实施对分包单位的管理。

12.2.15 竣工验收

(1)分包单位在其所承担的工程内容全部施工完成后,先组织自验,自验合格后,报请总包验收。总包验收通过后,由总包报请监理验收。

(2)在整个工程竣工验收前,由总包报请监理、业主进行竣工预验收。最后,由业主组织相关方进行竣工验收。分包单位必须参与竣工预验收和竣工验收。

(3)竣工验收前,分包单位应配合总包把施工资料整理完毕。

12.2.16 质量保修

(1)分包单位应对自己承包范围内的工程质量负责保修,对用户投诉的质量问题及时进行处理。

(2)由分包单位承担分包工程的质量保修金,保修年限按分包合同约定。

(3)总包对业主指定分包单位的工程质量保修承担管理责任,若指定分包不能按时保修,总包应先行保修。

12.2.17 其他

其他。

12.2.18 垂直运输机械管理

(1)总包向分包单位提供施工电梯做垂直运输,施工电梯运输作业由总包统一安排司机操作。

(2)由总包负责对垂直运输机械统一管理、统一维修。

12.2.19 施工用水、用电管理

(1)分包单位应与总包签订《现场施工用水用电管理协议》,明确双方管理责任。

(2)总包向分包单位提供施工用水源、电源。

(3)分包单位应安排专人管理用水、用电,做到节约用水、节约用电,严禁出现长流水、长明灯。

12.2.20 民工工资管理

(1)分包单位应与总包签订《按时足额发放农民工工资协议》,各分包单位必须按照天津市有关文件精神的要求按时、足额发放农民工工资。

(2)由于分包原因未按时、足额发放农民工工资引发的劳资纠纷,给总包的社会信誉造成损害时,由分包承担一切损失。

12.3 对指定分包工程的配合、协调、管理与服务

我公司将以总包的高度、姿态和意识,既要严格管理,控制分包,又要帮助协调好分包,尽可能多地为分包提供便利和服务,使总、分包形成一个有机的工程实施实体,从而实现工程的综合目标。

12.3.1 为业主提供指定分包进场计划

本工程自有分包和指定分包很多,交叉作业多,协调难度大,我们将根据施工总体进度计划的安排,及时向业主提供指定分包和直接分包队伍的招标计划与进场计划。按照业主要求,在考虑专业分包商施工前必要的技术、物资准备时间的前提下,编制分包进场计划。

12.3.2 对各指定分包商提供的服务措施(施工支持)

我公司将严格履行总包责任、权利和义务,为各指定分包商提供优质、高效的措施服务,保证工程的关键工序和关键线路,在保证安全和质量的前提下,保证总体工期。总包为指定分包提供的服务主要包括:

(1)提供现场已有的脚手架、操作平台。

(2)提供现场已有的垂直运输机械设备并合理分配使用时间。

(3)合理分配和提供现场堆场、道路,提供工作空间包括提供工地上的通道,并尽可能提供施工场地。

(4)提供各专业承包商临时办公及库房场地。

(5)在施工现场提供公共部位的照明及临时动力电源。

(6)在施工现场提供足够的水源。

(7)清除现场指定位置的垃圾并运出场外。

(8)提供工程外脚手架安全防护和公共走道安全防护,防护标准符合国家规定。

(9)提供现场警卫、消防设施(各专业承包商施工操作面、自有仓储的警卫、消防工作由各专业承包商自行负责)。各分包商要服从我方关于现场的保卫和消防管理。

(10)提供现场轴线测量、标高测量等相关测量资料以及在每层按规定设置轴线和标高点。

(11)提供其他招标文件所要求的措施。

12.3.3　简化指定分包商进场程序

(1)同自有分包进场程序。

(2)为方便、简化指定分包商办理入场手续,项目部制定了《分包进场前总包应向分包提供的资料》与《分包进场前分包应向总包提供的资料》。见表8-18、表8-19。

表8-18　分包进场前总包应向分包提供的资料一览表

序号	资料	序号	资料
1	项目部机构设置	10	主要管理人员名单、分工及联系电话
2	施工总进度计划	11	进度管理协议
3	业主指定分包单位管理办法	12	安全管理协议
4	文明施工与环保管理协议	13	消防保卫管理协议
5	质量管理协议	14	三级教育卡
6	安全交底	15	安全管理制度
7	现场用水、用电管理协议	16	临水、临电布置图及现场位置
8	按时足额发放民工工资协议	17	合同或合同相关条款
9	现场管理人员分工及联系方式	18	分工及联系方式

表8-9　分包进场前分包应向总包提供的资料一览表

序号	资料	序号	资料
1	企业营业执照	10	企业资质证书(含特殊资质)
2	企业安全生产许可证	11	外来施工企业管理手册
3	企业法人对项目经理的授权委托书	12	企业法人安全考核合格证
4	项目组织机构设置	13	项目管理人员名单、分工及联系电话
5	项目管理人员岗位证、职称证	14	项目经理及安全员安全考核合格证
6	进场施工人员名册(提供样表)	15	相关人员身份证复印件及照片一张
7	特种作业人员上岗证	16	三级教育记录
8	安全交底记录	17	"三险"缴纳证明
9	工人生活方案(包括住、吃)	18	进场机具明细及大型机械设备报验资料

12.3.4　对指定分包商的管理

按照第3.3.2条规定的内容对指定分包商进行管理。

12.3.5　对指定分包商的协调配合管理措施

按照第12.3.2的规定对指定分包进行协调配合管理。

本工程指定分包商主要是机电安装的专业项目,因此把对指定分包商的协调配合作为管理的重点之一。对机电专业指定分包重点要做好以下协调配合工作:

(1)统筹协调整个项目的施工作业面或工序,为指定分包商的施工提供条件,在其作业面或工序交接时,督促各方做好书面交接工作,以免扯皮、推诿责任。

(2)卫生间与精装修的协调配合措施。

①卫生间工艺复杂,与精装修关系密切,故进场后需单独编制施工方案,必须进行墙面砖、地面砖与机电器具的合理规划调整。

②施工条件:房间形成并具备封闭条件、孔洞留设并检查完毕;除管井外,墙体已完成;管道已安装至卫生间;吊顶内管线基本到位;电管敷设、穿线完成,并已预留到位。

③卫生间施工本着先上后下、先内后外、从角到面的原则进行,管道、电路必须暗装。水电管路检验试验合格后,进行顶部施工和细木工作业;然后,铺贴墙面瓷砖(或刷涂料等)。墙面作业完成后,安装坐便器等卫生洁具和洗手台等洗盥设备;最后铺贴地面、油漆作业等。

(3)机电设备机房施工的协调配合措施。在安装工程施工中,机房的安装是非常重要的一部分。在机房中分布着大大小小的设备、风管、水管、电管等,在施工过程中,既要保证图纸的顺利实行,同时还要保证各种管道不会打架;而且机房的噪音、积水等又对土建结构的严密性、防水性有较高要求。在以往的施工过程中,常常因为土建与安装、安装与安装专业配合不当,造成机房施工延误工期或质量不符合要求。

(4)机电安装施工过程的检验程序见图8-48。

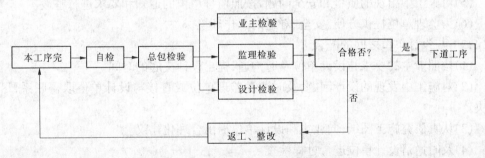

图8-48 机电安装施工过程的检验程序

(5)机电系统调试过程中的协调、检查措施。机电系统的调试需要统一指挥,各专业紧密协调,配合有序,我方在施工进程中将前瞻性地加强检查力度,要求机电专业承包商提前做好调试方案及计划,并检查其调试设备的准备及完好程度,切实落实相关计划。

(6)机电管道标识的协调措施。本着服务业主的原则,我方会把好机电安装的最后一关——管道标识。管道标识的主要作用是使复杂的机电管线通过各种管道上的标识进行系统的划分,使建筑物的管理者能够在很短的时间内进行相关的紧急抢修和合理的日常维护,同时增加了机电管线的美观效果。管道标识大多应用在建筑物的内部,对环境、温度、湿度、管道材质等均有比较苛刻的要求。而常规管道标识使用的不干胶,寿命很短,不少项目应用后不久,标识便开始脱落、褪色,重新粘贴后仍然存在此种现象。根据我们的施工经验,如果采用聚苯乙烯胶带,其粘结强度是在美国专业实验室经过严格测试的,这种高质量产品可使用在肮脏、有油污和不平的管道表面,质地良好,粘接牢固,而且防水、耐腐蚀,不宜损坏。

12.4 总包与参建各方的协调配合

12.4.1 与业主之间的配合

(1)业主供应的材料设备,由业主按进度计划及时提供,其到货计划表待施工图到齐后,由项目班子提出。

(2)图纸资料及设计变更,由业主按规定数量及时供应,安装与设计的有关事宜由业主与总包方协调。

(3)业主在施工过程中对工程质量进行监督,设备开箱检查、隐蔽验收、试车、试压应约请业主参加和验收。

(4)业主按进度及时解决工程进度款。

(5)由业主与变配电施工部门协调,按照进度计划要求组织通电调试。

12.4.2 与监理单位之间的配合

(1)按照现行监理规范上报监理单位所需的各种资料,如施工准备阶段的开工报告、测量方案、塔吊布置方案、施工组织设计、主要分部工程施工方案,施工过程中的施工记录、技术交底、材料报验资料,竣工后的竣工报告及竣工移交资料等。

(2)按照监理规程在未进行报验前,不得组织材料进场和进行下道工序施工。

(3)每月按时报送工作量,报送相关统计报表、月进度计划。

(4)及时组织项目管理人员和作业班组长参加监理例会。

(5)对施工中出现的质量和安全问题,按照监理单位的通知和要求进行整改。

(6)为监理单位提供方便、安全、舒适的工作环境。

12.4.3 与设计单位之间的配合

(1)按照业主的要求与设计单位及时沟通,提出设计交底的时间。

(2)对施工中发现的设计问题,及时通过监理单位或直接与设计单位取得联系,尽快解决。

(3)认真研究施工图纸,向业主和设计单位提出合理化建议。

(4)及时邀请设计单位进行过程检查。

(5)为设计单位提供安全、舒适的办公环境。

(6)各专业安排专人与设计单位联系。

(7)分部工程或子分部工程施工完成后,及时通知设计单位参加验收。

12.5 可协助承担的社会联系事项

包括施工许可证、开工报告、质量监督、检验手续、重要或特殊材料准用证等。

我单位设置专人负责联系和协调天津市的各有关建筑施工管理部门,办理好建筑物周边关系(环境)单位所需的各种手续。进场后,除做好作为施工单位该做好的各项工作外,还应协助业主尽快办理好相应的施工许可证,保证施工生产顺利进行。

13 成品保护措施

在工程结构交叉施工阶段以及进入装修阶段,各安装工作大量插入,设备要进场,平面立体交叉作业多,搞好已完施工项目的成品保护,是建立正常施工秩序、改善施工环境、减少施工浪费和确保工程质量的一项重要的管理工作。因此,必须建立有效的成品管理制度和措施。

13.1 现场成品保护管理及分工

13.1.1 现场成品保护管理

(1)《项目成品保护方案》由项目总工组织编写并审批,项目经理部科学合理地安排施工工序,精心组织施工,按照施工组织设计和项目质量保证计划的要求,对分部、分项工程采取有效防护措施进行保护,减少人为或自然条件下损坏成品、半成品的可能性。

(2)工程成品保护工作由项目质量安全部经理负责措施的制定、修正、调整,并对此项工作的人员进行指导和培训,涉及工程成品保护工作的人员还有现场责任工程师、质检员、施工班组长等负责人。

(3)项目经理部技术人员应在施工技术交底时,将成品保护措施向生产班组交底,生产班组应按保护措施对所施工的分部分项工程进行保护。

(4)各项工作完成后,要交给另一分包单位进行下道工序时,两单位之间要有中间交接手续,双方签字。

(5)本项目各参建单位将严格执行制订的项目成品保护方案以及相关的"工程成品保护程序"和"工程竣工交付程序"。各分包单位进场施工要听从总包单位的安排、调度。所有进场人员要进行思想道德教育,不得随意破坏其他工种的成品,必要时要通过总包单位进行协调处理。

(6)成立专门的项目成品保护队,沿现场、楼层巡视,纠正、处罚一切违章行为。

13.1.2 成品保护工作的分工

(1)对工程成品、半成品保护要将责任落实到位,由项目总工在项目质量保证计划中明确提出。

(2)原材料、半成品的存放,在场内搬运时的保护工作由材料员负责。

(3)加工产品在进场前由加工车间保护,进场后由现场责任工程师指定专人负责保护。

(4)施工过程成品、半成品保护由现场责任工程师负责。

13.2 结构施工阶段的成品保护

13.2.1 钢筋工程

(1)绑扎墙柱筋时要搭设操作架,严禁蹬踩钢筋。

(2)梁、板钢筋绑扎成型完工后,后续工种的施工作业人员不能任意踩踏或堆置重物,以免钢筋弯曲变形。

(3)绑扎钢筋时严禁碰动预埋件,碰动后需按设计位置重新固定牢靠。

(4)要保证电线管等预埋管件准确,如预埋管件与钢筋冲突时,可将竖直钢筋沿墙面左右弯曲,横向钢筋上下弯曲,以确保保护层尺寸,严禁任意切断钢筋。

(5)木工支模和混凝土浇筑时,不得随意弯曲、拆除钢筋。

(6)往模板上刷隔离剂时不得污染钢筋。

(7)混凝土泵管搭设专用架支撑,不能直接搁置在钢筋上。

13.2.2 模板工程

(1)模板施工时轻拿轻放,不准碰撞已完工楼板、墙、柱等处。

(2)拆下的墙柱模板,应及时清理干净,如发现不平或肋边损坏变形等需及时处理。

(3)模板在使用过程中要加强管理,分规格堆放,及时涂刷脱模剂。

(4)保持模板配套设备零件的齐全,吊运要防止碰撞,堆放合理,保持板面不变形。冬期施工时模板背面的保温措施需保持完好。

(5)大模板吊装就位时要平稳、准确,不得碰砸楼板及其他已施工完成的部位,不得兜挂钢筋,用撬棍调整大模板时,要注意保护大模板下面的砂浆找平层。

(6)拆除大模板时,禁止使用大锤敲击,防止混凝土柱墙面及门窗洞口等处出现裂缝。

(7)大模板与墙面粘结时,禁止用塔吊拉模板,防止将墙面拉裂。

(8)不得拆改大模板的有关连接插件及螺栓,以保证模板质量。

(9)拆下的顶板、梁等构件模板要按照型号分类码放,不得乱扔,以利于下次利用。

13.2.3 混凝土工程

(1)混凝土终凝前,不得上人作业,按方案规定确定间隔时间和养护期限;

(2)控制好混凝土拆模强度,防止拆模过早损伤混凝土表面;

(3)拆模时不得用大锤硬砸或撬棒硬撬,以免损伤混凝土表面和棱角;

(4)结构柱、门洞阳角拆模后均用胶带包木条保护;

(5)混凝土楼板上不得集中堆放材料,材料堆放时应设置垫木或垫板,就位时轻轻落下;

(6)混凝土楼板上放置施工设备时应设置垫板,并做好防污染措施,防止机油等污染;

(7)安装预留、预埋在混凝土浇筑前完成,不得随意在已浇筑好的混凝土构件上开槽打洞。

(8)柱角、墙阳角每侧钉5cm宽的多层板加以保护,楼梯踏步满铺多层板保护。

13.2.4 二次结构工程

(1)需要预留孔洞、预埋的管道、铁件、门窗框同砌体有机配合,做好预留预埋工作。

(2)冬雨期间施工按要求制定预防措施,保证砌体成品质量。

(3)砌体完成后及时清理干净,保证外观质量。

(4)不得随意开槽打洞,防止重物重锤击撞。需埋设穿线管时,先进行切割,再轻轻地打凿。

(5)挑、拱、砌体的模板支撑要保证砌体达到要求强度后方可拆除。

(6)砌好的外墙加气块砌体,用彩条布覆盖,防止雨淋。

13.3 装修施工阶段的成品保护

对装修施工阶段的成品进行保护。

13.3.1 防水工程

(1)已施工好的防水层需及时采取保护措施,不得损坏,操作人员不得穿带钉子的鞋作业。

(2)穿过地面、墙面等处的管根、地漏等不得碰损、变位。

(3)地漏、排水口等处要保持畅通,施工中要采取保护措施。

(4)涂膜防水层施工后,固化前不允许上人行走踩踏,以防止破坏涂膜防水层,造成渗漏。

(5)防水层施工时,要注意保护门窗口、墙等成品,防止污染。

13.3.2 屋面工程

(1)在找平层、保温层上推小车时,要铺设脚手板,防止破坏找平层、保温层。

(2)防水层施工中,操作人员不得穿带钉子的鞋作业。在防水层上推小车时,支腿要用麻袋包扎,防止将防水层刮破。

(3)穿过屋面、地面、墙面等处的管根,要加强保护,防止移位。

(4)地漏排水口等处要保持畅通,施工中加强保护。

(5)水落斗、水落管要轻拿轻放,防止损坏。

(6)水落斗、水落管安装后涂刷罩面漆时,防止污染墙面。

13.3.3 楼地面工程

(1)施工操作时要保护已做完的工程项目,门框要加强保护,避免推车时损坏门框及墙面口角。

(2)施工时要保护好各种管线,设备及预埋件不得损坏。

(3)施工时保护好地漏、出水口等部位,要做好临时堵口,以免灌入砂浆造成堵塞。

(4)施工后的地面不准再上人、剔凿孔洞。

(5)楼梯踏步施工完成后,要加强防护,以保护棱角不被损坏。

13.3.4 门窗工程

(1)门窗框扇进场后要及时入库,下面垫起,离开地面 20~40cm,码放整齐,防止受潮。

(2)调整、修理门窗扇时不得硬撬,以免损坏扇料和五金。

(3)安装工具轻拿轻放,不得乱扔,以防损坏成品。

(4)安装门窗扇时,严禁碰撞抹灰口角,防止损坏墙面抹灰层。

(5)安装好的门窗扇设专人管理,门扇下用木楔背紧,窗扇设专人开关,防止刮风时破坏。

(6)严禁将窗框、扇作为架子支点使用,防止脚手板等物砸碰、损坏。

(7)五金的安装应符合图纸要求,严禁丢漏。

(8)门扇安装好后,不得在室内再使用手推车。

13.3.5 装饰工程

(1)抹灰前必须事先把门窗框与墙连接处的缝隙用水泥砂浆塞密实,铝合金门窗框安装前要粘贴保护膜,填缝砂浆应及时清理,以防污染。

(2)各层抹灰在凝结前应防止暴晒、快干、撞击和振动,以保证其灰层有足够的强度。

(3)经常行人处的口角、墙要加强保护,防止推小车或搬运东西时碰坏口角、墙面,严禁踩蹬窗台、窗框,防止损坏。

(4)拆脚手架时,严禁碰撞门窗、墙面和口角。

(5)要保护好预埋件、卫生洁具、电气设备、玻璃等,防止损坏;电线槽盒、地漏、水暖设备、预留洞等不要堵死。

（6）已完活的楼地面上不得进行抹灰等作业，尤其是花岗岩地面。

（7）楼梯踏步施工完成后，用多层板做护角保护，防止损坏棱角等。

（8）油漆粉刷等工程施工时，不得污染地面、窗台、玻璃、墙面灯具、暖气片等已完工程。

（9）油漆未干时，不得打扫地面，防止灰尘污染油漆。

13.4 机电安装阶段的成品保护

13.4.1 电气专业

（1）电气专业在埋设电线管、盒后，应及时将管、盒堵好，防止发生堵塞。此项工作由工长负责，质量检查员负责监督实施，发现问题应及时处理。

（2）对所有进场设备在搬运及施工过程中应做到轻拿、轻放，用软质物品保护，防止碰伤，并做好防潮措施。此项工作由工长负责，材料员监督劳务人员实施。

（3）对已安装完的配电箱、桥架、灯具，应采用软质物品及塑料布遮挡，以免损伤及二次污染，并及时与总包办好交接，避免丢失。此项工作应由工长督促施工人员施工，如发现问题要求有关人员认真处理，及时报告项目经理并做好整改工作。

13.4.2 给排水、通风专业

（1）消防和水暖管道在试水、打压检验时，应有防管道、管件渗漏措施，并有可靠的泄水措施。

（2）UPVC排水立管安装完毕，闭水试验结束后，外缠一层保护层，防止土建抹灰、堵洞污染。塑料布接头处用铅丝捆扎。

（3）消防立管，成品保护措施同（2）。

（4）消防箱安装时，为防止漆膜脱落，内贴一层薄塑料布保护。安装完毕后，外部再封一层塑料布，防止污染，并且消防箱要派专人保护，落实到人。

（5）卫生洁具成品保护措施。卫生洁具未交付使用时，保留保护材料，为防止碰坏，责任到人。

（6）设备保护。对安装好的风管、放火阀、风机等用塑料布加以覆盖，防止土建抹灰污染。注意新风机组进场后的防雨防雪锈蚀。

13.5 竣工交验期间的成品保护

项目经理部应根据工程特点，制定竣工验收前的成品保护措施，对竣工未验收的工程成品进行保护。对竣工工程进行必要的封闭、隔离并指派专人看管。工程竣工后，应尽快拆除临时设施，组织人员退场，控制流动人员。设施、设备未经允许，不得擅自启用。如合同或项目质量保证计划中对成品保护有特殊要求时，应按其规定要求防护。工程竣工后，竣工资料应及时整理，按期上报验收，避免延长成品保护期。

参 考 文 献

[1] 中华人民共和国建筑法[S].中华人民共和国第 91 号主席令.

[2] 中华人民共和国招标投标法[S].中华人民其和国第 21 号主席令.

[3] 北京市招标投标条例[S].中华人民共和国第 91 号主席令.北京市人大常委会第 63 号公告.

[4] 本书编写组.建筑施工手册[M].4 版.北京:建筑工业出版社,2003.

[5] 张琰,雷胜强.建设工程招标投标工作手册[M].2 版.北京:中国建筑工业出版社,1995.

[6] 雷胜强.建设工程招标投标实务与法规惯例全书[M].北京:中国建筑工业出版社,2001.

[7] 许溶烈.中国土木工程指南[M].2 版.北京:科学出版社,2000.

[8] 中华人民共和国建设部.建筑业资质管理规定[M].北京:中国建筑工业出版社,2001.

[9] 中华人民共和国建设部.房屋建筑和市政基础设施工程招标文件范本[M].北京:中国建筑工业出版社,2003.

[10] 中华人民共和国建设部.建设工程工程量清单计价规范(GB50500—2003)[S].北京:中国计划出版社,2003.

[11] 北京市建设委员会.工程建设管理法规文件汇编[M].北京:中国计量出版社,2001.

[12] 建设部国家工商行政管理局.建设工程施工合同(示范文本)(GB—1999—0201)[S].1991.